Walther Horn, Hans Roeschke

Monographie der paläarktischen Cicindelen

Analytisch bearbeitet mit besonderer Berücksichtigung der Variationsfähigkeit und

geographischen Verbreitung

Walther Horn, Hans Roeschke

Monographie der paläarktischen Cicindelen
Analytisch bearbeitet mit besonderer Berücksichtigung der Variationsfähigkeit und geographischen Verbreitung

ISBN/EAN: 9783743453418

Hergestellt in Europa, USA, Kanada, Australien, Japan

Cover: Foto ©berggeist007 / pixelio.de

Manufactured and distributed by brebook publishing software (www.brebook.com)

Walther Horn, Hans Roeschke

Monographie der paläarktischen Cicindelen

Monographie
der
paläarktischen Cicindelen.

Analytisch bearbeitet

mit besonderer Berücksichtigung der Variationsfähigkeit und geographischen Verbreitung.

Von

Walther Horn und Hans Roeschke.

Mit 6 Tafeln.

Nachdruck verboten.

BERLIN 1891.
Im Selbstverlage der Verfasser.

Druck von OTTO ELSNER in Berlin.

Vorwort.

Seit dem Erscheinen von Dejeans „Species" und „Iconographie", ist keine zusammenhängende Bearbeitung der paläarktischen resp. europäischen *Cicindelen* veröffentlicht worden. Dieser Umstand ist um so unerklärlicher, als seit dem Jahre 1837 auf diesem Gebiete sehr viel geändert und auch sehr viel neu hinzugekommen ist, und andererseits gerade diese *Carabicinen*-Gruppe von jeher zu denjenigen zählte, die mit am meisten gesammelt wurden. Auch uns lag es zuerst fern, eine derartige Arbeit zu unternehmen, zumal da wir uns erst seit neuester Zeit mit dem Studium der aussereuropäischen Arten beschäftigten. Unser ursprünglicher Plan, der in sehr engen Grenzen gehalten war, wurde allmählich immer mehr und mehr erweitert, bis er schliesslich die ganze paläarktische Fauna umfasste und (wozu wir zum nicht geringen Teil durch den Rat des Herrn *Dr. G. Kraatz* bewogen wurden) die hier vorliegende Form einer umfassenden Monographie angenommen hatte.

Ausser den Arten der europäischen Fauna sind alle berücksichtigt worden, die der Mittelmeer-, kleinasiatischen, sibirischen, aralo-kaspischen, turkestanischen angehören, und ein Teil der mongolisch-chinesischen und japanischen, letztere natürlich nur, soweit sie den europäischen Formen nahe stehen. Die persische Fauna musste teilweise unberücksichtigt bleiben, da uns von dort wenig Material zugänglich war. Die Grenzen des ganzen Gebietes waren fast überall mit leidlicher Schärfe zu bestimmen, nur in einem Falle nicht: im Nord-Westen Afrikas. Manche Arten vom Senegal stehen den europäischen viel näher als z. B. die *Laphyra*-Arten und andere; jedoch sind wir auch hier dem bisherigen Brauche gefolgt und haben nur den Teil jener Species aufgenommen, der schon immer in den Katalogen der paläarktischen Coleopteren aufgeführt war.

Was nun die Arbeit selbst betrifft, so hat Herr Roeschke die Zeichnung der Tafeln übernommen und die Bearbeitung der zweiten und dritten Unterabteilung der zweiten Gruppe: also die 13 Arten: *hybrida-Ismenia*. Herrn Horn fiel der ganze systematische Teil der Arbeit zu, die „Einführung" und die Bearbeitung der ersten, dritten bis letzten Gruppe und der ersten Unterabteilung der zweiten. Auf die geographische Verbreitung der Arten, ihre Lebensweise*) und Variationsfähigkeit haben wir ganz besonderes Gewicht gelegt; dagegen gingen wir von dem Grundsatze aus, möglichst wenig neue Varietäten zu benennen, indem wir so der jetzt herrschenden Anschauungsweise schroff gegenüber stehen. Die Schwierigkeit, die nun daraus entstanden wäre, dass eine Unzahl von interessanten Abänderungen unbenannt geblieben wäre, während man sie im anderen Falle durch einen einfachen Namen kenntlich gemacht hätte, was ja auch vieles für sich hat, haben wir auf eine andere Weise, die in den einleitenden Bemerkungen näher ausgeführt ist, zu beseitigen gesucht und hoffen, dass diese Bemühungen nicht ganz unbeachtet bleiben möchten, da auf diese Weise hunderte von Variationsnamen erspart werden könnten.

Am Schluss ist es uns eine angenehme Pflicht, allen denjenigen Herren unseren tiefsten Dank noch einmal öffentlich auszusprechen, die in uneigennütziger Weise unsere Arbeit unterstützt haben: vor allem Herrn Dr. G. Kraatz, der uns stets in bereitwilligster Weise Rat erteilt hat, mochte es sich nun um eine schwer zugängliche Beschreibung oder seltene Arten handeln; ferner Herrn Dr. Karsch und Herrn Kolbe, die uns die reichhaltigen Sammlungen des hiesigen Museums zu jeder Zeit zugänglich machten. Den Herren Dr. Richter in Pankow und Dr. Heller in Dresden verdanken wir die Kenntnis mancher interessanten Varietät, dem letzteren auch die der Fischerschen Typen.

W. Horn und H. Roeschke.

---

*) Wir haben uns zwar bemüht, hierüber gerade Genaueres anzuführen; da aber in dieser Beziehung in der ganzen Litteratur sehr wenig verzeichnet ist, und wir auch sonst nicht viel erfahren konnten, ist vor allem dieser Teil der Arbeit noch sehr der Vervollständigung bedürftig.

Einführung.

Die Gattung *Cicindela* wurde im Jahre 1735 von Linné in seinem Syst. nat. p. 657. zum ersten Male aufgestellt, und der von Plinius für eine *Lampyriden*-Art gegebene Name hierzu benutzt. Bis zum Anfange dieses Jahrhunderts war die Mehrzahl der häufigsten Arten[*]) nebst einigen Varietäten, die natürlich für Species angesehen wurden, aufgefunden und beschrieben. Ausser Linné ist als Autor vor allem Fabricius zu nennen. Als Kennzeichen galten Farbe und Zeichnung.

Bald schärfte sich der Blick; es begann eine zweite Epoche, die ungefähr bis zum Jahre 1840 reicht. An ihrer Spitze steht Fischer von Waldheim und, vor allem, Graf Dejean. Schon jetzt zeigte sich die Thatsache, dass gerade diese Gruppe der *Coleopteren* sehr viele Liebhaber zählte: die erstaunlich grosse Anzahl der *Cicindelen*-Namen spricht das am besten aus. Gab es doch 50 gute Arten, also ungefähr $^3/_4$ aller, die bis jetzt bekannt geworden sind, ausserdem noch 100—110 Namen, teils für Varianten, teils für Synonyme, teils auch nur *in litteris*, so dass also ein vollständiger Katalog aller damaligen *Cicindelen* nicht weniger als 150—160 Namen aufweisen müsste. Es machte sich auch bald die Notwendigkeit einer zusammenhängenden Bearbeitung geltend: Dejeans Species sind das Hauptergebnis dieser fruchtbaren Periode, ein Werk, in dem mehr als die Hälfte der ganzen Nomenklatur aufgeführt ist. Was nun die Kennzeichen betrifft, die zur Unterscheidung der Arten benutzt wurden, so kann man sagen, dass zwischen den Beschreibungen des obigen Autors

[*]) Es sei gleich hier bemerkt, dass unter „Arten", „*Cicindelen*" (falls nichts Genaueres hinzugefügt ist) immer nur die paläarktischen Species verstanden werden.

und denen der neuesten Zeit, sich kein gar so grosser Unterschied findet. Man sieht ja die einzelnen Punkte jetzt schärfer und richtiger, aber es würde schwer fallen, auch nur einige anzuführen, die in jener Zeit nicht auch schon, wenn auch nur obenhin, beachtet worden wären. Einzelne Arten wurden auch schon als Varietäten eingezogen, obwohl hierin allerdings noch vieles im Argen lag; das ist aber in manchen Arbeiten der neueren, ja neuesten Zeit nicht minder der Fall. Eine systematische Einteilung vermochte man noch nicht zu geben, jedoch machten sich derartige Bestrebungen schon geltend.

Es folgt nun eine ziemlich lange Zeit, die ca. 3 Decennien umfasst, die dritte Periode. Es trat ein merklicher Rückschlag, was Neu-Beschreibungen betrifft, ein; nicht als hätte es an dem nötigen Material oder an Spezialisten oder sonstigen Bearbeitern gefehlt: im Gegenteil, es gab beides in Hülle und Fülle; aber man begnügte sich, dasjenige, was einmal gegeben war, zu sichten und die Arten näher kennen zu lernen. Hier und da wurden ja auch noch neue Arten aufgestellt. Vor allem aber wurden fast alle Varietäten als solche richtig erkannt; über andere stritt man sich noch und ist zum Teil auch bis jetzt noch nicht zu einem sicheren Ergebnis gelangt. Ich erinnere in dieser Hinsicht nur an den sehr lebhaften Streit, der damals wegen der Artberechtigung der *Laphyra*-Arten in den französischen Annalen entbrannt war, und über den an Ort und Stelle das Nötige gesagt werden wird. Auf diesem Felde liegt das grosse Verdienst Schaums. Wenn er nicht gewesen wäre: es würde noch manche angebliche Art geben, über die man vielleicht niemals mit Sicherheit hätte urteilen können! Chaudoirs Verdienste — wie gross sie auch auf dem Gebiete der Exoten sein mögen — hier sind sie nicht gerade gross. Er gehörte in dieser Hinsicht mehr einer früheren Epoche an; kleine Unterschiede in Grösse, Farbe und Zeichnung bedingten bei ihm fast immer neue Arten, die er nachher nicht selten selbst wieder einzog. Auch auf die Variationsformen achtete man, wenngleich man nicht glaubte, sie stets benennen zu müssen. Hier bethätigte sich vornehmlich der unermüdliche Gebler, der mit seinem scharfen Auge selten das Richtige verfehlte. Seltsam: er, der nicht unbedeutende Verdienste auf diesem Gebiete hat, er findet sich kaum einmal in einem der neueren Werke erwähnt! Alle seine Arbeiten sind fast unbeachtet geblieben, und doch verdanken wir ihm die Kenntnis so mancher schönen Form, die noch dazu fast immer zu den Arten gehört, die später nicht oder fast nie mehr in den Handel gekommen sind.

Es bleibt noch übrig, über die gerade in dieser Epoche entstandene Systematik zu sprechen. Schon bis zu Dejeans Zeit reichen die Bemühungen zurück, Gruppen aufzustellen; doch es scheiterte alles an der grossen Variationsfähigkeit. Und in der That, so lange solch vage Unterscheidungsmerkmale wie die Ober-Lippe etc. hierzu benutzt wurden, musste jede derartige Mühe vergebens sein. Doch es entstand die Gattung *Laphyra*, von der schon vorher die Rede war. Dejean citirt sie schon in seinem Katalog; wissenschaftlich wurde sie erst von Lacordaire begründet. Sie umfasst im ganzen 4 Arten (*Peletieri, Truequii, Ritchi, leucosticta*), von denen der Autor nur 3 kannte, die er noch dazu nur für eine hielt. In der Breite und Flachheit der Flügeldecken, dem cubischen Halsschild, den kurzen Beinen, langen Mandibeln und erweiterten Fühlerendgliedern im männlichen Geschlechte sollte das Kennzeichen liegen. Die 3 letzten Unterschiede stimmen nur für eine resp. zwei der 4 Arten; die beiden ersten sind viel zu unbestimmt. Der Autor sah übrigens die Hinfälligkeit dieser Kennzeichen selbst ein. Ausserdem sind noch zwei Gruppen benannt worden. *melancholica* Fabr. nebst ihren Verwandten auf der einen, *germanica* mit den ihrigen auf der andern Seite. Zunächst *melancholica*. Ein Name ist von Guérin vorgeschlagen: *Cicindelae lutariae*, der Bequemlichkeit halber wollen wir ihn in *Lutaria* umgestalten. Ein positives Kennzeichen dieser Formenreihe giebt es nicht; eine im allgemeinen herrschende äussere Aehnlichkeit vereint mit homologen Lebensgewohnheiten grenzt sie auf natürliche Weise ab. Alle diese Arten sollen am Rande der Lachen, die der Regen zurückgelassen hat, leben. Spezieller ist die von demselben Autor aufgestellte Gattung *Catoptria*. In diese gehören alle diejenigen der zuletzt aufgeführten Arten, die im weiblichen Geschlecht einen glänzenden Spiegel-Fleck an der Stelle des Endpunktes der Humeralmakel haben. In Wirklichkeit soll aber auch dieses Merkmal bei einzelnen Exoten schwanken, ganz abgesehen davon, dass durch diese Einteilung nahe Verwandte getrennt würden und *vice versa*. Motschulsky stellte schliesslich für dieselben Arten die Gattung *Myriochile* auf, bei der die ♀ stets 3, die ♂ dagegen keine

Zähne an der Oberlippe haben sollten, wie denn dieser Autor überhaupt zu den glühendsten Anhängern der Oberlippen-Theorie gehört hat. — Was nun *germanica* und ihre Verwandten betrifft, so gründete Westwood auf diese die Gattung *Cylindera* (*Cylindrodera* der späteren Autoren). Das cylindrische Hlschd. sollte der Hauptunterschied sein, indessen unterliegt dieses den unglaublichsten Abänderungen. Besser ist schon die den Lebensgewohnheiten entnommene Uebereinstimmung, nämlich, dass alle diese Tiere (ausser der *germanica* war es *gracilis und paludosa*)*) sich ihrer Flügel nie bedienen sollen, wogegen sich aber einwenden lässt, dass doch vereinzelte Fälle vom Gegenteil vorkommen, wie einer zum Beispiel von Bellier de la Chavignerie in den französischen Annalen (1847. LXXIV.) beobachtet ist. Motschulsky änderte nun diesen Westwood'schen Namen in *Eumecus* um; denn erstens sei das Hlschd. nicht immer cylindrisch und zweitens gäbe es schon einen solchen Namen von Newman für eine *Longicornen*-Gattung. Als Kennzeichen betrachtete er die einzähnige, vorgezogene, fast dreieckige Oberlippe, dabei liess er die Gattung *Cylindera* Westw. für die Arten mit ungezähnter Oberlippe bestehen!! Die *Cicindelen* im engeren Sinne sollten dann einzähnige, transversale Oberlippen haben. Es existiert übrigens schon eine frühere Einteilung desselben Autors in den „*Käfer Russlands*"; die Diagnose seiner Untergattung *Eumecus* lautet dort: „*alae incompletae, labrum quadratum vel subtransversum, corpus elongato-ovatum.*" Wie man sieht, hat sich seine Anschauungsweise im Laufe der Jahre nicht unwesentlich geändert! Schaum blieb es vorbehalten, den ersten wichtigen Unterschied dieser Gruppe zu finden: die unbehaarten Pleuren. Wenngleich dieses ja auch nur für *germanica***) gilt (abgesehen von der nicht hierzu gehörigen *intricata*), so war doch wenigstens der Weg zu einer richtigen Systematik angebahnt. Die von demselben herrührende Absonderung der *silvatica* aufgrund der schwarzen, gekielten Oberlippe, etwas, was ja an und für sich richtig ist, war wohl bei der Bearbeitung der deutschen Fauna berechtigt, muss aber

---

*) *Paludosa* ist hier von mir in eine andere Gruppe gestellt worden.
**) Streng genommen ist die Angabe: „*Pleuren unbeh.*" falsch. Vergleiche *germanica*.

hier wegen der Verwandtschaft mit den japanischen Arten (*japonica* etc.) unterbleiben. — So weit über diese Zeit.

Wie nun in der ersten Epoche der Grundstein zu allem gelegt wurde, in der zweiten die Arten aufgestellt, in der dritten die Systematik und die Frage nach der Artberechtigung in den Vordergrund traten, so ist in der jetzt folgenden Periode „Varietät" zur Losung geworden. Jedoch hat es auch nicht an Entomologen gefehlt, die sich um schwierigere Fragen kümmerten. L. von Heyden hat so z. B. ein Verdienst um die Systematik, das vielleicht wenig bekannt sein dürfte: Er beschränkte das von Schaum für die Gattung *Cylindera* gegebene Merkmal auf die Seitenstücke des Prothorax,*) so dass nunmehr in diese Gruppe auch *Cic. obliquefasciata, Kirilovi, descendens* und ferner noch *Dokhtouroffi* gestellt werden konnten und nur noch die Ausschliessung einiger anderen Arten übrig blieb, um diese Unter-Gattung abzuschliessen. Herr Dr. G. Kraatz machte sich ferner nicht weniger verdient um die russischen Arten: *chiloleuca, elegans, dilacerata* etc. und auch schon früher um einige Turkestaner, indem er ihre Artberechtigung näher untersuchte. Sonst giebt es aber kaum eine wichtige Arbeit in dieser Periode — abgesehen von der Arbeit des Herrn Wilkins, die in der „*Deutschen entomologischen Zeitschrift*" besprochen ist, und von der ich hier nur hervorheben möchte, dass sie wichtige Aufschlüsse für die Lebensgewohnheiten jener Arten enthält, gerade etwas, was bisher nur sehr wenig berücksichtigt worden ist —, die nicht die Aufstellung von neuen Varietäten zum Endzweck hätte. Einige der Arbeiten des Herrn Dr. Kraatz und alle Beuthinschen sind hier vor allem zu nennen. Auf die letzteren soll hier etwas genauer eingegangen werden, da sie noch nie zusammenhängend besprochen sind. Die Thätigkeit dieses Autors, dessen Aufsätze alle in den „*Entomologischen Nachrichten*" erschienen sind, datiert, wenn ich nicht irre, bis zum Jahre 1885 zurück. Es wird immer nur eine Art, oder vielmehr die Varietäten einer Art, besprochen, so dass also Aufschlüsse, die für die Systematik oder Fragen der Artberechtigung von Wichtigkeit sind, von vornherein ausgeschlossen sind. Was nun die Art-Kennzeichen betrifft, die gewissermassen

---

*) Vergleiche D. Z. 1885. p. 276: „*Kirilovi (Juliae Ball.)* gehört wegen der nicht beh. Episternen des Thorax in die *germanica*-Gruppe (*Cylindrodera*)."

als Einleitung immer vorausgeschickt sind, so wird fast nur Farbe und Zeichnung angegeben, was ja auch in anbetracht dessen, dass diese Punkte einen gewissen Anhalt für die richtige Bestimmung der Species geben, der in vielen Fällen genügt, ganz lobenswert ist. Ausserdem sollen ja diese Aufsätze, abgesehen von den neuen Varianten, vor allem einen praktischen Nutzen haben, indem sie in handlicher Form einen grossen Teil des sonst schwer zugänglichen Materials zusammenstellen. Dass übrigens die obigen Kennzeichen nicht immer hinreichend sind, um eine *Cicindele* zu erkennen, zeigt am besten die Thatsache, dass der Autor selbst eine *germanica*-Variante als *paludosa* beschrieb,*) wie dies Herr Dr. G. Kraatz in den „*Entomologischen Nachrichten*" 1890. p. 136. gezeigt hat. Was schliesslich die Varietäten betrifft, so hat der Autor zwar manche neue beschrieben, die besser unbeschrieben geblieben wäre,**) jedoch war das, wie gesagt, meist nur in der ersten Zeit; durch manche der späteren wird man dafür wohl etwas ausgesöhnt, ich nenne nur die herrliche *germanica v. Jordani, v. catalonica* etc. Dagegen hätte in einigen Fällen eine bessere Einteilung der Varietäten gegeben werden können: einzelne ganz ausgesprochene Lokalracen sind absolut nicht zu erkennen.***) Dass die geographische Verbreitung nicht immer genau genug angegeben ist, liegt wohl daran, dass Herrn Beuthin, wie er ja auch selbst sagt, die Litteratur nicht hinreichend zugänglich war, und dann in noch höherem Masse an der Schwierigkeit, dass der Autor nur die speziell europäischen Tiere in den Kreis seiner Betrachtung zog, was gerade bei der Gattung *Cicindela*, die fast nur aus weit verbreiteten Arten besteht, ganz unausführbar ist. In der letzten Zeit scheint dieser Übelstand übrigens beseitigt zu sein. Aus denselben Gründen ist ein grosser Teil aller existierenden Varietäten, zum teil der schwierigsten, nicht berücksichtigt worden, ein anderer falsch aufgefasst. Bei dem eifrigen Streben des genannten Herrn wird voraussichtlich noch so manche schöne Form bekannt werden, von der wir uns heute noch nichts träumen lassen; dennoch kann ich mir am Schluss

*) Es ist *paludosa v. catalonica* Beuth. gemeint.
**) Vor allem sind *sylvicola v. laevisscutellata, hybrida v. striatoscutellata* als solche zu betrachten, auch *campestris v. rufipennis*. Vergleiche Kraatz. D. Z. 1885. p. 244.
***) z. B. *maroccana, Suffriani, saphyrina* etc.

dieser Betrachtungen die schüchterne Bitte nicht versagen, dass dieser eifrige Sammler doch nicht gar zu freigebig mit Namen sein möchte: die schon jetzt fast ungeheure Masse der Nomenklatur könnte auf diese Weise schliesslich bis zur Unendlichkeit vermehrt werden.

Es blieben noch die Arbeiten des Herrn Dokhtouroff zu besprechen übrig; doch es heisst ja: „de mortuis nihil nisi bene"; ich würde in diesem Falle in einen argen Konflikt mit dieser Lehre kommen. Nur so viel will ich sagen: gross war er nur darin, Varietäten als Arten zu betrachten.

Dies wird im grossen und ganzen genügen, um einen oberflächlichen Überblick über das zu gewinnen, was bis jetzt auf diesem Gebiete geleistet ist.

Walther Horn.

Allgemeine Bemerkungen.

1. Systematik.

Von den bisher aufgestellten Gattungen resp. Unter-Gattungen ist streng genommen nur eine als berechtigt anzusehen: die für *germanica* und ihre Verwandten. Abgesehen von einer kleinen Einschränkung ist sie zum ersten Male von Dr. L. von Heyden richtig begründet worden. Alle anderen sind mehr oder minder hinfällig, und ist deshalb eine gänzliche Neugestaltung vorgenommen worden. Es sind so 7 neue Gruppen entstanden, die scharf von einander getrennt sind. Wäre nun hier eine Benennung vorteilhaft gewesen? Wir haben die Frage verneint; es hätte nur dann wirklichen Nutzen gehabt, wenn wir einen absoluten Unterschied zwischen unserer Fauna und der exotischen gefunden hätten; so aber hätten diese Unter-Gattungen doch blos wieder umgestossen werden müssen oder wenigstens sehr umgeändert, wenn eine Bearbeitung der gesammten *Cicindelen* vorgenommen worden wäre. Bei den durch Teilung der Gruppen entstandenen Unter-Gruppen fiel diese Frage erst recht fort. Der besseren Übersicht wegen ist jeder dieser Gruppen und Unter-Gruppen eine analytische Bestimmungstabelle*) vorausgeschickt; ebenso findet sich hinter jeder Unter-Gruppe eine derartige Tabelle für die Bestimmung der Arten.

Anm. 1. Am Ende jeder Gruppe, Unter-Gruppe etc. sind die betreffenden Arten, die in die Unter-Abteilung fallen, jedesmal in systematischer Reihenfolge aufgezählt. Die Arten sind dann später genau in derselben Reihenfolge beschrieben, so dass jene Aufzählungen zugleich als Register dienen können, besonders dann, wenn eine grosse Anzahl von Arten in einer Unter-Gruppe vereinigt ist.

Anm. 2. Die lateinischen Diagnosen sind **nicht** von uns verfasst, sondern **Original-Diagnosen der betreffenden Autoren** (damit jeder selbst die Richtigkeit unserer Auffassung kontrolieren kann!).

---

*) Diese Diagnosen sind alle so **abgefasst**, dass sie, voraus-

II. Artkennzeichen und Artbegriff.

Bisher traten unter den Artkennzeichen Farbe und Zeichnung in den Vordergrund. Die Beschreibung der Art passte auf diese Weise immer nur auf die betreffende Stammform, dagegen nicht auf ihre Varietäten. Wie sollte man nun abweichende Zeichnungs- oder auch Farbenvarietäten bestimmen? Für einen, der nicht vorher die Arten kannte, war es fast unmöglich; deshalb wurden ja auch so viele Varietäten falsch bezogen. Wir haben nun diese Schwierigkeit dadurch beseitigt, dass wir diese beiden Merkmale von vornherein ausschlossen.**) Es galt nun, andere an ihre Stelle zu setzen, und es ergab sich die interessante Thatsache, dass solche überall vorhanden sind, dass sie aber zum nicht geringen Teil bis jetzt völlig unbekannt waren. Sie bestehen hauptsächlich in der Behaarung und Punktierung, zwei Punkte, die ja meistens Hand in Hand gehen: das Haar kann wohl durch äussere Einflüsse verschwunden sein, das Grübchen, in dem es stand, wird stets zurückbleiben. In einzelnen Fällen fehlen allerdings die letzteren oder entziehen sich doch unseren Blicken. Alles Nähere hierüber findet sich in dem nächstfolgenden Abschnitt, wo alle Kennzeichen genauer angegeben sind, damit jeder im Stande ist, sie richtig aufzufassen, was sonst bei den zum teil sehr kurzen Angaben bei den betreffenden Arten wohl schwerlich immer möglich wäre. — Auch die Länge der Beine, ein Merkmal, das übrigens schon bekannt war, ist in einzelnen Fällen brauchbar; ebenso die Spitze der Flügeldecken, vorausgesetzt, dass sie genauer betrachtet wird, als es bisher gewöhnlich geschah und man sich nicht mit allzu allgemeinen Angaben begnügt. — Was ferner eine mehr oder weniger feine oder rauhe Kopfskulptur betrifft, so lässt sich im allgemeinen sagen, dass sie, auch voraus-

---

gesetzt man hat frische Stücke vor sich, bei denen vor allem die Behaarung intakt ist, die Art mit ihren sämmtlichen Varianten absolut sicher kennzeichnen.

**) Wir wollen hiermit durchaus nicht etwa leugnen, dass diese beiden Merkmale in vielen Fällen die Art erkennen lassen. Man wird ewig z. B. *Cic. concolor* von *Cic. caucasica* auf diese Weise unterscheiden können und praktisch auch unterscheiden. Wir haben jedoch auch in solchen Fällen andere Kennzeichen angegeben, damit uns nicht etwa der Vorwurf gemacht werden könnte, hier hätten unsere Unterscheidungsmerkmale ihren Dienst versagt.

gesetzt, es wären sonst keine weiteren Verschiedenheiten bekannt, eine Art begründet; beim Halsschild ist das schon fraglicher,*) bei den Flügeldecken dagegen so gut wie nie richtig. — Es bliebe noch der Penis übrig, der ja schon so vielfach als Artkennzeichen benutzt ist. Wir haben ihn nicht in den Vordergrund gestellt, schon aus dem Grunde, weil sonst ♀ unbestimmbar wären. Auch in dem berühmten Streit wegen der Artberechtigung der *maritima*,**) ist er vielleicht mehr Racen- als Artkennzeichen. Beachtet haben wir ihn natürlich immer, und können wir uns schon hier im allgemeinen dahin äussern, dass er bei verwandten Arten zum teil sehr ähnlich ist, so ähnlich, dass vielleicht manchmal kaum eine Verschiedenheit konstatiert werden könnte. Besser wäre schon eine Systematik darauf zu begründen, die dann, abgesehen von einigen besonderen Eigentümlichkeiten, in den gröbsten Zügen mit der hier gegebenen übereinstimmt. Für uns lag sein Hauptwert darin, dass er gewissermassen — ebenso wie die Zeichnung, wenn sie richtig betrachtet wird, d. i. der Variationsweise ebensoviel Gewicht beigelegt wird wie der typischen Zeichnung — als Probe dafür dient, dass der von uns eingeschlagene Weg der richtige ist. Das Nähere hierüber ist in den allgemeinen Teilen nachzusehen, die den Gruppen und Unter-Gruppen vorausgeschickt sind.

Was schliesslich den Artbegriff betrifft, so hat noch Herr Wilkins behauptet, er sei ganz relativ. Wir haben danach gestrebt, ihn positiver zu gestalten und haben daher alle Arten, die nur durch „*ein wenig mehr*" und „*ein wenig weniger*" zu unterscheiden sind, ohne weiteres eingezogen. Den Vorteil hat wenigstens diese Methode, dass man dann die Arten auch unterscheiden kann; der Umstand, dass derartige Fälle nur sehr vereinzelt vorkamen, spricht wohl am besten dafür, dass diese Handlungsweise auch berechtigt ist.

III. Varietäten.

Wenn man bedenkt, dass schon jetzt über 400 Namen für *paläarktische Cicindelen* existieren, so wird man uns wohl darin

---

*) Vergleiche in dieser Hinsicht: *Kirilovi, descendens* etc. und *sublacerata v. levithoracica.*

**) Dieser Unterschied wurde zum ersten Male von Hr. Dr. G. Kraatz in der *D. Z. 1881.* pag. 270. angegeben.

Recht geben, dass wir nur möglichst wenig neue Varietäten benannt wissen möchten. Da es aber sehr schwierig ist, eine Grenze zwischen „guten" und „schlechten" Varianten zu ziehen, — das einzige, was ausserdem dabei herauskäme, wäre, dass man sich die betreffenden Autoren zu Feinden machen würde — so haben wir uns in dieser Hinsicht jedes Urteils enthalten und alles als gleichberechtigt neben einander angeführt; nur solche Varianten, die sich nicht einmal durch das kleinste Kennzeichen von anderen unterscheiden, oder Namen, die aus bestimmten Gründen umgetauft sind, sind als *synonym* eingezogen. Damit man sich aber aus diesem Chaos von Namen zurechtfinden kann, haben wir bestimmte Bezeichnungen für gewisse Variationsformen, die immer wiederkehren (und immer verschieden benannt sind) eingeführt. Diese Bezeichnungen sind vollkommen als gleichwertig zu betrachten mit manchen schon bekannten, z. B. „*Rufino*", worunter man eine bestimmte rote Variation von sonst anders gefärbten Arten versteht; d. i. sie sind nicht etwa, wie wir hier ausdrücklich betonen, giltige Katalogsnamen,[*] sondern nur genauere Bezeichnungen für die sonst übliche „*r*". Der Vorteil ist der, dass man auf diese Weise gleich weiss, wie die betreffende Varietät aussieht. Wir unterscheiden nun im einzelnen folgende solcher Bezeichnungen:

1. humeralis-Form[1] (hm-F), wir verstehen darunter alle Varietäten mit unterbrochener resp. geschlossener Schultermakel, je nachdem die Stammform geschlossen oder unterbrochen ist. — Für einen jeden dieser beiden speziellen Fälle einen besonderen Namen einzuführen, haben wir für überflüssig gehalten; es ist ja nur eine kleine Mühe, sich von der Zeichnung der Stammform zu überzeugen.

2. apicalis-Form[2] (ap-F) ganz analog für die Spitzenmakel.

3. marginalis-Form[3] (mrg-F) für alle Varietäten, deren Mittelbinde (resp. natürlich mittlerer oder [falls zwei solche vorhanden sind] oberer Randfleck) am Rande erweitert resp. nicht

---

[*] Es wäre so z. B. falsch, zu citieren: *campestris v. conjuncta* D. Torre *syn. apicalis* Roeschke, es müsste heissen: *camp. ap-F conjuncta* D. Torre.
[1] Von dieser Form sind (teils benannt, teils unbenannt) bekannt: ca. 12 Fälle. [2] ca. 21 Fälle. [3] ca. 13 Fälle.

erweitert ist, je nach der umgekehrten Beschaffenheit derselben bei der Stammform.

4. circumflexa-Form⁴) (cfl-F) für alle Varietäten, deren Randerweiterung der Mittelbinde mit der Schulter- und Spitzenmakel sich verbindet, während die Stammform einfach oder doppelt unterbrochen ist.

5. semicircumflexa-Form⁵) (scfl-F). Hier verbindet sich die Mittelbinde resp. der mittlere Randfleck am Rande nur mit der Schulter- oder nur mit der Spitzenmakel. Näher bezeichnet ist dies durch die Zusätze: *„für die Humeralmakel"*, *„für die Apikalmakel"*.

6. dilatata-Form⁶) (dlt-F). Hier ist die weisse Zeichnung sehr stark verbreitert. Das Extrem hiervon sind die *„Albinos"*, die unter den Exoten nicht selten sind. Unter den Europäern ist dieser spezielle Fall nur bei *trisignata* beobachtet.

7. dilacerata-Form⁷) (dlc-F). Die Mittelbinde ist vom Rande losgelöst (einfache dlc-F), sie ist völlig in einzelne Flecke aufgelöst (mittlere dlc-F), sie fehlt gänzlich (extremste dlc-F).

8. connata-Form⁸) (con-F). Der mittlere (resp. obere) Randfleck ist mit dem zugehörigen Scheibenfleck verbunden.

Ausserdem unterscheiden wir noch folgende Bezeichnungen für Farbenvarietäten:

9. rote Form (rr-F), rötliche Form (r-F). ⁹)
10. schwarze resp. schwärzliche Form (nn-F resp. n-F). ¹⁰)
11. blaue resp. bläuliche Form (cc-F resp. c-F). ¹¹)
12. grüne resp. grünliche Form (vv-F resp. v-F). ¹²)

Fast keine von den in eine dieser 12 Klassen fallenden Varietäten ist lokal; das schliesst natürlich nicht aus, dass sie an einzelnen Stellen häufiger vorkommen als an anderen. Anders ist es dagegen mit all den Variationen, die durch die Gestalt des Halsschildes, oder der Flügeldecken, Skulptur des Kopfes und Halsschildes, Länge der Beine, Gestalt des Penis etc. bestimmt sind: diese sind fast ausnahmslos Lokalformen ¹³) und verdienen

---

⁴) ca. 7 Fälle. ⁵) ca. 9 Fälle. ⁶) ca. 6 Fälle. ⁷) ca. 10 Fälle.
⁸) ca. 8 Fälle.
⁹) ca 9 Fälle. ¹⁰) ca. 15 Fälle. ¹¹) ca. 9 Fälle. ¹²) ca. 15 Fälle. Schon jetzt können also durch diese 12 leichtverständlichen Namen an 130 andere ersetzt werden. Von Jahr zu Jahr würde sich dies noch steigern.
¹³) z. B. *campestris v. maroccana, corsicana, desertorum* etc.

deshalb eine grössere Bedeutung. Sie sind es auch, die vor allem benannt werden müssten; von anderen Variationsformen nur noch die Extreme und diejenigen, die nur einer einzigen Art eigen [14]) sind resp. einer einzigen Art in ein und derselben Gruppe

Von Abkürzungen sind, abgesehen von den im Katalog der europäischen *Coleopteren* in Anwendung gekommenen und anderen selbstverständlichen, folgende der Erklärung bedürftig:

ap. apical.	K. Kiefer.
beh. behaart.	L. Lippe.
B. M. Berliner Museum. [15])	mrg. marginalis.
c. bläulich.	n. schwärzlich.
cc. blau.	nn. schwarz.
cfl. circumflexa.	r. rötlich.
con. connata.	rr. rot.
D. M. Dresdener Museum. [15])	Roe. Roeschke. [15])
dlc. dilacerata.	scfl. semicircumflexa.
dlt. dilatata.	T. Taster.
F. Form.	unbeh. unbehaart.
H. Horn. [15])	v. grünlich.
hm. humeral.	vv. grün.

W. **Horn** und H. **Roeschke**.

---

[14]) z. B. *germanica v. sobrina. v. bipunctata, trisignata v. sicula* Horn etc.

[15]) Die Ziffern, die diesen Buchstaben bisweilen vorausgeschickt sind, bedeuten die Anzahl der Exemplare, die in der betreffenden Sammlung vorhanden sind; z. B. „1. Roe.": „von der betreffenden Varietät etc. befindet sich ein Stück in der Sammlung des Hr. Roeschke".

Allgemeine und specielle Kennzeichen.

I. Kennzeichen, die allen oder doch wenigstens den meisten gemeinsam sind.*)

Kopf: Die 4 ersten Fühlerglieder metallisch, die übrigen unmetallisch: 1. Gld. an dem distalen Ende, d. i. dem zweiten Gliede zugekehrten Rande, mit einigen Grübchen und langen Haaren besetzt;**) das 2. nicht, das 3. und 4. spärlich aber lang, die anderen dicht, kurz und sehr fein behaart. O-L. meist weiss und am Vorderrande mit einigen Härchen tragenden Gruben versehen. Mandibeln an der Basis weiss, nach der Spitze zu bräunlich, metallisch oder schwarz. Unter-Kiefer und Taster behaart, letztere mit Ausnahme des End-Gliedes, das auch bei hellen Tastern metallisch oder doch wenigstens stets dunkler gefärbt bleibt. Augen mehr oder minder hervorquellend. Kopfschild deutlich abgesetzt. Wange längs und gestrichelt; meist ebenso die Stirn vor den Augen und zwischen denselben nahe dem Augenrande: "*Augenrunzeln*". An letzterem stehen ferner meist einige Grübchen mit Haaren.***)

Hsschd.: Vorder-, Hinter- und Mittelfurche mehr oder minder scharf. Seitenrand meist stärker gerunzelt als die Scheibe. Grenze zwischen der Oberseite und den Seitenstücken des Prothorax deutlich wahrnehmbar; letztere mehr oder weniger gerunzelt, bisweilen

---

*) Diese Kennzeichen sind bei allen Artbeschreibungen fortgelassen, nur wo eine Abweichung stattfindet, ist diese besonders vermerkt.
**) Der Ausdruck "*1. Fühlerglied behaart*" bezieht sich nicht auf diese Haare, sondern auf die weiter unten gekennzeichneten.
***) Auch diese Haare sind bei den folgenden Beschreibungen als nicht vorhanden betrachtet. Der Ausdruck "*Stirn zwischen den Augen behaart*" bezieht sich auf eine andere Behaarungsart (siehe unten).

nach der Hüfte zu konvergierend gestrichelt. Hlschd. beim ♀ meist hinten breiter als beim ♂*) und dementsprechend kürzer.

Seitenstücke des Mesothorax: Der vordere Teil stellt eine tiefe Rinne dar, der hintere (Episternen) wird durch eine schmale, transversale, den Episternen des Metathorax (an die sie hinten grenzt) analoge Platte gebildet. Wenn beide letzteren behaart sind, ist es bisweilen schwer, die Grenze zu finden.

Abdomen: Auf der Scheibe meist glatter als am Rande. ♀ am letzten Ring eingedrückt. ♂ durch einen Ausschnitt gekennzeichnet. Hinterrand der einzelnen Abdringe mehr oder minder mit Härchen tragenden Gruben besetzt.

Fld.: Meist mit Körnern und Gruben**) versehen, die häufig hier und da, besonders auf der vorderen Hälfte, noch Haare tragen. In den Schultergruben und neben der Naht stehen häufig grössere, eingestochene Grübchen. Die Fldspitze ist bei den ♀ meist stärker zurückgezogen als beim ♂. Die Naht endet gewöhnlich mit einem mehr oder weniger scharfen Dorn. Dicht neben der letzteren zieht sich von der Schulter bis zur Spitze ein glatter Streifen hin: „*Nahtstreif*". Fld. hinten fast immer gezähnt. Am Aussenrande mehr oder minder deutliche und zahlreiche, eingestochene Punkte, in der Nähe der Schulter bisweilen noch mit Haaren versehen. Die Oberfläche wird von dem nach unten (am Rande) umgekippten Teil (Epiplenren der Fld.) durch eine scharfe Kante abgegrenzt.

Beine: Behaart.

Zeichnung: Meist aus weissen Flecken oder Binden, seltener aus metallischen (*coerulea*) bestehend. Beim Verschwinden der Zeichnung bleibt bisweilen ein metallischer Schein auch bei anderen Arten zurück. (*germanica* z. B.) In einzelnen Fällen ist die weisse Zeichnung durch einen dunklen oder auch metallischen Saum eingefasst.

II. Beschreibung einzelner spezieller Merkmale.

Die Behaarung des Kopfschildes divergiert meistens von der Einlenkungsstelle des 1. Fühlergliedes (*lunulata*. t. 5 f. A.). Zwischen dem letzteren und dem vorderen Augenrande befinden

---

*) Ueberhaupt sind die ♀ robuster und grösser als die ♂.
**) Häufig lässt man sich bei matter, gleichmässig dunkler Färbung der Körner und Grübchen täuschen, und übersieht die einen oder die anderen.

sich bei einigen Arten Büschel von Haaren. dies sind die „*vorderen Augenbüschel*" (*nitidula*). Ferner kann eine Reihe von Haaren längs des Augenrandes. von derselben Stelle an bis zum Scheitel hinauf. stehen (die mit den oben erwähnten Grübchen und Härchen nicht zu verwechseln sind); bisweilen reichen sie nur bis zum Vorderrande (*concolor — caucasica*. t. 5. f. B.). Auch die Richtung der Haare kann von Bedeutung sein (*Fischeri — caucasica*. t. 5. f. C.). Von den verschiedenen Behaarungsarten der Stirn zwischen den Augen ist die interessanteste die. dass am Hinterrande der Augen (oben und innen) einige Haare stehen. die strahlenförmig divergieren. diese sind als „*hinterer Augenkranz*" bezeichnet (*flexuosa*. t. 5. f. D.). Die Wangen (Seitenstücke des Kopfes) sind sehr selten spärlich mit grossen Gruben. in denen sehr lange und feine Härchen stehen. versehen (*asiatica*). meist sind sie stark oder überhaupt nicht behaart*) (alle anderen Arten). Die Fld. können in den Schultergruben. d. i. an der Basis zwischen Schildchen und Schulterecke. dicht und lang behaart sein (*soluta*). Diese Haare sind nicht mit den kurzen Härchen zu verwechseln. die bei allen Arten hier und da auf den Fld. sich befinden können. und die in der Folge als nicht vorhanden betrachtet sind. Unter „*Abdomen auf der Scheibe behaart*" oder „*punktiert*" verstehen wir die Scheibe der mittleren Abschnitte der einzelnen Abdringe. nicht etwa den hinteren oder vorderen Rand derselben (vergleiche oben). Von der Fldspitze gilt folgendes: Der Ausdruck „*Fld. hinten gerundet*" oder „*zugespitzt*" bezieht sich auf beide Fld. zusammen genommen, wobei es ganz gleichgiltig ist, wie jede einzelne. für sich genommen, aussieht. Letzteres wird bezeichnet durch „*Fldspitze eingezogen*" („*zurückgezogen*"). „*nicht zurückgezogen*", wobei unter „*eingezogen*" zu verstehen ist, dass der Dorn (resp. der stumpfe Vorsprung der Naht. der ihn ersetzt) vor der Verlängerung des Aussenrandes der betreffenden Fld. liegt (d. i. in der Richtung nach dem Kopfe zu). während er bei der Bezeichnung „*nicht eingezogen*" auf dieser Linie liegt (vergleiche t. 5. f. E.).

W. Horn und **H. Roeschke.**

*) Streng genommen ist dieser Ausdruck falsch; bei vielen Arten befinden sich hier bisweilen feine eingestochene Punkte und Härchen, die jedoch nur bei sehr scharfen Hinsehen mit einer guten Loupe sichtbar sind. Für gewöhnlich übersieht man sie völlig.

Bestimmungstabelle[1] der Gruppen.

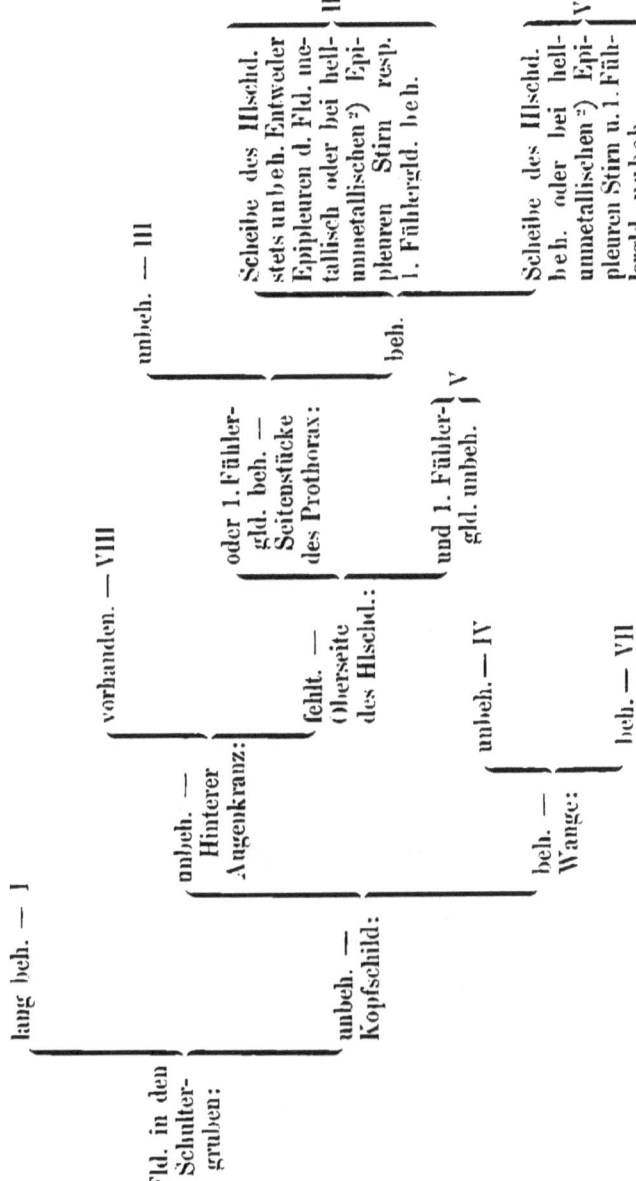

[1]) Die nächsten Seiten sind zu beachten. [2]) auch an der Schulter.

Verwandtschaftstabelle der Gruppen.

Einige kurze Bemerkungen für die Bestimmung der Gruppen.

Bei der obigen Einteilung habe ich auf den Umstand Rücksicht genommen, dass man häufig in der Lage ist, auch etwas beschädigte Ex., besonders hinsichtlich der Behaarung, bestimmen zu müssen, und aus diesem Grunde manche subtileren Merkmale, die sonst recht brauchbar sind, nicht benutzt, weil sie gar zu leicht durch äussere Einflüsse verändert oder entstellt sein können. Nichtsdestoweniger wäre es doch möglich, dass einige der hier benutzten Kennzeichen bei manchen Stücken nicht mehr vorhanden sind, so dass Unklarheiten in der Bestimmung entstehen würden. Zu befürchten ist das eigentlich nur*) bei der Behaarung der Schultergruben, der Oberseite des Hschd. und bei den hinteren Augenkränzen. In solchen Fällen hätte man zunächst in den allgemeinen Teilen nachzusehen, die jeder Gruppe vorausgeschickt sind, und wird dort meist das Nötige finden, um auch solche Ex. analytisch bestimmen zu können. Als praktischer Wink mag jedoch dann folgendes gelten**): Fast alle Stücke, bei denen einer der drei obigen Behaarungsunterschiede nicht mehr zu sehen sein würde, müssten, falls man sonst richtig vorgeht, in die II. oder V. Gruppe gestellt werden. Keine dieser beiden Gruppen hat nun die Unterseite so stark behaart, dass ein breiter, weisser Randstreifen durch die Behaarung gebildet wird: Solche Stücke würden in Wirklichkeit der VIII. Gruppe angehören. Ex. mit beh. 1. Fühlergld., beh. Stirn und Scheibe des Abdomens sind in der I. Gruppe unterzubringen (auch wenn die Behaarung der Schultergruben abgerieben sein sollte.) Was schliesslich die fehlende Behaarung der Hschdoberseite betrifft, so würden Stücke, die wiederum die Pleuren mit einem breiten, weissen Randstreifen von Haaren eingefasst haben, in die VI., alle übrigen in die II. Gruppe zu stellen sein, vorausgesetzt natürlich, dass sie nicht wirklich in der ihnen zukommenden V. Gruppe aufgeführt sind.

W. Horn.

---

*) Die Behaarung der Wange, des Kopfschildes, der Seitenstücke des Prothorax, die Haargrübchen auf dem 1. Fühlergld. etc. bieten äusseren Eingriffen fast stets Trotz.

**) All dieses kann natürlich nur im Allgemeinen gesagt werden.

I. Gruppe.

Kopfschild unbeh., hinterer Augenkranz, sowie vordere Augenbüschel fehlen, Wange unbeh., Seitenstücke des Prothorax beh. Stirn vor und zwischen den Augen beh. (vorn besonders dicht und mit vielen Gruben versehen). C-K., K-T. und Epipleuren der Fld. metallisch. 1. Fühlergld. beh.. Endgld. mehr grau. Augen mässig vorspringend. Hlschd. nicht nur an den beiden Seitenrändern beh., sondern auch am Vorderrande und auf der Scheibe bis fast zu der Mittelfurche. Von den Seitenstücken des Mesothorax ist nur der hintere Teil beh., der Vorderrand dagegen nicht. Metathorax und Abd. am Rande mässig beh., letzteres auf der Scheibe punktiert; jedoch bleibt bisweilen, abgesehen von den meist ganz glatten, letzten Ringen, genau in der Mittellinie ein Streifen unbeh. Fühler und Beine robust.

Die Zeichnung besteht aus 2 Hm-, 2 Apflecken und einer Mittelbinde, die am Rande nicht erweitert ist.

Von Variationen der Zeichnung kommt die ap- und mrg-F. von denen der Farbe die vv-F vor. Eigentümlich ist dieser Gruppe eine Art von Ausartung*) der Zeichnung, die sich in dieser Form bei keiner anderen Cicindele findet.

Die Grösse schwankt zwischen (10) 12—15 mm.

Über den Penis siehe t. 5. f. 1.

Vertreter dieser Gruppe befinden sich nur in Hu., R., Ca., (Syrien??), den Kirghisen-Steppen und dem westlichen Teile von Sib.

Was schliesslich die Lebensgewohnheiten betrifft, so scheint sich die einzige Art, die diese Gruppe vertritt, vorzugsweise (auch im Gebirge) am Ufer von Flüssen aufzuhalten auf sandigem Terrain. Mai.

Zu dieser Gruppe gehört nur *soluta*.

*) v. *Nordmanni Chd.* Sie ist häufig als eigene Art angesehen worden.

Cicindela soluta Dej.

„*Parallela, supra cupreo-subvirescens, vel viridis; elytris lunula humerali apicalique interrupta, fasciaque tenui media sinuata, abbreviata albis.*"

Dej. Icon. (1822-4.) p. 47. t. 3. f. 8. Dej. Spec. I. p. 70—71.
Kraatzi Beuth. Ent. Nachricht. 90. p. 90.
assimilis Chd. Bull. Mosc. 43. p. 687. „Observation".
  Kiew. 47. p. 3. Catalog Collectionis. 65. p. 36.
xanthopus Fisch. Bull. Mosc. 32. p. 432.
Sengstacki Beuth. Ent. Nachr. 90. p. 90.
fracta Fisch. Ent. Ross. III. p. 27. t. 1. * f. 8.
Jaceti Chd. Bull. Mosc. 61. I. p. 1. Berl. Ztschr. V.
  XXXVIII. VI. 300. Ann. France. 75. 107.
Nordmanni Chd. Bull. Mosc. 48. p. 442.
atratula Motsch. i. l. Kaefer Russl.
excellens B. M. i. l.
insignis Mannerheim i. l. Dej. cat. ed. III. p. 3.
interrupta Dahl i. l. Dej. l. c.
sarranica Besser i. l. „ l. c. Dej. Spec. I. p. 70.

L.-T. beim ♂ hell, beim ♀ dunkel. Ausnahmen kommen wohl äusserst selten vor. Hlschd. ziemlich breit, hinten verengt. Die tiefen Furchen sind meist grün gefärbt. Die Fld. bilden ein Rechteck mit abgerundeten Ecken, hinten sind sie gerundet. Die Oberseite ist mehr oder weniger flach. Die Unterseite ist an der Brust kupfrig, am Abdomen grün oder bläulich, Beine und Fühler kupfrig.

C. soluta Dej. ist beschrieben nach grünlich kupferbraunen Stücken, mit unterbrochener Hm- und Apmakel. Die Mittelbinde ist geknickt. (t. 1. f. 1.)

Abänderungen.

Was zunächst die Variationen in der Färbung betrifft, so ist zu bemerken, dass die Oberseite häufig braunkupfrig ist, ohne jeden grünlichen Schimmer. Kopf und Hlschd. sind bisweilen besonders häufig wohl bei russischen Ex.) leuchtend kupfrig. Nicht selten sind die Fld. intensiv grün (*Kraatzi* Beuth.). Kopf und Hlschd. bleiben meist vorwiegend braunkupfrig. Die weiter unten erwähnte *fracta* Fisch. soll einen smaragdgrünen Kopf haben (Fld. grünlich-erzkupfrig.).

Von Abänderungen in der Zeichnung gilt folgendes: Apformen sind zunächst beschrieben als *assimilis**) von Chd., als *xanthopus* von Fischer und als *Sengstacki* von Beuthin. Die erste (f. 1. a.) ist zu gleicher Zeit eine mrg-F (1. H.). Die beiden anderen sind fast vollkommen identisch, höchstens wäre zu sagen, dass *xanthopus* (f. 1. b.) eine geradere, weniger geknickte Mittelbinde hätte. Eine hm-F ist bisher noch nicht bekannt; die weiter unten erwähnte *Nordmanni* Chd. ist nach der Beschreibung keine solche F. Was ferner die Gestalt des oberen Apfleckes betrifft, so ist dieser häufig dreieckig, mit nach vorn zu gerichteter Spitze; Abweichungen hiervon kommen jedoch nicht selten vor (f. 1. c.). Ebenso steht es mit dem Randteil der Mittelbinde: sehr häufig ist dieser nicht gerade, senkrecht zum Rande ansteigend, sondern in einem, nach dem Kopfe zu konkaven Bogen nach oben gekrümmt (f. 1. d.) (naturgemäss hängt damit zusammen, dass der Winkel, in welchem der zweite Teil der Binde nach unten umgebogen ist, spitzer erscheint); derartige Stücke sind auf *fracta* Fisch.**) zu beziehen. Es wäre ferner noch eine ap-F zu erwähnen, die wegen ihrer ausserordentlichen Kleinheit merkwürdig ist, sie misst nämlich nur 10 mm. Da sie auch jetzt noch häufig als eigene Art angeführt wird, verdient sie, näher besprochen zu werden. Das von Chaudoir als *Javeti* beschriebene Ex. (es war ein einziges ♂) befand sich in der Sammlung des Wiener Museums, ist jedoch schon zu Schaums Zeiten (confer. B. Z. V. XXXVIII.) nicht zu ermitteln gewesen. Das Stück stammte von Kindermann, der es angeblich in Syrien gesammelt haben wollte. Diese Fundortsangabe***) ist sicher falsch, denn in Syrien ist noch nie, abgesehen von den von Kindermann gesammelten Stücken, eine *soluta* gefunden worden. Brûlerie hat nun (Annales d. France. 1875. p. 107.) in seinem Katalog der syrischen Käfer darauf aufmerksam gemacht, dass der genannte Sammler auch sonst anatolische, kaukasische und südeuropäische Coleopteren als syrische verschickt

---

*) Chaudoir beschrieb diese Form als eigene Art. Als Fundort gab er „Ägypten (?)" an. Später zog er sie selbst als *soluta v.* ein und bemerkte, dass sie wahrscheinlich aus Süd-Russland stamme.
**) Nach dem Original-Exemplar in der Fischerschen Sammlung. Über die Färbung siehe oben unter den Farbenvarietäten.
***) Lederer, der das Original-Exemplar aus Kindermanns Ausbeute erhalten und an Javet gegeben haben sollte, wusste von einer *Javeti* nichts.

hat. Ausserdem sollte sich in dem Nachlasse Lederers, der zusammen mit Kindermann gesammelt hatte, eine *Jareti* wiedergefunden haben. Was aus diesem Stücke geworden ist, ist unbekannt. Um nun auf Chaudoir zurückzukommen, so gab er eine ganze Reihe von geringfügigen Unterschieden an, durch die sich seine neue Art von allen anderen unterscheiden sollte. Schaum bestritt wiederholentlich ihre Artberechtigung.

Wenn man nun alles prüft, was Chaudoir vorgebracht hat, so ergiebt sich folgendes: Eine *hybrida*-Form kann *Jareti* nicht gewesen sein, denn die flachen, parallelen Fld., die scharfen Schultern, die rauhere Kopfskulptur etc. sprechen absolut sicher dagegen. Eine *silvicola* von 10 mm ist von vornherein als Unmöglichkeit ausgeschlossen. *Gallica* hat, abgesehen von Fundort, Grösse und Gestalt, eine unbeh. Stirn. Es bliebe noch *campestris* und *soluta* übrig, auf die man die Chaudoirsche Art beziehen könnte. Wenn es jedoch eine Varietät der ersteren gewesen wäre, wofür ja sonst vieles sprechen würde, so hätte der Autor doch mindestens ihre Ähnlichkeit erwähnt; denn Varietäten der *campestris* mit der *soluta*, *hybrida*, *silvicola* etc. zu vergleichen, ohne dabei auch nur im geringsten zu bemerken, dass sie auch mit der *campestris* verwandt sind, ist bei einem Spezialisten, wie es Chaudoir war, doch ausgeschlossen. Es fragt sich schliesslich, was denn überhaupt gegen die Auffassung, dass *Jareti* eine *soluta* v. wäre, vorzubringen ist. Die Gestalt und Zeichnung stimmen gänzlich überein. Die Punktierung des Abdomens variiert schon bei den gewöhnlichen Stücken dieser Art, weshalb sollte also ein so kleines Ex. von nur 10 mm Länge nicht auch glatter sein? Die O-L. kommt als Artkennzeichen in der Weise, wie Chaudoir den Unterschied angegeben hat, nicht in Betracht. Die dunklen L-T. können nicht von erheblichem Werte sein, da sie bei den meisten Arten, die nach den Geschlechtern verschieden gefärbte Taster haben, schwanken, ebenso die ungezähnten Fld. Letzterer Umstand lässt sich vielleicht auch mit der abnormen Kleinheit in Zusammenhang bringen. Jedenfalls hat diese Auffassung vielmehr Wahrscheinlichkeit für sich als die von dem Vorhandensein einer neuen Species im Bereiche der Mittelmeerfauna.

Weit wichtiger als alle bisher genannten Varietäten ist *Nordmanni* Chd. (f. l. c.), die ebenfalls von Chd. und neuerdings wieder als eigene Art, wenn auch mit Unrecht, angesehen wurde. Bei dieser Form ist der untere Hm- und obere Apfleck sehr lang ausgezogen und reicht weit auf die Scheibe der Fld. hinein; auch der zweite Teil der Mittelbinde ist sehr stark nach unten verlängert. Chaudoir bekam diese herrliche Variante in 3 Stücken vom Sohne Kindermanns, der diese, sowie 5 andere Stücke, die er an deutsche Entomologen verschickte, von Nordmann erhalten hatte. Alle Ex. wurden am Ufer des Dniepr bei Cherson gefangen. (1. B. M.)

Über eine Monstrosität der gewöhnlichen *soluta*, die sich dieser Varietät nähert (1. Krtz. f. 1. f.) siehe III. Gruppe, Allgem. Note 2.

Von Namen *in litteris* sind mir bekannt: *atratula* Motsch., *fracta* Fisch., *excellens* (ohne Autor = *Kraatzi* Beuth.), *insignis* Mann., *interrupta* Dahl und *sarranica* Besser, *desertorum* Mén. Dej. cat. ed. III. p. 3. ist dagegen eine *campestris*-Form.

Zum Schluss wäre noch eine Varietät zu erwähnen, die von Hochhuth im Bulletin de Moscou 1871, I. p. 182. beschrieben ist, aber nicht benannt wurde. Der Autor selbst fing diese rätselhafte Variante in einem Stück im botanischen Garten der Universität zu Kiew. Sie hat einen breiten, weissen, ringsum zusammenhängenden Rand; die Mittelbinde ist breit und ohne Kniebiegung schräg nach unten gerichtet. Diese Zeichnung sollte viel Ähnlichkeit mit der der *Besseri* haben, die jedoch in dortiger Gegend nicht vorkäme. Falls dieses Ex. wirklich eine *soluta*-Form wäre, so hätte man es wahrscheinlich mit einer cff-F der *Nordmanni* zu thun. Sollte es aber doch nicht vielleicht ein etwas abweichendes Stück der *Besseri v. Heydeni* Krtz. gewesen sein? Der Fundort würde kaum dagegen sprechen.

II. Gruppe.

Fld. in den Schultergruben unbeh. Kopfschild unbeh. Hinterer Augenkranz, sowie vordere Augenbüschel fehlen. Wange nie dicht beh. Oberseite des Hlschd. höchstens an den beiden Seitenrändern beh. Seitenstücke des Prothorax beh. Epipleuren der Fld. meist metallisch, ebenso U-K. und K-T.; O-L. mehr oder weniger vorgezogen; im allgemeinen lässt sich vielleicht sagen, dass dies bei den ☿ weniger stark der Fall ist, als bei den ♀. Stirn meist beh., ebenso 1. Fühlergld. Augen mässig hervorspringend. Abd. am Rande mässig oder wenig beh., auf der Scheibe*) meist glatt. Von den Seitenstücken des Mesothorax ist nur der hintere Teil beh., der vordere nicht. Metathorax beh.

Die Zeichnung besteht im allgemeinen aus 2 Hm-, Ap- und Medianmakeln, die alle durch eine Binde ersetzt sein können. Einzelne Arten haben konstant eine reducierte Zeichnung.

Alle 12 Variationsformen sind vertreten. Charakteristisch ist ferner für sie das Verschwinden einzelner Teile, ja sogar der ganzen Zeichnung, und vor allem die Neigung dazu, ausgeprägte Lokalracen**) zu bilden, was in den anderen***) Gruppen höchst selten vorkommt.

—

*) Häufiger findet sich eine Punktierung nur zwischen den Hinterhüften, sehr selten auch auf den mittleren Segmenten.
**) Der Streit um die Artberechtigung dieser Racen ist so alt wie die Racen selbst. Auch jetzt noch finden sich Anhänger der Chaudoir'schen Ansicht, der im Gegensatz zu Schaum fast alle Racen als Arten anerkannte.
***) Derartige Lokalracen sind sonst nur bei Arten der III. und VI. Gruppe beobachtet worden, in allen übrigen fehlen sie gänzlich oder sind wenigstens nur sehr schwach ausgeprägt. Sie sind nicht mit den bisweilen nur aus praktischen Gründen aufgestellten Formen zu verwechseln (confer *maura, caucasica, lunulata* etc.).

Die Grösse schwankt zwischen 9 und 20 mm.
Über den Penis siehe t. 5. f. 2—5. 8. 8.d. 12. 13. 19.
Vertreter dieser Gruppe finden sich überall.
Die Lebensweise ist sehr verschieden.
Zu dieser Gruppe gehören folgende Arten: *silvatica, japonica, gemmata, Raddei, silvicola, gallica; hybrida, songorica, transbaicalica, tricolor (Przewalskii); lacteola, Burmeisteri, 10-pustulata, turkestanica, talychensis, campestris, asiatica, Coquereli, Ismenia.*

Bestimmungstabelle der Untergruppen.

Es muss hervorgehoben werden, dass gerade die Arten dieser Gruppe sehr variationsfähig sind, was natürlich mit der ausserordentlich grossen Verbreitung dieser Species zusammenhängt. Selbst Kennzeichen, die sonst nie oder fast nie schwanken, sind hier so gut wie unbrauchbar. Aus diesem Grunde war es mir auch nicht möglich, für diese Gruppe eine so exakte Einteilung zu geben, wie für alle anderen; letztere gewinnt somit ein etwas künstliches Aussehen, indem in jeder Untergruppe verschiedene Möglichkeiten von Zusammenstellungen mehrerer Kennzeichen vorkommen. Wenn nun aber auch die Unterscheidung der 3 Untergruppen künstlich ist, so sind nichtsdestoweniger diese Untergruppen selbst natürliche. Von jeher hat man ja die Verwandtschaft der verschiedenen *silvatica-, hybrida-* und *campestris-*Arten richtig erkannt. Mehr wie einmal ist sogar das Artrecht einiger Arten angezweifelt worden. Zur Unterscheidung der 3 Speciesreihen lässt sich auch mancherlei vorbringen, was aber nur immer im allgemeinen gilt, wovon also immer Ausnahmen vorkommen. Ein flüchtiger Blick genügt scheinbar, um eine Art der *campestris-*Gruppe von einer *hybrida* z. B. für immer unterscheiden zu können. Der ganze Habitus, die Färbung, die Zeichnung, selbst die Grösse scheinen charakteristisch zu sein. Doch: würde ein Unbefangener die *lacteola* zur *campestris-*Gruppe zählen? Wohl schwerlich; die Zeichnung und Gestalt der Fld. spricht mehr für *hybrida,* dem Kopfe und Hlschd. nach ist sie eine *campestris.* In noch viel grössere Schwierigkeiten würde man geraten, wenn man nach diesen Kennzeichen *hybrida* von der *gallica* unterscheiden wollte: Ex. dieser beiden Arten können bisweilen auch vom Kenner hiernach nicht auseinander gehalten werden.

Bei unbeh. 1. Fühlergld. *	1. Untergruppe.	Bei beh. 1. Fühlergld. *
Stirn vorn fein skulpiert.	Hlschdränder höchstens wenig geschweift. Beine lang, Stirn vorn höchstens spärlich beh., Wange ohne Gruben.	Stirn unbeh., Fld. ungezähnt, oder Kopf verhältnismässig sehr gross, oder Stirn vorn höchstens wenig beh., Fld. ungezähnt, hinten meist schwach zugespitzt, Spitze häufig stark eingezogen.
	II. Untergruppe.	
	Hlschdränder höchstens wenig [geschweift]. Beine kurz. Stirn vorn sehr fein und parallel gestrichelt. Fld. fast stets gezähnt.	
	III. Untergruppe.	
Stirn vorn grob skulpiert.	O-L. nie gekielt, Stirn vorn nie zugleich sehr fein parallel gestrichelt und unbeh.	Stirn vorn grob skulpiert. Fld. gezähnt, oder Stirn vorn dicht beh., oder Hlschdränder stark geschweift, oder Stirn vorn wenig beh., Fld. hinten mehr oder weniger gerundet, Spitze nie stark eingezogen.

* In zweifelhaften Fällen vergleiche die nächste Seite!

Bemerkungen für die vorstehende Tabelle.

Zum Verständnis der Tabelle sei hervorgehoben, dass stets zuerst die mittlere Spalte verglichen werden muss; dann erst die rechte resp. linke, je nachdem das 1. Fühlergld. beh. oder unbeh. ist.

Als praktisch wichtig für die I. Untergruppe mag folgendes gelten: 1) bei unbeh. 1. Fühlergld. gehören in diese Gruppe (vorausgesetzt natürlich, dass das in der mittleren Spalte Gesagte zuträfe) alle, welche die Fldspitze stark eingezogen haben oder das Hlschd. hinten mindestens so breit wie vorn. 2) bei beh. 1. Fühlergld. sind alle diejenigen in die erste Gruppe zu stellen, welche auf der Stirn vorn sehr fein und gestrichelt sind.

Zur III. Untergruppe gehören bei unbeh. 1. Fühlergld. alle, welche die Fldspitze wenig eingezogen haben oder die Hlschränder sehr stark geschweift oder die Stirn vorn sehr dicht beh. (natürlich nur in solchen Fällen, wo das in der mittleren Spalte von dieser Gruppe Gesagte zutrifft).

1. Untergruppe.

Hlschd. stets an den beiden Seitenrändern beh. Stirn vorn höchstens mit einigen Grübchen versehen. U-K., K-T. und Epipleuren metallisch. O-L. mehr oder minder vorgezogen, meist einzähnig, selten erscheinen zwei abgestumpfte Seitenzähnchen. Pleuren meist sehr spärlich beh. Abd. auf der Scheibe glatt, nur auf den ersten Segmenten bisweilen mit Grübchen versehen. Fld. hinten meist mehr oder weniger zugespitzt, äusserst selten gezähnt, häufig auch ohne Dorn. Fldspitze beim ♂ und ♀ fast stets eingezogen.

Die Zeichnung besteht aus 2 fast stets unterbrochenen Hmflecken, einer am Rande selten erweiterten Mittelbinde und 2 meist unverbundenen Apmakeln, von denen die untere häufig fehlt. Zum Ersatz der letzteren ist bisweilen ein schmaler Randstrich vorhanden, der sich vom oberen Apfleck nach der Spitze zu erstreckt.

Von Zeichnungsvarietäten ist die hm-, ap-, mrg-F bekannt, aber nicht allzu häufig. Die sefl-F ist sehr selten. Der schon erwähnte Randstrich findet sich auch als Variationsform, die dieser Gruppe eigentümlich ist. Selten verschwinden einzelne oder gar fast alle Flecke. Die vv-, rr- und m-F ist selten.

Die Grösse schwankt zwischen 12 und 19 mm.
Über den Penis siehe T. 5. f. 2—7.
Vertreter dieser Gruppe fehlen wahrscheinlich nur in Afrika und Syrien, sowie in West-Turkestan und den Ländern, die das Kaspische Meer von Süden her begrenzen.
Die Lebensweise scheint sehr zu schwanken.
Zu dieser Untergruppe gehören folgende Arten: *silvatica, japonica, gemmata, Raddei, silvicola, gallica.*

Bestimmungstabelle der Arten.

1) O-L. schwarz und gekielt . . . . *silvatica.*
  „   „   ungekielt . . . . 2.
2) 1. Fühlergld.*) unbeh. . . . . 3.
  „   „   beh. . . . . 4.
3) Stirn vorn unbeh. . . . . *japonica.*
  „   „   beh. . . . . *gemmata.*
4) Stirn beh. . . . . *silvicola.*
  „   unbeh. . . . . 5.
5) Stirn vorn grob gestrichelt. Fldspitze breit eingezogen (eim ♂, weit zurückgezogen beim ♀. *Raddei.***)
  Stirn vorn meist fein gestrichelt. Fldspitze wenig ein- resp. zurückgezogen . *gallica.***)

Cicindela silvatica Linné.

„*Nigra, elytris fascia punctisque duobus albis.*" 14—19 mm.
  I. Linné. Syst. nat. II. p. 658. Faun. suec. p. 210.
    silvatica autorum posteriorum.
    similis Westhoff. Kaef. Westf.
    fennica Beuth. Ent. Nachr. 90. p. 211.
    hungarica Beuth. l. c.
  II. *fasciatopunctata* Germ. Fn. Ins. Eur. XXIII. t. 1.

*) Selten findet sich ein einzelnes Härchen hier, welches als nicht vorhanden betrachtet ist.
**) Praktisch sind diese beiden Arten am besten durch das Vorhandensein (*gall.*) respektive Fehlen (*Rad.*) des unteren Spitzenfleckes zu unterscheiden, abgesehen von dem Fundorte. *Raddei* hat auch meist die ersten Abdsegmente spärlich punktiert.

Diese Art fehlt in Afrika. Italien*), Turkestan, sowie überhaupt dem Süd-Westen des asiatischen Gebietes, in der Mongolei und Japan; in heissen sandigen Gegenden, besonders in Kieferwaldungen. Juni und Juli.

L.-T. dunkelmetallisch. Hlschd. nach hinten meist etwas verengt. Kopf unbeh.; sehr selten finden sich vorn auf der Stirn einige flache Grübchen, die wahrscheinlich Härchen getragen haben. Kopfskulptur rauh. Fld. mit grossen, flachen Grübchen bedeckt, zwischen denen meist nur auf der vorderen Hälfte vereinzelte Körnchen stehen; lederartig runzlig, seidenartig-mattglänzend, hinten zugespitzt. Spitze in beiden Geschlechtern deutlich zurückgezogen, ungezähnt und ohne Dorn. Die Farbe der Schienen, Fühler und Unterseite des Körpers ist kupfrig violett bis fast rein schwarz. Selten sind die Unterseiten des Thorax rein kupfrig.

C. silvatica L. ist nach schwarzen Stücken beschrieben, die eine getrennte**) Hmmakel, einen oberen Apfleck und eine geknickte, am Rande nicht erweiterte Mittelbinde haben. (t. 1. f. 2.) Über den Penis siehe t. 5 f. 2.

Abänderungen.

Man hat zwei Racen zu unterscheiden: die Stammform, *silvatica* autorum posteriorum, und die türkische Form, *fasciatopunctata* Germ. Die letztere unterscheidet sich durch die glattere***) Fldskulptur, gestrecktere Fld., hellere Färbung, breitere und geradere Mittelbinde.

Stammform: silvatica autorum posteriorum.

Die Hmmakel ist geschlossen zur lunula. Die Fld sind bisweilen sehr kurz und breit. Die Farbe ist dunkel erzfarben.

Varietäten der Färbung****) sind sehr selten. Mir ist nur die kupfrige Form (1. H.) und die vv-F (1. H.) bekannt.

Von Varianten in der Zeichnung sind benannt worden: hm-F: *similis* Westh. = *silvatica* L. Die mrg-F ist *fennica* Beuth. (t. 1. f. 2.a.) Nach dem Autor soll die Hauptverbreitung nach der

---

*) In Spanien kommt sie vor (1. H. Asturien).
**) Siehe Faun. suec. p. 210. n. 784.
***) Uebergänge zwischen beiden Formen ·kommen ziemlich zahlreich vor, besonders hinsichtlich der Skulptur.
****) Auch die nn-F ist seltener als man gewöhnlich glaubt. (H. Kuusamo).

Hmlunula zu gerichtet sein, so dass sogar für diese die seit-F vorkommen soll. Häufiger scheint dieselbe jedoch nach der entgegengesetzten Richtung hin zu liegen. *Hungarica* Benth. (f. 2.b.) ist charakterisiert durch den von dem oberen Apfleck nach der Spitze zu (mehr oder weniger weit) entsendeten Randstrich. Über das Fehlen der beiden Hmflecke siehe Anm. 3.

Anm. 1. Keine Varietät der Stammform ist lokal, ebensowenig wie die der *v. fasciatopunctata* (siehe unten).

Anm. 2. Schon in Frankreich ist die Stammform seltener, in Spanien vollends sehr selten.

Race: fasciatopunctata Germ.*)

Kupfrig-erzfarben. Hmlunula unterbrochen.

fasciat. ist mir nur aus der Türkei und aus Brussa bekannt, wo sie neben der Stammform vorkommt, nicht statt derselben, wie Schaum und andere behauptet haben (f. 2. c.)

In der Färbung scheint diese Form ähnlich wie die Stammform zu variieren. Die v-F (nicht vv.) ist selten. (1. H. Brussa.)

Die Mittelbinde schwankt sehr in der Breite. Extreme Ex. dieser Race haben dieselbe Binde wie die entgegengesetzten der Stammform. Die hm-F ist nicht allzu häufig. (H.)

Anm. 3. Im Jahrgang 1886 der „Stett. Zeitg." p. 287. findet sich die sonderbare Angabe von C. A. Dohrn, dass *fasciatopunctata* (oder vielmehr Ex., die C. A. Dohrn hierauf bezieht) bei Wladiwostok (Amur: Nordgrenze von Korea) vorkommen soll. Die ganze Bemerkung verrät grosse Unklarheit. Falls das betreffende Ex. überhaupt eine *silvatica*-Form ist, ginge aus der Bemerkung hervor, dass auch bei dieser Art (ähnlich wie bei den folgenden) die beiden Hmflecke fehlen könnten.

Cicindela japonica Guérin.**)

15½—19 mm.

Guérin. Rev. Zool. 47. p. 2—3.

aeneo-opaca Motsch. Etud. ent. 60. p. 5.

japonica (De Haan) Morawitz. Beitr. z. Käferfn. d. Insel Jesso.

japana Motsch. Etud. ent. 57. p. 108. t. 1. f. 2.—61. p. 1.

japonica (De Haan) v. Heyden. Horae Rossicae. 87. p. 245.

*) Lange Zeit hat diese Race als Art gegolten. Schaum fasste sie noch so auf. Chandoir vertrat die richtigere Ansicht.

**) Eine sehr gute Beschreibung dieser Art im Zusammenhange mit *gemmata* und *niohozana* (= *Raddei*) hat Hr. Kolbe im Archiv für Naturgeschichte. Berlin 1886. pag. 139. etc. gegeben.

Diese Art scheint nur auf Japan vorzukommen.

L.-T. ♂ hell, ♀ dunkel. O-L. mässig vorgezogen. Stirnrunzlung fein, Stirn nur zwischen den Augen beh. Kopf mässig gross. Hlschd. hinten schwach verengt. Seitenränder fast gerade. Fld. lang gestreckt, meist bauchig, flach, hinten zugespitzt, ungezähnt. Spitze in beiden Geschlechtern eingezogen. Die Skulptur der Fld. besteht im allgemeinen aus ziemlich grossen, dunkler gefärbten Grübchen, wenig ausgeprägten Körnern und sehr stark markierten Grubenreihen längs der Naht. Die Unterseite ist grün oder bläulich. Brust und Extremitäten kupfrig. Die Länge der Schienen schwankt erheblich.*) ♀ mit schwarzem Nahtfleck.

Japonica Guér. ist nach dunkelbroncenen Stücken beschrieben, die ausser der am Rande verbreiterten, kurzen, geknickten Mittelbinde nur einen oberen Apfleck haben. (t. 1. f. 3.)

Über den Penis siehe t. 5. f. 3.

Anm. Die Grundform hat ausserdem noch eine breit unterbrochene Hmlunula (*aeneo-opaca* Motsch.).

Abänderungen.

Auf etwas dunklere Stücke („*nigro-aenea*"), bei denen ausser den Makeln der *japonica* Guér. noch zwei Hmflecken vorhanden sind, hat Motsch. seine *aeneo-opaca* (f. 3.a.) begründet. Ein Kollektiv-Name für alle Varietäten, bei denen weniger Flecke vorhanden sind als bei dieser Varietät, ist *japonica* (De Haan) Morawitz (f. 3, 3.c.). Es kann nun so die obere Hmmakel allein fehlen, oder der untere Hm- oder der obere Apfleck. *Japana* Motsch. bezieht sich auf Stücke der letzteren Form, bei denen zugleich die Fld. grünlich gefärbt sind. Ferner können zwei Flecke zu gleicher Zeit verschwinden: die beiden Hmmakeln (*japonica* Guér.), oder der obere Apfleck mit einem der beiden Hmpunkte. Schliesslich fehlen 3 Flecke, sodass nur die Mittelbinde übrig bleibt, die dann aber stets in einen Randfleck zusammenzuschrumpfen scheint (f. 3.b.); diese letztere Varietät ist *japonica* (De Haan) v. Heyden (B. M.). Zwischen diesen Formen kommen alle Übergänge vor.

Von anderen Varianten ist mir die einfache dlc-F bekannt (1. II.), bei der die Mittelbinde vor dem Endknopf weit unterbrochen

---

*) Stets bleiben aber die Beine noch lang.

ist (f. 3.c.). Der obere Apfleck kann ferner einen Randstrich nach der Spitze entsenden. So kann eine ap-F entstehen, bei welcher dieser dünne Randstrich (der noch dazu gar nicht bis zur Spitze zu reichen braucht) wiederum vom oberen Apfleck losgelöst ist (1. II.; f. 3.d.). Schliesslich*) sei noch erwähnt, dass ein Ex. (H.) den unteren Hmfleck nach aufwärts fast bis zum oberen Hmfleck verlängert hat, während letzterer fast verschwunden ist (f. 3.e.). Selten ist die O-L. dunkel (H.).

Von Varietäten der Farbe sind mir die u- und uu-, die v- und vv-F bekannt. (Die schon oben erwähnte *japana* Motsch. ist eine derartige v-F). Selten sind kupfrige Ex. (H.).

Anm. 1. Über die Monstrosität, bei welcher sich der untere Hmfleck mit der Mittelbinde, vom Rande entfernt, verbindet (f. 3.f.), vergleiche III. Gruppe. Allgem. Note 2.

Anm. 2. Keine der erwähnten Varietäten scheint lokal zu sein.

Anm. 3. Die Skulptur der Fld. schwankt sehr; bald sind die Körner fast völlig verschwunden, bald scheinen (besonders bei der uu-F) die Grübchen völlig zu fehlen. Auch die Grubenreihe längs der Naht variiert in derselben Weise.

Cicindela gemmata Fald.**)

„*Elongata, supra obscure-aenea, opaca; elytris punctis duobus, lunula apicali angustata, fasciaque media abbreviata sinuata albis*". 14—18 mm.

Faldermann. Col. ab ill. Bungio in China etc. 35. p. 14. t.3.f.1.

sachalinensis Morawitz. Bull. Ac. Petersb. V. 63. p. 237.

ritiosa v. Heyden. D. Z. 85. p. 283.

Patanini Dokhtouroff. Hor. Ross. 88. p. 139.

L.-T. ♂ hell, ♀ dunkel. Kopf mässig gross. O-L. mässig gewölbt. Stirn vor und zwischen den Augen beh. Hlschd. nach hinten verbreitert oder gleich breit. Seitenränder gerade. Fld. wenig gewölbt, ziemlich langgestreckt, grösste Breite hinter der Mitte, hinten ziemlich gerundet, meist völlig ungezähnt. Die Grübchen und Körner sind sehr deutlich, die Grubenreihe neben

---

*) Am allervariabelsten ist natürlich die Mittelbinde, welche die mannigfachsten Abänderungen erleiden kann. Der Endknopf kann fehlen etc. etc.

**) Cfr. Kolbe: Archiv für Naturgeschichte. Berlin. 1886. p. 164—170.

der Naht meist ebenfalls. Unterseite bläulich oder violett. Brust und Fühler kupfrig. Schienen grünlich oder blau. Brust bei frischen Ex. ziemlich dicht und lang beh.

Gemmata Fald. ist nach einem dunkel erzfarbigen Stück beschrieben, das eine breit unterbrochene Hmlunula, eine mässig geknickte, schräg gestellte Mittelbinde und einen oberen Apfleck hatte, welcher einen breiten Randstrich bis zur Spitze entsendete. (t. 1. f. 4.)

Über den Penis siehe t. 5. f. 4.

Anm. 1. Der untere Hmlfleck steht meistens tiefer als bei *silvatica* und *japonica*, auch ist er häufig schon etwas nach oben ausgezogen; wichtig für die hm-F.

Anm. 2. *Sachalinensis* autorum ist identisch mit *gemmata* Fald., *sachalinensis* Morawitz ist nach der Beschreibung unbedingt eine *Raddei* Moraw. Die Grösse des Kopfes und Aushöhlung der Stirn ist individuell.

Abänderungen.

In der Farbe scheint diese Art sehr wenig zu variieren, wenigstens sind mir derartige Stücke nicht bekannt.

Was die Zeichnung betrifft, so unterliegt die Gestalt der Mittelbinde zunächst sehr grossen Schwankungen, wie bei den benachbarten Arten. Der Hmfleck kann fehlen (l. v. Heyden). Die ap-F (f. 4.a.) hat L. v. Heyden als *ciliosa* (aus Kuldsha) beschrieben. Die hm-F ist *Potanini* Dokht. (aus der Mongolei). Der von dem oberen Apfleck nach der Spitze zu laufende Randstrich kann dicker oder dünner enden. Selten scheint die Mittelbinde unterbrochen zu sein, ein Ex. (H.) zeigt diese Erscheinung auf der linken Fld.

Anm. 1. *Gemmata* Fald. war Jahrzehnte hindurch allen Entomologen, auch den russischen, unbekannt geblieben; erst in neuester Zeit ist sie häufiger in den Handel gekommen, sodass sie jetzt durchaus nicht mehr zu den Seltenheiten gehört. Selbst Schaum vermutete in ihr noch eine Varietät der *silvatica*. Gemminger und Harold schlossen sich ihm an. Faldermann's Angabe: „*Caput tenuiter sed confertim strigosum, setulis albis parce obsitum, inter oculos* . . . ." hatte keiner beachtet, sonst hätte man nie über die Artberechtigung dieser Species in Zweifel geraten können! So aber war es um so schwerer, diese Beschreibung[*]) Faldermann's zu deuten, als das einzige Original-Exemplar, das noch im Jahre 1844 nach Motsch. (cfr. Mém. Acad. d. S. Pétersb.)

*) Vor allem machte der Ausdruck: „*punctis vel gemmis viridibus detritis interjectis*" (Fld.) grosse Schwierigkeiten.

im Petersburger Museum vorhanden war, später mit einer *silvatica* vertauscht war (cfr. Morawitz: Käf. d. Ins. Jesso. p. 6.).

Anm. 2. Dokhtouroff hat *C. Patanini* als eigene Art beschrieben, wie er es ja auch sonst fast immer gemacht hat. Das Original-Ex. war mir leider nicht zugänglich: ich konnte mich also nur an die (sehr lange) Beschreibung halten. Diese macht den Eindruck, als hätte der Autor die echte *gemmata* gar nicht gekannt, sondern statt ihrer eine *japonica*-Form vor sich gehabt; wenigstens wäre dann seine Beschreibung erklärlich. Wenn man nämlich letztere genauer prüft, so findet man als Unterschied von der echten *gemmata* nur: „Umlunula geschlossen"; im übrigen herrscht eine vollkommene Gleichheit zwischen beiden Arten. Auch die Behaarung der Unterseite der Brust stimmt vollkommen überein. Hätte Dokhtouroff, wie er gewissermassen bei Aufstellung einer angeblich neuen Art innerhalb der so verwandten *silvatica*-Formen verpflichtet gewesen wäre (Morawitz, Kolbe haben diese Arten so z. B. nicht einzeln oder im Vergleich mit einer anderen Species beschrieben, sondern alle Formen im Zusammenhang besprochen) auch seinerseits Unterschiede von der *japonica*, *Raddei* und *sachalinensis* (die er auch als eigene Art anführt) anzugeben versucht, so hätte er wahrscheinlich die *Patanini* nicht als neue Art beschrieben.

Anm. 3. Keine der angeführten Varietäten ist lokal.

Cicindela Raddei Morawitz.*)

"*Supra aeneo-nigra, labro medio valde protracto, albido, prothorace transverso, postice angustato, rugoso; elytris tenuissime granulatis, puncto humerali et posthumerali, fascia media abbreviata subrecta punctoque marginali ante apicem albis.*" 16—16½ mm.

Morawitz. Bull. Ac. Petr. IV. 63. p. 238.

niohozana Bates. Trans. ent. Soc. 83. p. 213.

sachalinensis Morawitz. Bull. Ac. Petersb. V. 63. p. 237.

L.-T. in beiden Geschlechtern dunkel metallisch, Stirnrunzeln grob, Kopf mehr oder minder gross. Stirn unbeh., O-L. sehr stark vorgezogen. Hschd. nach hinten verengt, Seitenrand ziemlich gerade. Fld. gedrungen, ziemlich gewölbt, hinten zugespitzt und ungezähnt. Die Grübchen auf den Fld. sind verhältnismässig gross, die Körner klein. Die Grubenreihe neben der Naht ist mässig markiert, die Unterseite bronce-grün, Brust, Beine und Fühler kupfrig. Das Abd. ist am Rande bis teilweise auf die Scheibe hinauf punktiert.

---

*) Vergleiche Kolbe: Archiv für Naturgeschichte. Berlin. 1886. (Dort als *niohozana* Bates beschrieben.).

Raddei Morawitz ist nach dunkel-erzfarbigen Stücken beschrieben, die eine breit unterbrochene Humerula, eine stark geknickte, aber ziemlich horizontal gestellte Mittelbinde und einen oberen Apfleck haben. (t. 1. f. 5.)

Über den Penis siehe t. 5. f. 5.

Anm. 1. *Niohozana* Bates ist auf Stücke aus Japan, *sachalinensis* auf solche von Sachalin zu beziehen, während Morawitz seine Ex. vom Amur erhielt. Im übrigen sind beide identisch mit der Stammform.

Anm. 2. Diese Art bildet in Gestalt und Skulptur etc. einen interessanten Übergang von den *silvatica*-Arten (im engeren Sinne) zu der *silvicola*.

Abänderungen.

Diese Art scheint verhältnismässig wenig zu variieren; nur die Mittelbinde bietet, wie bei den verwandten Formen, die üblichen Abänderungen in Gestalt, Richtung und Breite dar (f. 5.a.). Selten ist die un-F (2. H.: Yokohama.).

Cicindela silvicola Dej.

„*Supra cupreo-subviridis; elytris lunula humerali interrupta apicalique integra, fasciaque media sinuata abbreviata albis.*" 13½—17 mm.

Dej. Spec. I. p. 67. (Latreille et Dej. Icon. 1822—4. 51. 44.).
tuberculata Heer*). Mitteil. II. p. 3.
leviscutellata Beuth. Ent. Nachr. 85. p. 107.
tristis D. Torre. Synopsis d. Ins. Ober-Österr.
montana autor. poster.
hybrida Duftschm. Dej. Spec. I. p. 67.

Die Art ist über Süddeutschland, die Alpen bis 5000 Fuss hoch, Österreich, Ungarn, Siebenbürgen verbreitet. In Südost-Frankreich kommt sie wohl nur noch vereinzelt vor. (Über ihr Vorkommen in England siehe Anm. 2.) An sandigen, trockenen Stellen, besonders in Waldungen, Hohlwegen, an felsigen und sonnigen Abhängen.

Kopf meist sehr gross, zwischen den Augen ziemlich dicht, aber fein beh. Auf dem Querwulst, der die Stirn vor den Augen von dem Teile zwischen denselben abgrenzt, stehen, meist ziemlich zahlreich, grosse Gröbchen, die stets auf den hinteren Teil der

*) *tuberculata* Heer ist identisch mit *silvicola* Dej.

Stirn übertreten, selten auf den vorderen.*) Kopfskulptur grob. L.-T. meist hell. Seitenränder des Hlschd. nie stark geschweift, meist vollkommen gerade, nach hinten konvergierend. Fld. ziemlich langgestreckt, sehr grob skulpiert, meist gewölbt, hinten zugespitzt, ungezähnt. Spitze in beiden Geschlechtern fast stets stark eingezogen. Unterseite grün oder bläulich-violett, Brust kupfrig.

C. silvicola Dej. ist nach kupfrig-grünen Stücken beschrieben, mit unterbrochener Hm-, geschlossener Aplunula und einer am Rand breit erweiterten, geknickten Mittelbinde. Die ♀ zeigen bisweilen einen vertieften und dunkler gefärbten Punkt neben der Naht in der Nähe des unteren Apfleckes (t. 1. f. 6.). Über den Penis siehe t. 5. f. 6.

Abänderungen.

Die L.-T. sind bisweilen metallisch. Auf Ex., bei denen die zur Spitze konvergierenden Runzeln des Schildchens (gänzlich oder) fast fehlen, hat Beuthin die Varietät *leviscutellata* begründen zu müssen geglaubt. Sehr selten sind die Fld. hinten breit gerundet oder auf der Oberseite flach.

Von Varianten der Färbung sind die vv-F und *tristis* D. Torre (vollständig braunkupfrig) bekannt. Selten ist ein minimaler Stich ins bläulich-violette wahrzunehmen.

Von den Varietäten der Zeichnung hat schon Dej. (l. c.) und Dietrich (Stett. Ztg. 55. p. 336.) die nicht allzuseltene hm-F erwähnt, dagegen ist die ap-F sehr selten, ich besitze sie nur in 2 Stücken, die noch dazu nur auf einer Seite unterbrochen sind. Die Mittelbinde ist äusserst variabel (f. 6.a.). Ziemlich selten ist sie am Rande nicht oder nur unerheblich verbreitert (f. 6.b.). Sie kann breit, kurz und fast nicht geknickt sein (1. H. f. 6.c.). Der mittlere Teil (Verbindungsstück des Rand- und Scheibenfleckes) kann sehr breit werden, so dass er manchmal kaum deutlich abgrenzbar ist (f. 6.d.). Interessant ist die mrg-F (2. H.), bei welcher die Binde einen dünnen Randstrich nach der Spitze zu entsendet (f. 6.e.), der sogar vollkommen

---

*) Theoretisch ist dies ein wichtiger Unterschied von den *campestris*- und *hybrida*-Formen, bei denen die Grübchen von dem Querwulste auf die Stirn vor den Augen gerückt sind.

mit der Apmakel verbunden sein kann (f. 6.f.), so dass die sefl-F entsteht (1. B. M., 1. II.).

Anm. 1. *Montana* Charpentier (Horae entom. p. 183.) ist nach dem Originalex. (confer.: Schaum Berl. Zeit. 11 p. 87.) nicht eine Varietät dieser Art, die ja auch gar nicht in den Pyrenäen vorkommt, sondern eine *riparia*. Es sind merkwürdige Verwechslungen bei diesem Namen vorgekommen: Der Catalog. Coleopt. Europ. et Caucasi, ed. III. citiert z. B. „*Silvicola var. montana Sharp — Monte Rosa*." Beuth. kennt sogar 3 Ex. vom Engelberg!!

Anm. 2. Die aus England beschriebene *silvicola* Curtis ist (wie schon längst bekannt) eine grüne *hybrida*. Das Vorkommen der echten *silvicola* in England ist stets verneint worden. Um so auffallender war es mir, ein derartiges Stück mit der genauen Fundortsangabe: „England, Skaw-Fell" zu erhalten. Ich habe allerdings einigen Grund, an der Richtigkeit dieser schon an und für sich merkwürdigen Angabe zu zweifeln.

Anm. 3. Keine der angeführten Varietäten ist lokal.

Anm. 4. *Hybrida* Duftschmid soll nach Dej. eine *silvicola* sein. Die Duftschmid'sche Beschreibung passt jedoch in allem vortrefflich auf die echte *hybrida*.

Cicindela gallica Brullé.

„*Viridis, elytris lunula humerali apicalique interruptis fasciaque media sinuata, abbreviata, albis.*"[*]) 12—15½ mm.

Brullé. Hist. nat. IV. p. 71. t. 2. f. 3.
chloris Dej. Spec. V. p. 227.
integra (Ahrens i. l.) Klug. Jahrb. I. p. 24.
alpestris Heer. Käf. Schweiz. II. p. 4. Fn. Helv. 3. 4.
alpestris Beuth. Ent. Nachr. 88. p. 81.
Saussurei Beuth. 90. p. 3.
bilunata Heer. Fn. Helv. (Mitteil. II.) p. 3.
copulata Beuth. Ent. Nachr. 90. p. 89.

Die Art kommt hoch im Gebirge (5—8000 Fuss), in der Schweiz, Tyrol und Süd-Frankreich vor. Bisweilen auf den Schneefeldern selbst, meistens auf den benachbarten Rasenflächen. Juni-September.

L.-T. metallisch. Kopf mässig gross. Hlschd. hinten meist nur schwach verengt. Fld. flach, langgestreckt, hinten mehr oder weniger zugespitzt, selten vollkommen gerundet. Die Unterseite, Schienen und Fühler grün, die beiden letzteren sowie die Brust

---

*) Diese Diagnose ist Dej. (l. c.) entnommen.

mehr oder minder kupfrig oder erzfarben. Letztes Segment (bisweilen auch das vorletzte) dunkelviolett.

C. gallica Brullé*) ist nach grünen Stücken beschrieben, mit unterbrochenen Ap- und Hmlunulis und einer am Rande nicht erweiterten, gebogenen Mittelbinde, die in einem Knopf endet. (t. 1. f. 7.).

Über den Penis siehe t. 5. f. 7.

Abänderungen.

Schon Heer erwähnt (l. c.), dass die Färbung der Fld. in höheren Regionen dunkler werden kann. Derartige grünschwarze oder auch völlig schwarze Stücke hat Beuthin *alpestris* genannt (nicht zu verwechseln mit *alpestris* Heer, siehe unten.*). Wohl sehr selten geht diese Farbe in dasjenige schöne Braun über, welches bei den Caraben so häufig zur Aufstellung der *castaneipennis*-Varietäten geführt hat. (1. H. „Weisshornhôtel").

Was die Varianten der Zeichnung betrifft, so ist die schon von Schaum erwähnte ap-F von Beuthin als *Saussurei* beschrieben worden. Die vereinigte ap- und hm-F ist *bilunata* Heer (1. Roe., 2. H.) (f. 7.a.). Die hm-F ist mir ebenfalls bekannt (2. H.). Selten ist die Mittelbinde nach dem Rande zu verbreitert.

Eine ganz andere Art der Variationsfähigkeit scheint unbekannt geblieben zu sein: Der Endknopf der Mittelbinde kann gänzlich verschwinden, ohne dass das Ende der so reduzierten Binde auch nur im geringsten nach der Naht zu umgebogen ist (1. Krtz. f. 7.b.) Auch der mittlere Teil derselben Binde kann zu gleicher Zeit fehlen, sodass nunmehr nur noch ein einfacher, transversaler Randfleck vorhanden ist. (1. Krtz. f. 7.c.).

Anm. 1. Beuthin hat als *copulata* ein Ex. der v. Heyden'schen Sammlung beschrieben, bei dem der untere Hmfleck gross und dreieckig sein soll und mit der hinteren Spitze die Mittelbinde etwas vom Rande entfernt, berührt. Ich habe das Original nicht gesehen. Wahrscheinlich handelt es sich nur um eine Monstrosität, da sonst die Verbindung am Rande hergestellt sein müsste (d. i. mit dem äussersten Randteile der Mittelbinde). Eine sell-F für die Hmmakel ist diese Form also sicher nicht. Eine *bilunata* (H.) f. 7 d.) zeigt übrigens auch den unteren Hmfleck in der von Beuthin angegeben 3eckigen Form, die Mittelbinde ist zwar am Rande erweitert, aber nicht mit dem ersteren verbunden. Vergl. p. 17. Absatz 2.

*) *chloris* Dej. und *alpestris* Heer sind identisch mit *gallica* Brullé, ebenso *integra* Klug.

Anm. 2. Lucas giebt in „seiner Exploration scientifique de l'Algérie" an, dass *gallica* in der Umgebung Algiers vorkommen soll. Es ist wohl kaum daran zu zweifeln, dass hier ein Irrtum vorliegt; wenigstens ist diese Fundortsangabe im höchsten Grade auffallend.

Anm. 3. Abgesehen von der un-F und der kastanienbraunen Form, die an höhere Gegenden gebunden ist, ist keine Varietät lokal.

II. Untergruppe.

Stirn fein gerunzelt, vorn häufig mit groben Grübchen. Augenrunzeln zum Teil wenig sichtbar. Wangen unbeh. O-L. stets quer, vorn fast gerade abgeschnitten, einzähnig. L-T. vielfach, seltener K-T. hell-unmetallisch [♂ sehr selten*). ♀ sehr häufig metallisch]. Hlschd. quer, Vorderrand mehr oder weniger leicht vorgezogen, Seiten fast gerade, hinten wenig eingeschnürt, beim ♂ mehr als beim ♀, bei letzterem kürzer und bisweilen sogar hinten verbreitert. Schildchen entweder gar nicht oder unbestimmt, oder seitlich . oder längs oder zur Spitze convergierend gerunzelt.**) Fld. mindestens mässig gewölbt, mit mehr oder weniger deutlichen Grübchen. Aussenrand schmal, nicht aufgekippt, hinten fast stets***) gezähnt. Abd. verhältnismässig stark beh. Hintertarsen höchstens von Schienenlänge.

Färbung vorherrschend kupfrig-erzfarben. Zeichnung besteht aus Hm -und Apmond und gebrochener, hinten in einen grossen, wenig oder nicht von der Naht entfernten Fleck endigender Mittelbinde. ♀ bisweilen mit schwarzem Nahtfleck.

Die Grösse schwankt zwischen 10—19 mm.

Von Variationen sind alle Formen mit Ausnahme der con-F bekannt; selten verschwindet die Zeichnung.

Über den Penis siehe t. 5. f. 8—11.

Ganz Europa, Algier, Asien etwa nördlich vom 35. Breitengrade exclusive Süd-Mongolei. Frühling bis Spätsommer; auf sandigen Plätzen von der Ebene bis zur Schneegrenze hinauf.

Zu dieser Gruppe gehören: *hybrida, songorica, transbaicalica, tricolor, Przewalskii*.

*) Mir unbekannt.
**) Zur Aufstellung neuer Varietäten wie geschaffen!!
***) „Selten ungezähnt" (*hybrida*) giebt Schaum an, mir sind solche Stücke unbekannt.

Anm. 1. *C. Przewalskii* Dokht. kann nur im Anhang dieser Untergruppe besprochen werden, da ich leider kein Typ erhalten konnte. Sie blos nach der Dokhtouroff'schen Beschreibung analytisch zu bestimmen, ist unmöglich.

Bestimmungstabelle der Arten.

1. Augenrunzeln fein. Stirn vorn häufig beh. .   2.
   ,,   grob, .. ,, unbeh. .   3.
2. 1. Fühlergld.*) unbeh. . . . . *hybrida*.
   ,,   beh.. Epipleuren d. Fld. metallisch. *songorica*.
3. ..   ,,   meist unbeh., Epipleuren und L.-T.
   der ♀ metallisch . . . . . . *transbaicalica*.
   stets beh., Epipleuren**) stets, L.-T.
   meist hell, unmetallisch .   . *tricolor*.

Cicindela hybrida Linné.***)

„*C. subpurpurascens, elytris fascia lunulisque duabus albis.*"
11—19 mm.
1. Linné. Fn. Suec. p. 210. n. 747. Syst. Nat. I. p. 657. n. 2.
maculata De Geer. Ins. IV. p. 115. n. 3. t. 4. f. 8.
aprica Steph. Illustr. of. bri . Ent. I. p. 18. Brullé. Hist. nat. d. Ins. IV. p. 67.
commixta Schönh. Dej. Cat. 3. édit. p. 3.
bipunctata Letzner. Syst. Beschr. d. Laufkf. Schles. 49. p. 46.
melanostoma Schenkling. D. Z. 89. p. 388.
palpalis Dokht. Hor. Ross. 88. p. 139.
striatoscutellata Beuth. Ent. Nachr. 85. p. 106.
virescens Letzner. Syst. Beschr. d. Laufkf. Schles. 49. p. 46.
silvicola Curtis. Brit. Ent. t. 1.
monasteriensis Westh. Käfer Westfalens.
riparia Steph. Illustr. brit. Ent. I. p. 9. t. 1. f. 1.

---

*) Ein einzelnes Härchen blos auf einem ersten Fühlergld. kommt nie in Betracht, derartige Fühlergld. sind als unbeh. gerechnet.
**) Hmteil ausgenommen.
***) Siehe Anm. 1.

integra Sturm. Dtschl. Ins. VII. p. 113. t. 180. f. q.
Korbi Benth. Ent. Nachr. 88. p. 81.
magyarica Roeschke. var. nov.
chersonensis Motsch. Bull. Mosc. 45. 1. p. 9. t. 1. f. 1.
tokatensis Kinderm. i. l. Motsch. Etud. Ent. 59. p. 119.
restricta Fisch. Ent. Ross. III. p. 26. t. 1. f. 7. Motsch. Ins. Sib.
sibirica Dokht. Rev. mens. d'Ent. 83. 1. p. 13.

II. *riparia* Dej. Spec. 1. p. 66. Icon. 1. p. 50. n. 8. t. 4. f. 2.
danubialis Dahl. Dej. l. c.
transversalis Dej. Spec. 1. p. 66. Icon. 1. p. 50. t. 4. f. 3.
rectilinea Meg. i. l. Dahl. Catalog. Coleopt. p. 1.
orthogona Bremi. Cat. Schwz. Col. p. 64.
montana Charp.*) Hor. Ent. p. 182. Schaum. Berl. Z. 75. II. p. 87.
fracta Motsch. Ins. Sib. p. 28.
monticola Heer. Mitteilungen. II. 38. p. 4.
monticola Mén. Cat. rais. p. 94. Fald. Fn. transc. 1. p. 5. III. p. 42.
tokatensis Kinderm. Chd. Bull. Mosc. 63. 1. p. 202.

III. *Sahlbergi* Fisch. Ent. Ross. II. p. 15. III. p. 14 und 20.
caspia Mén. Cat. rais. p. 94. Fald. Fn. transc. 1. p. 3.
Gebleri Fisch. Ent. Ross. III. p. 25.
Karelini Fisch. Bull. Mosc. IV. 32. p. 432. t. 6. f. 2.
persica Fald. Fn. transcauc. 1. p. 4. t. 1. f. 1.
lateralis Gebl. i. l. Fisch. Ent. Ross. II. p. 12. III. p. 23.
sibirica Fisch. Gen. Ins. 1. p. 101.
Pallasi Fisch. Ent. Ross. II. 13. III. 15.
   .. var? Fisch. l. c. III. 24. Pall. Icon. t. G. f. 21.

IV. *maritima***) Dej. Spec. 1. p. 67. Icon. 1. p. 52. t. 4. f. 5.
hybrida Linné. Westw. Introd. to the mod. class. I. t. 1. f. 1.
obscura Schilsky. D. Z. 88. p. 179.
baltica Motsch. Ins. Sib. p. 37.
sibirica Motsch. Käfer Russlands.
spinigera Eschtz. Zool. Att. II. p. 4. t. 8. f. 1.
vulcanicola Eschtz. l. c.
altaica Gebl. Bull. Mosc. 48. III. p. 65.

Ganz Europa, Algier, Kaukasus, Nord-Kleinasien, Aralokaspien Nord-Mongolei und Sibirien. Frühjahr bis Spätsommer.

*) Vergl. *silvicola* p. 31. Anm. 1.
**) Siehe Anm. 2.

Stirn vorn häufig beh. Augenrunzeln sehr fein. 1. Fühlergld. unbeh. L-T. und K-T. sehr variierend. Hschd. an den Seiten fast gerade, beim ♂ ein wenig verschmälert, nicht viel breiter als lang; beim ♀ hinten sehr wenig, bisweilen gar nicht verengt, manchmal sogar nach hinten erweitert, breiter als lang Längs der Augen je ein grünlichblauer Streif, welcher sehr selten verschwindet. Furchen des Hschd. und Grübchen der Fld. blaugrün. Epipleuren an der Schulter kupfrig, rinnenförmige Vertiefung sehr häufig mehr oder weniger hell, unmetallisch.

C. *hybrida* L. ist beschrieben als kupfrig-erzfarben, mit einem Hm- und Apmond und einer Mittelbinde, „wellenförmig wie bei der folgenden" *(C. silvatica.)*.

Abänderungen.

C. hybrida L. bildet 4 Racen:

I. Stammform. C. hybrida L. aut. post.

Stirn meist beh. L-T. fast stets. K-T. äusserst selten hell, unmetallisch. Hschd. beim ♀ meist nicht nach hinten erweitert. Fld. sehr breit, erweitert oder oval, hinten fast abgerundet; Spitze eingezogen. Hmmond fast stets geschlossen. Mittelbinde meist schwach gerandet, mit breitem, schrägem Haken. Tarsen ziemlich stark, fast von Schienenlänge. (t. 1. f. 8. 8.a.)

II. Race: riparia Dej.

Stirn meist unbeh. K-T. stets, L-T. beim ♀ fast stets metallisch. Hschd. bei beiden Geschlechtern breit. Fld. beim ♂ wenig, beim ♀ ansehnlich verbreitert, bauchig, hinten gerundet; Spitze eingezogen. Epipleuren meist metallisch. Sehr häufig hm-F. Mittelbinde wenig oder gar nicht gerandet, mehr oder weniger gerade. Beine ziemlich stark. (t. 1. f. 9.)

III. Race: Sahlbergi Fisch.

Stirn fast stets beh. L-T. stets, K-T. häufig hell. Hschd. selbst beim ♀, wenn auch schwach, hinten verengt, nicht viel breiter als lang. Kopf und Hschd. verhältnismässig breit, gedrungen. Fld. . ♂ etwas gestreckt, abgerundet. Spitze schwach eingezogen. ♀ kurz, kaum erweitert in der Mitte, ziemlich kurz abgerundet. Spitze stärker eingezogen; fein oder fast gar nicht gekörnt; Epipleuren (Hmteil ausgenommen) stets (?) hell, unmetallisch. Beine verhältnismässig fein und dünn. Hintertarsen fast von Schienenlänge. Zeichnung: dlt-F. nie hm-F. Mittelbinde stark gerandet, rechtwinklig gebrochen mit kurzem Haken. Häufig scfl-F, bisweilen cfl-F. (t. 1. f. 10. 10.a.)

IV. Race: maritima Dej.

Stirn meist beh. Kopf und Hschd. verhältnismässig schmal. L-T. stets, K-T. beim ♂ häufig, beim ♀ fast nie hell unmetallisch. Hlschd. beim ♀ hinten verbreitert. Fld. beim ♂ wenig verbreitert, fast , grösste Breite dicht vor der Spitze, entweder hinten schräg abgeschnitten und Spitze nicht eingezogen oder hinten leicht gerundet und dann höchstens schwach eingezogen; ♀ mehr oder weniger eiförmig, hinten mehr abgerundet. Seitenrand oft stark erweitert; Spitze wenig mehr eingezogen als beim ♂. Epipleuren (abgesehen vom Schulterteil) fast stets hell, unmetallisch. Beine schwach. Hintertarsen kürzer als Schienen, oft sehr fein und kurz. Hm-F selten. Mittelbinde mit meist schmalem und mehr oder weniger rechtwinklig abgehendem Haken. (t. 1. f. 11. 11.a.)

Anm. 1. Das noch in der Linné'schen Sammlung befindliche Typ der *hybrida* ist eine *maritima* mit kurzem, stumpfwinklig abgehendem Haken, wie Schaum (Erichs. Ins. Dtschl. p. 26.) angiebt. *Aus diesem Umstande ist aber nicht mit Bestimmtheit zu folgern, dass Linné bei seiner Beschreibung gerade dieses Exemplar und nur dieses vor sich gehabt, denn es sind in seiner Sammlung schon bei seinen Lebzeiten, noch mehr aber nach seinem Tode, viele Veränderungen vorgenommen, viele Stücke zu Grunde gegangen und durch andere ersetzt worden. Linné's Beschreibung passt ebenso gut auf hybrida Dej., wie auf maritima, seine Angabe „habitat in sylvis" nur auf die erstere. Es scheint mir aus diesem Grunde nicht gerechtfertigt, wenn Stephens und nach ihm Brullé für hybrida Dej. den neuen Namen aprica, Heer den älteren von De Geer erteilten maculata in Anwendung bringt".* Dieser Meinung Schaums habe ich mich vollkommen angeschlossen und den bis jetzt üblichen Namen *hybrida* L. beibehalten.

Anm. 2. Ich habe *C. maritima* Dej. als Race der *hybrida* und nicht als eigene Art aufgefasst, trotz der grossen Verschiedenheit des Penis von dem der *hybrida*, welche unter anderem Hr. Dr. Kraatz veranlasste, die erstere für artberechtigt zu halten. Ich that dies aus folgenden Gründen: a) weil ich kein noch so geringes, konstantes äusseres Unterscheidungsmerkmal von *hybrida* finden konnte, während solche Unterschiede bei allen anderen Arten zu finden waren; b) weil äusserlich (Form und Zeichnung) alle Uebergänge zur *hybrida* vorhanden sind; e) weil der Penis je nach der Lokalität (und zwar auch sehr stark) variiert (vergleiche den Penis der *hybrida* aus Europa und Kleinasien); *C. hybrida* in Sibirien wird nach meiner Ansicht einen der *maritima* äusserst ähnlichen Penis haben. Leider ist das Material von dort bis jetzt mir fast gänzlich unzugänglich gewesen (vergl. unten den Penis der *restricta* Fisch.).

Penis: (t. 5. f. 8.)

Der Penis der *hybrida* ist verhältnismässig sehr gross, nach dem Ende zu kolbenförmig angeschwollen; die concave Kante ist sehr schwach sichelförmig, fast gerade und zeigt gleich hinter der Mitte (nach der Spitze zu) einen äusserst schwachen Buckel; die Spitze selbst ist ein wenig einwärts gekrümmt und an der konvexen Kante äusserst kurz und gerade abgeschnitten. Stücke aus West-Europa (f. 8.a.) haben nur eine kurze, stumpfe Spitze; im Gebirge wird dieselbe dagegen viel spitzer und länger, der Penis überhaupt grösser (f. 8.b.). Die ungarische *magyarica* mihi (f. 8.c.) hat ausser einer fast geraden, sehr langen Rute eine meist dünn abgesetzte, schnabelförmige Spitze. Spanische Ex. (*Korbi* Beuth.) zeigen einen breit, stumpf endenden Penis (f. 8.d.); ein Stück aus Kleinasien hat im Penis kaum eine Ähnlichkeit mehr mit der europäischen *hybrida:* fast gerade, in eine lange, concav nicht einwärts gekrümmte, convex lang und gerade abgeschnittene Spitze auslaufend (f. 8.e.). Denselben Penis wie diese *hybrida* zeigen auch die kaukasischen *riparia*- und die russisch-kirghisischen *Sahlbergi*-Stücke. In Sibirien ist der Penis der *Sahlbergi* (2 Ex.) breiter und die Spitze kürzer abgeschnitten (f. 8.f.). *I restricta* Fisch. hat von der *maritima* die Gestalt, von *hybrida* die Länge des Penis, und ausserdem neigt die Spitze ein wenig einwärts (f. 8.g.); *maritima* (f. 8.h.) hat einen kleinen Penis, welcher am Ende mehr oder weniger quer abgestumpft ist, so dass er vollständig wie eine Keule aussieht. Bisweilen ragt eine minimale Spitze in der Richtung der Längsaxe hervor. Der Buckel an der concaven Kante, der bei *hybrida* nur schwach ausgebildet ist, tritt stark hervor, besonders bei europäischen, weniger bei russischen Ex. *C. restricta* Fisch. steht inbetreff dieses Höckers auch in der Mitte zwischen beiden. Aus Sibirien ist mir sonst die Penisform sowohl von der eigentlichen *hybrida* wie von der *maritima* unbekannt.

1. Stammform: C. hybrida L.

Diese Race gehört der Ebene und dem niederen Gebirge an und hat die weiteste geographische Verbreitung: von Algerien*) und Spanien bis zum arktischen Sibirien. (t. 1. f. 8. 8.a.)

Wie schon in Anm. 1. gesagt ist, wurde *C. hybrida* Dej., als bekannt war, dass das Typ der *C. hybrida* L. eine *maritima* sei, von Stephens und Brullé in *aprica* umgetauft; Heer nahm den ihr schon früher von De Geer zugelegten Namen *maculata* wieder an. Schönherrs *commixta* ist nur ein älterer Name für *hybrida*.

Abänderungen.

Stücke mit schwarzem Nahtfleck, also wohl nur ♀, bilden v. *bipunctata* Letzner. *Melanostoma* Schenkling soll eine bräunliche O-L. und unterbrochene Humlunula haben. Ex. mit metallischen L-T. sind auf *palpalis* Dokht., solche mit längs und gestricheltem Schildchen auf *striatoscutellata* Benth. zu beziehen. Die vorherrschend kupferbraune, ein wenig grünliche Färbung der Oberseite kann durch das Zusammenfliessen der Gräbchen auf den Fld. in eine mehr oder weniger grüne oder blaue Farbe, je nach der Grundfarbe des Gräbchens, übergehen. Eine v-F aus Deutschland hat Letzner als *virescens* beschrieben; die vv-F aus England hatte Curtis für *silvicola* Dej.**) gehalten; die c-F oder gar cc-F scheint dagegen sehr selten zu sein. Nicht viel häufiger ist die m-F, auf welche aprica Steph. var. β. zu beziehen ist.

Die Mittelbinde ist im Norden häufig mehr oder weniger wagerecht (f. 8,b.); diese Zeichnung bei sehr grossen, zum teil dunkler gefärbten Ex. giebt eine gewisse Ähnlichkeit mit *riparia* Dej.; solche Stücke sind von Westhoff aus Norddeutschland (Münster) als *monasteriensis*, von Stephens aus England als *riparia* beschrieben worden. Auf eine *hybrida* mit überwiegend kupfriger Färbung und breiter Mittelbinde der Fld. bezieht sich *integra* Sturm. Geht die Mittelbinde ähnlich der *maritima* mehr oder weniger rechtwinklig vom Seitenteil ab, so zeigt letzterer innen im Norden meist eine kleine, nach vorn gerichtete Spitze, welche bei *maritima* wohl selten und nie so stark ausgeprägt ist (f. 8.c.). Im Süden, wo die geknickte Form der Binde fast stets vorhanden zu sein scheint, fehlt diese Spitze meist; dagegen sind die Ex. grössten-

---

*) Nach Lucas' Angabe.
**) Vergleiche *silvicola* p. 31. Anm. 2.

teils stärker gerandet (f. 8. d.). Französische Autoren*) haben sich höchstwahrscheinlich verleiten lassen, solche Stücke von der Küste — Bordeaux — Brest — für *maritima* zu halten, die bis jetzt von dorther nicht bekannt ist. Ebenso pflegt in Spanien bei *hybrida* die Binde ziemlich rechtwinklig geknickt zu sein, selten ist sie nicht gerandet. Bisweilen ist die Färbung lebhaft kupferrot. Dies zeigen auch die grossen Ex. mit blauem Abd. und breiter Zeichnung aus Neu-Castilien, die Beuthin als *Korbi* beschrieben hat (f. 8. e.).

Ungarn besitzt eine dlt-F. die seit einiger Zeit als *Sahlbergi* (Merkl!) in den Handel gekommen ist; da sie von dieser in der Gestalt völlig verschieden ist, nenne ich sie *magyarica*. Die ♂ haben langgestreckte, hinten zugespitzte, mindestens schwach eingezogene Fld.; ♀ mit mehr ovalen Fld. und breitem, hinten kaum oder gar nicht verengtem Hlschd. Kopf und Hlschd. leuchtend kupfrig. Fld. matt kupferbraun. Abd. grün. Beine kräftig. Zeichnung breit, hinterer Hnfleck berührt fast die Mittelbinde, welche stark gerandet und schief geknickt ist. Ihr kurzer Endast hebt sich kaum vom Seitenteil ab. Vorderer Apfleck meist stark nach vorn vorgezogen (f.8.f.); sefl-F für die Hmlunula kommt vor (f.8 g.). Noch zu erwähnen ist *chersonensis* Motsch. (mit ihr synonym *tokatensis* Kinderm. Motsch.): Leuchtend kupfrig-erzfarben mit blauen Fühlergld., Abd., Schienen und Tarsen. Fld. fast , nicht gekörnt, mit deutlichen Grübchen und schmaler, gerandeter, stumpfwinklig gebrochener Mittelbinde. Meeresküste von Südrussland (Cherson) und Nord-Kleinasien (Sinope); auch soll sie im Tokat vorkommen (*tokatensis*). Motsch. stellt die erstere in „*Käfer Russlands*" zwischen *restricta* und *maritima!* (f. 8.h.).

Während in Europa die Ex. selten sind, bei denen der Haken der Mittelbinde fast oder ganz rechtwinklig zum Seitenteil, lang und dünn herabgeht (1. H. f. 8.i.). so ist diese Form in West-Sibirien sehr häufig, wenn nicht gar vorherrschend und bildet *restricta***) Fisch. (f.8.k.); nach Motschulski ist der herabsteigende Ast meist schräg zur Naht gerichtet und die Mittelbinde stark gerandet. Russische Autoren haben diese Form für *maritima* gehalten, aber das sehr breite, hinten minimal verengte Hlschd. spricht für *hy-*

---

*) Graf Narcillac z. B. Ann. Fr. 80, LI.
**) Wahrscheinlich ist *sibirica* Dokht. auf diese Form zu beziehen.

brida, ebenso die starken Beine (siehe auch über den Penis). Vielleicht bildet sie in allen Stücken den eigentlichen, bis jetzt lange gesuchten Übergang zur *maritima;* darüber kann aber erst ein grösseres Material entscheiden.

Äusserst selten kommt bei *hybrida* die hm-F oder die dle-F vor (f. 8.l.); bei der letzteren (1. H.) bleibt ausser dem kurzen Seitenteil nur noch der Endknopf der Binde übrig. Nicht weniger selten ist die scfl-F für die Apmakel (Grenier).

Anm. Eine ähnliche Monstrosität wie die bei *soluta v. Nordmanni* Chd. erwähnte kommt bisweilen auch bei *hybrida* vor: Die Hmlunula vereinigt sich auf der Scheibe der Fld. mit der Mitte der Medianbinde. Ein derartiges Stück erwähnt Fairmaire aus Fontainebleau (Bercc), ein Ex. (H.) liegt mir aus Potsdam vor (f. 8.m.). Die analoge Form für die Apmakel beschreibt der obige Autor ebenfalls von Fontainebleau (f. 8.n).

II. Race: riparia Dej.

Diese Race gehört dem Hochgebirge an: Pyrenäenhalbinsel — Alpen — Kaukasus.

Körnelung der Fld. schwach. Grübchen fast stets deutlich. meist tief blau, daher die Färbung vielfach bläulich (blau) oder grünlich, bisweilen schwarz oder matt kupferbraun. Abd. blaugrün, wenig oder gar nicht beh. Die Verbindung der Hmflecke ist nur fein oder vollständig gelöst (t. 1. f. 9.).

Abänderungen.

riparia Dej. Gross, Hlschd. breit; Fld. beim ♀ viel bauchiger als bei *hybrida*. Grübchen deutlich sichtbar, daher mit mehr grünlich-bläulichem bis ganz dunkel- oder gar violettblauem Schimmer. Synonym mit ihr ist *danubialis* Dahl. Nach der Zeichnung der Mittelbinde unterscheidet Dejean *riparia* mit häufig geschlossener Hmmakel und breiter, wenig gerandeter Mittelbinde (f. 9. a.) und *transversalis* mit ,fast stets unterbrochener Hmmakel und) gerader, schmaler Mittelbinde, nicht gerandet oder den Aussenrand nicht berührend (f. 9. b.). Im letzteren Falle ist der Randteil ein mehr oder weniger kurzer, ziemlich spitzer Haken, der auch ganz verschwinden kann, so dass nur der Endfleck übrig bleibt, welcher spitz nach aussen ausläuft. *rectilinea* Meg. (l. B. M.) hat eine breite und gerade Binde (f. 9. c.); bei *orthogona* Bremi aus Wallis und Thurgau läuft die gleichbreite, gerade Binde am Ende plötzlich in einen „spitzigen" Haken aus, welcher nach hinten gerichtet ist (f. 9. d.). Bläuliche Ex. der *riparia* aus den Pyrenäen mit gerader, wenig geschweifter Mittelbinde (hm-F) hat Charpentier als *montana* beschrieben. Stücke aus Portugal haben zuweilen eine schöne, rotviolette Färbung (B. M.). In den Alpen hat *riparia* mehr ein grünes, in Spanien und im Kaukasus ein blaues Abd., hier bisweilen auch ausser der unterbrochenen Hmmakel eine kurze, winklig gebrochene Binde, deren Schenkel gleichweit nach hinten zu gehen pflegen. Eine solche, aber schmale Mittelbinde zeigt *fracta* Motsch. (f. 9. e.). Ex. aus Morea (Olympia, Alpheios-Ufer) von Hr. Breuske gesammelt und von Rttr. als *Pallasi* bestimmt, hat Hr. v. Oertzen in der Berl. Z. 86. p. 204. unter diesem Namen aufgeführt. Die Stücke haben nach freundlicher Mitteilung des Hr. Breuske eine gerade, breite Binde.

monticola Heer ist eine meist kleinere, kürzere und mehr Form mit stärker gekörnten Fld., während die Grübchen fast ganz verschwinden. Vorherrschend ist eine matte, tief schwarze Färbung der Fld., die bei hochalpinen, hart an der Schneegrenze vorkommenden Stücken kastanienbraun werden kann (1. H.); doch kommen auch hellere, schwach erzfarbige Stücke vor, namentlich im Kaukasus. Die Mittelbinde ist quer, wenig gezackt, meist breit, sogar der Endteil bisweilen breiter als das Seitenstück (f. 9.f.). Die Zeichnung variiert ganz analog der *riparia*: auch bei ihr kann, wie Heer angiebt, die Binde bis auf einen halbmondförmigen, kleinen Fleck verschwinden (f. 9. g.). Im Kaukasus ist diese Form bisweilen kleiner, kurz, , Grübchen etwas deutlicher, seltener hm-F: *monticola* Mén. *C. tokatensis* Kinderm. i. l., von Chaudoir beschrieben als klein, schwarzgrün, mit schmaler, gerandeter und mässig schief nach hinten geknickter Binde, gehört ebenfalls zu letzterer.

III. Race: Sahlbergi Fisch.

Südrussland vom Dnjepr an durch die Kirghisensteppe bis in die Mongolei hinein, östlich etwa bis zum Baikalsee*); von Süd-Caspi bis cc. zum 55. Breitengrade. Auf feuchtem Ufersande. Juni, Juli.

*) Die nach Hr. v. Heyden (D. Z. 86. p. 282.) bei Peking vorkommende *Sahlbergi* ist *transbaicalica* v. hamifasciata Kolbe.

Kopf und Hlschd. leuchtend kupfrig-rot. Fld. matter. Zeichnung breit weiss, besonders die beiden Monde; vorderer Apfleck fast stets gross und nach vorn gerichtet. Abd. blangrün, mässig oder stark beh. (t. 1. f. 10, 10.a.). Die Färbung wird häufig einfarbig braun, sehr selten mehr oder weniger grün; die n-F oder gar die nn-F ist nicht bekannt.*)

Abänderungen.

Von *Sahlbergi* ist fast jedes nur gering verschiedene Stück von den russischen Autoren als Varietät oder sogar als eigene Art beschrieben worden; so auch von Fischer, der in jedem schmalen Ex. eine „*formam elegantiorem*", in dem mehr oder weniger herabgehenden, oder mehr nach der Naht zu verbreiterten Haken der Mittelbinde eine „*delineationem plane aliam directionem sequentem*" erblickte.

Während die südrussische *Sahlbergi* breit, kurz, schwach oder gar nicht gekörnt ist, mit deutlich sichtbaren, ziemlich zerstreuten Grübchen und meist verhältnismässig schmaler Mittelbinde, ist die sibirische meistens schlanker, gröber gekörnt, mit breiter Binde (f. 10.b.).

Caspia Mén. von der Insel Sara hat eine sehr breite Zeichnung, namentlich ist der Haken der Binde sehr kurz und breit, so dass letztere mehr quer aussieht. Die Hmlunuka wird sehr häufig zu einem breiten, geraden, innen kaum geschweiften Längsstreifen. Die sefl-F für sibirische, also „schlankere" Stücke, mit breiter, fast gerader — weil wenig herabgehender und gleichbreiter — Binde ist von Fisch. als *Gebleri*, dieselbe Form für breitere russische Stücke mit schmalerer, weiter herabgehender Binde von demselben Autor als *Karelini* beschrieben worden (f. 10.c.). Bei *persica* Mén. aus den Turkmenen-Steppen, welche grün ist, wohl durch Zusammenfliessen der Fldgrübchen, so dass sie stärker gekörnt erscheint, hängt die breite, streifenförmige Hmmakel mit der tief geschweiften Mittelbinde breit zusammen (f. 10.d.). Es kommen Ex. mit breit weisser, innen von der Schulter bis zum Endfleck der Mittelbinde fast gerader Randzeichnung vor, die doch

---

*) Die nn-F von *Sahlbergi*, die nach Hr. v. Heyden am Issyk-Kul vorkommen soll (D. Z. 87. p. 309.), ist höchst wahrscheinlich *songorica* Mannerh.

nicht mit der Apmakel zusammenhängt (l. Krtz. f. 10. e.). Die vollständige efl-F. aber nur mässig breit weiss. (f. 10.f.), zeigen *lateralis* Gebl. und *sibirica* Fisch., dagegen äusserst breit, so dass der hintere Hm- und vordere Apfleck schwach. der Endast der Mittelbinde (hinten durch einen ziemlich tiefen Einschnitt) deutlich kenntlich ist. *Pallasi* Fisch. (f. 10. g.). Bei der *Pallasi var.* desselben Autors — nur um nicht Dejean und Gebler zu widersprechen, sah er von einer eigenen Art ab — sind die Erhebungen resp. Vertiefungen am Innenrande der weissen Randbinde bis auf den geringen Einschnitt hinter dem Ende der Mittelbinde verschwunden (f. 10. h.).

Anm. Über *Schrenki* Gebl. siehe *lacteola* und *resplendens*.

IV. Race: maritima Dej.

Diese Race gehört der Meeresküste an: England und Frankreich längs des Canales. Nord- und Ostseeküsten; ferner auf ehemaligem Meeresboden, jetzt Binnenland mit vielen Salzseeen: Finnland, Südrussland vom Dnjepr an durch die Kirghisensteppen bis zum arktischen Sibirien, Kamtschatka und Amur. Auf Dünen und Ufersand. Mai bis August. 11—16 mm.

Stirn vorn meist flach, selten scharf gegen den hinteren Teil abgesetzt. Abd. stark beh., grün bis blauviolett abändernd vom Norden bis nach dem Süden; Oberseite kupfrig-erzfarben oder ganz einfarbig dunkelbraun.*) Fld. stets deutlich gekörnt. Mittelbinde gerandet, fast oder ganz rechtwinklig gebrochen; zwischen dem Seitenteil und dem Endfleck liegt fast durchgehends eine verhältnismässig sehr schmale Stelle. Vorderer Apfleck meist klein, quer, gerade abgeschnitten, wenig oder gar nicht nach vorn gerichtet (t. 1. f. 11, 11.a.).

Anm. Westwood bildete das *maritima*-Stück der Linné'schen Sammlung ab und wollte nur auf dieses die *hybrida* L. beziehen.

Abänderungen.

Häufig ist die nn-F*) an den Nord- und Ostseeküsten, im Binnenland seltener; auch grünlich-erzkupfrige Ex. kommen vor. Der Haken der Mittelbinde ist sehr variabel in Länge und Rich-

---

*) Nach Schaum (Ins. Dtschl. p. 25.) später im Jahre, namentlich nach starken Regengüssen. Diese nn-F ist *obscura* Schilsky.

tung: entweder sehr lang, schmal und dann meist rechtwinklig, oder kurz, nicht sehr schmal und dann meist stumpfwinklig zum Seitenteil (f. 11.b.). Selten erlischt der Endpunkt und es bleibt nur der absteigende Ast, spitz auslaufend, übrig (l. Krtz.); Die hm-F ist von den russischen Ostseeprovinzen und aus Finnland (l. H. l. Roe.) bekannt. Ein solches Ex. aus Livland, wahrscheinlich ♂, hat Motsch. als *baltica* beschrieben. Sibirische Stücke der *maritima* bilden *sibirica* Motsch. An der Küste des stillen Oceans von Kamtschatka herab bis zum Amur kommt *maritima* mit meist langem, dünnem, ziemlich schräg vom Randteil abgehendem Haken vor; der meist nicht gerandete Seitenteil ist oft unten gezackt und die Fldspitze läuft in einen ziemlich grossen Dorn aus (f.11.c.); solche Stücke, bei denen die un-F häufig ist, bilden *spinigera* Eschtz. Da dieser Autor einige Ex. „*auf der Asche des* (der Küste) *nahen Vulkans gefangen*" hatte, nannte er sie zuerst *vulcanicola*. In Südrussland, vorzüglich auf den sandigen Inseln der Wolga und des Dnjepr und in der südlichen Kirghisensteppe giebt es eine kleine Form, bei welcher die Racenkennzeichen der *maritima* scharf hervortreten; so sind namentlich die Hintertarsen äusserst verkümmert und die Fld. beim ♂ scharf zugespitzt (11.d.). Die ganze Zeichnung ist stark verbreitert und wird so der *Sahlbergi* täuschend ähnlich; auch die Mittelbinde ist weit gerandet, so dass die scfl-F für die Hmmakel und die vollständige cfl-F vorkommt (l. Roe.). Auch hier ist die v-F sowie die n-F bekannt.

Merkwürdig ist, dass sich *maritima* auch bis in die Gebirgsthäler im südlichen Westsibirien versteigt. Sie wurde von Gebler zuerst *altaica* genannt; ein gleiches Stück hat Motsch. mit demselben Namen belegt, die Identität beider aber offen gelassen, sie jedoch später mit *songorica* Mannerh. vereinigt: Gross, Stirn meist unbeh. Fld. stark gekörnt, mit vielfach zusammenfliessenden Grübchen. ♀ mit deutlich verbreiterten, ♂ mit Fld. Oberseite ganz grün oder grünlich-blau mit etwas kupfrigem Schimmer, der von den Körnchen herrührt. Schultermond fast oder ganz unterbrochen, Mittelbinde meist nicht gerandet, etwas stumpfwinklig gebrochen. Altai.

Anm. Die schon bei *soluta v. Nordmanni* (l. Krtz.) und *hybrida* erwähnte monströse Verbindung der Hmlunula mit der Mitte der Medianbinde ist für *maritima* bereits von Schaum beschrieben worden (l. Krtz., l. Roe., f. 11.e.).

Cicindela songorica. Mannerh.*)

„*Supra nigro-virescens; antennarum articulo primo hirsuto, elytris postice dilatatis. lunula humerali interrupta, apicali integra fasciaque obliqua retrorsum flexuosa.*"**) 10—14 mm.

Mannerh. Bull. Mosc. 46. I. 203. Chd. Bull. Mosc. 63. I. 203. *altaica* Motsch. Ins. Sib. p. 24. t. 1. f 7 — 9. Bull. Mosc. 45. I. p. 7.
albopilosa Dokht. Hor. Ross. 85. p. 248.

Songarei. Ost-Turkestan. Alatau. am Issyk-Kul***) und im Ferghana-Thal bei Narynpol. August.

Stirn vorn meist beh. Augenrunzeln sehr fein. 1. Fühlergld. beh., L.-T. hell, meist unmetallisch. Hlschd. stets etwas nach hinten verengt. kurz. Fld. bei beiden Geschlechtern hinten erweitert. fein gekörnt. mit deutlichen. dichten Grübchen. Spitze stets eingezogen. beim ♂ vorher weniger abgerundet. mehr schwach zugespitzt. etwa wie bei *maritima*. Epipleuren der Fld. metallisch. Seiten des Thorax schwach kupfrig-roth, sonst grünlich-blau. Abd. blauviolett. stark beh. Beine kurz. Schenkel und Schienen bläulich-grün. ihre Enden und die Tarsen blauviolett. Penis t. 5. f. 9.

Oberseite matt schwarz mit schwachem grünlich-bläulichem Schimmer. Hmmakel unterbrochen, oberer Apfleck nach vorn gerichtet. Mittelbinde höchstens kaum gerandet, stumpfwinklig gebrochen. mit feinem. ziemlich langem Haken. (t. 1. f. 12.)

Abänderungen.

Ex. mit stärker grünlich-blauem Schimmer der Fld., weniger schwärzlich. hat Motsch. als *altaica* vom Altai und Dokht. als *albopilosa* (*hybrida var.*) vom Ferghana-Thal beschrieben. Von Abänderungen in der Zeichnung ist nur die hm-F bekannt.

Cicindela transbaicalica Motsch.

„*Supra aeneo-subpurpurea, elytris subtilissime granulatis, lunula humerali apicalique integra, fasciaque media abbreviata sinuata lata albis, antennis pedibusque coeruleis.*" 10—14 mm.

---

*) Von Mannerheim nur als fragliche. schwarze Variante der *altaica* erwähnt, woraus Chd. *altaica var. songorica* Mannerh. machte. Ich beziehe die von mir beschriebene *Cicindele* auf *songorica* Mannerh.
**) Lateinische Diagnose von mir verfasst.
***) Schwarze *Sahlbergi* nach Hr. v. Heyden (?).

Motsch. Ins. Sib. p. 28. t. 1. f. 19—22.
hamifasciata Kolbe. Arch. f. Naturgesch. 86. I. p. 170.
japanensis Chd. Bull. Mosc. 63. I. p. 202.

Ostsibirien vom Baikal-See bis zum Stillen Ocean nördlich etwa bis zum 55. Breitengrade. Amurgebiet südlich vom Jablonaigebirge. Tarbagatai, Mongolei, Mandschurei, Korea, China etwa nördlich vom 35. Breitengrade und Japan. Juni bis September.

Stirn glatt, unbeh. Augenrunzeln grob, weniger dicht, 1. Fühlergld. meist unbeh., L-T. ♂ hell, unmetallisch, ♀ fast stets dunkel, metallisch. K-T. stets metallisch. Hschd. kurz, hinten stets mässig verschmälert, seitlich schwach gerundet. Fld. breit, kurz. ♂ fast . ♀ breiter, erweitert bis hinter die Mitte.. ♂ hinten mehr. ♀ weniger zugespitzt. Spitze höchstens schwach eingezogen. Körnelung meist schwach, mitunter kaum vorhanden. Gröbchen deutlich. Thoraxseiten kupfrig. Epipleuren der Fld. dunkel, fast stets metallisch. Abd. blau bis ganz grün, meist stark beh. Die fast nur auf der vorderen Stirn sichtbaren Augenstriche, die Hschdfurchen und die Gröbchen der Fld. blaugrün. Beine verhältnismässig lang und kräftig. Hintertarsen von Schienenlänge. ♀ häufig mit schwarzem Nahtfleck. Über den Penis siehe Anm. und t. 5. f. 10.

Transbaicalica Motsch. ist beschrieben nach leuchtend erzkupfrigen Ex. mit 2 Mondflecken und einer Binde; Zeichnung breit, vorderer Apfleck nach vorn gerichtet.

Abänderungen.

Man kann 3 Formen unterscheiden:

1. Stammform: transbaicalica Motsch.

Zeichnung sehr breit, Mittelbinde deutlich gerandet, mit sehr kurzem, meist breitem, schräg herabgehendem Haken, ähnlich der *Sahlbergi*. Diese Form ist klein und kommt nur im Binnenlande, besonders in Transbaikalien und Daurien vor. (t. 1. f. 13.)

Bisweilen wird die Zeichnung besonders breit. (f. 13.a.)

II. Race: hamifasciata Kolbe.

Zeichnung schmal, Mittelbinde kaum gerandet, mit dünnem, schrägem Haken, Seitenteil breit. Schulter und Apluula dünn.

Färbung kupfrig, zum Teil schwach grünlich oder ganz kupferbraun. Diese Form findet sich im Küstengebiet vom Amur herab bis nach Peking und Korea; sie ist zum Teil beträchtlich grösser als die Stammfrm, doch kommen auch recht kleine Stücke vor, namentlich in Korea, wo der Haken der Binde zuweilen tiefer herabgeht. (f. 13. b. c.)

Von Abänderungen sind die hm-F und die un-F bekannt.

III. Race: japanensis Chd.

Zeichnung sehr schmal. Stets (?) hm-F. Mittelbinde berührt höchstens knapp den Aussenrand, schmal, an den Enden kaum breiter als in der Mitte, mehr oder weniger gestreckt S-förmig wie bei *turkestanica*. Vorderer Apfleck meist schmal und lang. Färbung dunkelbraun, matt kupfrig. Ränder des Hlschd. und der Fld. sowie die Naht leuchtend kupferrot. Abd. spärlich beh. Diese Form findet sich nur auf Japan, namentlich Jesso und Nipon, meist an der Küste. (f. 13. d. e.)

Von Abänderungen ist nur die dle-F bekannt, bei welcher die Mittelbinde sich in einen Rand- und einen Scheibenfleck auflöst (1. II.).

Anm. Der Penis zeigt, wenn auch nur in schwachem Massstabe, die ähnlichen Abänderungen wie bei *hybrida* und *maritima*. Die westlichen Ex. der ♂ zeigen eine deutliche Spitze, die im Osten, nicht weit vom Meere, schon eine deutliche verkürzte, während bei *japanensis* dieselbe vollständig bis auf eine kleine, rundliche Hervorragung am äussersten Ende verschwunden ist. (t. 5. f. 10 und 10.a.)

Cicindela tricolor. Ad.

„*C. viridi-aurea, elytris purpureis, fascia lunulisque duabus albis.*"
13—16 mm.
  I. Adams. Mém. Mosc. V. p. 278. Pall. Icon. t. G. f. 22.
    obliquefasciata Fisch. Ent. Ross. III. p. 22.
    tenuifascia Fisch. l. c. t. 1. f. 6.
    optata Fisch. l. c. t. 1. f. 8.
    coerulea var. Gebl. Bull. Mosc. 33.
  II. *coerulea* Pall. Reis. III. p. 724. Icon. t. G.
    violacea Gebl. Mém. Mosc. 17. p. 324.

West- und Ostsibirien bis Daurien und zum Jablonaigebirge. Mongolei und China bis Peking.*) In ganz trockenen, sandigen Gegenden oder auf feuchtem Ufersande. Juli.

Stirn unbeh., Augenrunzeln grob; 1. Fühlergld. beh., L-T. hell, meist unmetallisch. Hlschd. schwach hinten verengt, sehr breit. Fld. breit. ♀ etwas ovaler als ♂, fast . Epipleuren hellunmetallisch mit Ausnahme des Hinteils, der öfters aber auch schon hell wird. Fldspitze mindestens schwach eingezogen. Unterseite: Kopf und Hlschd. nie (?) kupfrigrot, sondern immer, genau so wie das Abd. und die Beine, gleichfarbig mit Kopf und Hlschd. oben. Abd. seitlich verhältnismässig stark beh. Beine meist kräftig. Über den Penis siehe t. 5. f. 11.

Tricolor Ad. ist beschrieben nach Ex. mit grünem Kopf und Hlschd., kupfrigroten Fld., 2 Monden und einer geschweiften Mittelbinde. Die Zeichnung ist verhältnismässig dünn: Halbmond gross, hinten in eine stumpfe Spitze endend, die fast die Mitte der Fld. erreicht. — Mittelbinde schwach gerandet, der etwas stumpfwinklig absteigende Haken fast so breit als der Randteil (t. 1. f. 14. 14. a.).

Abänderungen.

Es lassen sich zwei Formen unterscheiden:

1. Stammform: tricolor Ad.

Synonym mit *tricolor* ist *obliquefasciata* Fisch., welcher die *obliquefasciata* Ad. (*germanica*-Form) irrtümlich auf diese bezog.

In der Zeichnung variiert die Mittelbinde wenig: bald schmaler, bald breiter, gerandet oder nicht gerandet, bald mit längerem, bald mit kürzerem Haken; die hm-F ist nicht selten. Um so mehr variiert die Färbung: Die cc- und vv-F scheint auf Westsibirien (Gebler) beschränkt zu sein; am Jablonaigebirge kommt auch die nn-F vor.

Ein Ex. mit schmaleren Mondflecken und „zufällig obliterierter" Farbe ist *tenuifascia* Fisch., die Abbildung zeigt eine vv-F. Als cc-hm-F ist *optata* Fisch. beschrieben.

Sehr selten scheinen die Übergangsformen zur II. Form sich zu finden; bis jetzt hat solche nur Gebler erwähnt bei der cc-F:

---

*) Nach Hr. v. Heyden. D. Z. 86. p. 282.

a) 1. Hufleck weiss, sonst ungefleckt, b) ausser diesem noch ein schmaler Teil der Binde und die äusserste Spitze weiss.

II. Race: coerulea Pall.

Sie ist beschrieben als ungefleckte cc-F. Häufig ist jedoch die Zeichnung schwach grünlich angedeutet. Synonym mit ihr ist *violacea* Gebl. Diese Form scheint nur in Westsibirien vorzukommen, in den Steppen um Loktj, zwischen Irtysch und Ob.

Es kommt sowohl die n- wie die nn-F vor.

Anhang
zur II. Untergruppe der II. Gruppe.
Cicindela Przewalskii Dokht.

14—14³,₄ mm.
Hor. Ross. 87. p. 439.

Im nordwestlichen China am Yang-tse-kiang: Kou-tschun-tschu, Tschun-Tshu-Oumà und Bydjun. An Ufern, in einer Höhe von 12—14000" zahlreich gefangen.

Kopf sehr fein gestrichelt zwischen den Augen, O-L. quer, stärker vorgezogen als bei *hybrida* und seitlich schief abgestumpft. Hlschd. und Fld. wie bei der genannten Art: ersteres fein gekörnt, letztere fast ., fein punktiert. Unten grünlichblau, Fühlergld. violett, Beine grün. Abd. stark beh.

Oberseite kupfrig-rot oder erzfarben. Humond geschlossen. Mittelbinde breiter, weniger schief und weniger stark abwärtsgebogen als bei *hybrida*, verbindet sich hinten mit dem Apmond, wie dies *litorea* oder *generosa* angeblich zeigen soll.

Sie soll die Gestalt der *tricolor* haben und beim ersten Blick einer *hybrida* sehr ähnlich sehen, von welcher sie sich jedoch durch die O-L. „leicht" unterscheidet. Leider liegt mir kein Ex. vor, so dass ich genauere Kennzeichen nicht angeben kann, ebenso wenig beurteilen, ob sie überhaupt eine eigene Art oder, wie am allerwahrscheinlichsten, blos eine lokale Varietät einer *hybrida*-Form ist.

Anm. Vielleicht gehört diese centralasiatische *Cicindele* gar nicht zur paläarktischen Fauna.

III. Untergruppe.

Die Stirn ist meist grob skulpiert und hat vorn häufig durch zahlreiche Grübchen ein wulstiges Aussehen; Augenrunzeln stark, Stirn zwischen den Augen meist beh. Wangen meist unbeh. und ohne Grübchen. O-L. stets bogenförmig vorgezogen, 1- oder 3-zähnig, bisweilen noch mit 2 stumpfen Nebenzähnen. U-K. stets, K-T. fast stets, L-T. meist metallisch. Hlschd. mit geradem oder nur wenig vorgezogenem Vorderrande. Seitenränder mit einer Ausnahme beh.: Schildchen mit derselben einen Ausnahme den Seiten gerunzelt. Fld. hinten meist abgerundet, bisweilen ungezähnt, Spitze schwach eingezogen. Abd. seitlich stärker als bei der ersten und schwächer als bei der zweiten Untergruppe beh., Scheibe glatt. Beine schlank. Vorherrschende Farbe ist grün.

Die Zeichnung besteht meist aus 2 Hm-, 2 Ap- und 2 Mittelflecken, von denen der Scheibenfleck meist tiefer steht als sein entsprechender Randfleck. ♀ gewöhnlich noch mit schwarzem Nahtfleck.

In Zeichnung und Farbe können alle Variationsformen vorkommen.

Die Grösse schwankt zwischen 9—20 mm.

Inbetreff des Penis siehe t. 5. f. 12—19.

Vertreter dieser Gruppe scheinen nur in Ägypten, Arabien und Sibirien jenseits vom 60. Breitengrade und Baikalsee zu fehlen. Lebensweise zum Teil unbekannt, jedoch scheinen die Arten, mit einer Ausnahme, die Ufer von Flüssen und Seeen und ganz trockene Plätze mit Flugsand zu meiden; mehr in und an Wäldern, auf Grasplätzen.

In diese Gruppe gehören: *lacteola*, *Burmeisteri*, *10-pustulata*, *turkestanica*, *talychensis*, *campestris*, *asiatica*, *Coquereli* und *Ismenia*.

Bestimmungstabelle der Arten.

1. Hlschd. oben und Stirn unbeh.; 1. Fühlergld. beh. *lacteola*.
 „ beh. . . . . 2.
2. Nahtstreif punktiert, besonders hinten . . *10-pustulata*.
 „ unpunktiert .. „ . . . . 3.
3. Wange mit groben Grübchen, besonders vorn . *asiatica*.
 „ ohne „ „ „ „ „ . 4.

4.	Hlschd. vorn und hinten lang ⃦ und quer gefurcht.	*Ismenia.*
	„ „ „ höchstens kurz „ „	5.
5.	„ flach, Seitenränder scharf aufgekippt .	*Coquereli.*
	„ gewölbt. „ nie scharf „ . . .	6.
6.	Stirn vorn und 1. Fühlergld. unbeh.*). L-T. metallisch, Fld. zum Rande steil abfallend.	*talychensis.*
	„ vorn beh. od. L-T. hell od. Fld. flach „	7.
7.	„ sehr dicht beh.. 1. Fühlergld. beh.. L-T. dunkel, Hlschd. fast □. Fld. kaum gekörnt.	*Burmeisteri.*
	„ wenig beh.od.Hlschd.bauchig od.Fld.gekörnt.	8.
8.	L-T. ♂ hell, Fühlerendgld. lang und fein. Stirn vorn nie dicht punktiert	*turkestanica.*
	„ ♂ dunkel, metallisch. Fühlerendgld. dick und kurz, Stirn vorn meist grob punktiert.	*campestris.*

Cicindela lacteola Pall.

„Magnitudo et nitor *C. hybridae.* Elytra margine laterali undique late lacteo; medius discus subrepandus, fusco-viridi-inauratus." 11—14 mm.

I. *lacteola* Pall. Reisen I. Anhang. p. 465. Icones. t. G.f. 18.

II. *Schrenki* Fisch. Bull. Mosc. 44. 1 p. 10. t. 1. f. 2.

undata Motsch. Käf. Russl. p. 2. nota 1.

divisa Beuth. Ent. Nachr. 90. p. 212.

III. *lacteola* Fisch. Bull. Mosc. 44. p. 8.

melanoleuca**) Dokht. Hor. Ross. 85. p. 274. t. XI. f. 8.

Von Astrachan durch die ganze Kirghisensteppe verbreitet bis Turkestan und Songarei. An Flussufern und Seeen. Mai.

Stirn unbeh.; O-L. trapezförmig vorgezogen; L-T. hell, unmetallisch bis ganz dunkel metallisch. K-T. und U-K. (?) äusserst selten heller, unmetallisch. Hlschd. kurz herzförmig, ziemlich stark gewölbt. unbeh.***) Schildchen deutlich längs und etwas divergierend gerunzelt. Fld. mit ziemlich stark vorspringenden

*) Natürlich muss man bei abgeriebenen Ex. auf die Grübchen achten. Ein einzelnes Haar auf einem 1. Fühlergld. kommt niemals in Betracht.
**) Über *nigra* Motsch. v. Heyden siehe p. 54. Note 1.
***) Wenigstens alle Stücke, die ich gesehen, darunter ganz frische.

Schultereeken, fast Seiten, hinten kurz gerundet und abgestumpft, so dass die Fld. ein Rechteck mit abgerundeten Ecken bilden; fein punktiert-gekörnt. Spitze gezähnt, schwach eingezogen. Epipleuren der Fld. hell-unmetallisch bis ganz metallisch. Beine schlank, variieren sehr in Länge und Dicke. Seiten des Thorax kupfrigroth, bisweilen wie der Metathorax grünlich blauviolett. stark beh., Abd. blauviolett, seitlich mässig beh. Penis: t. 5. f. 12.

Lacteola Pall. ist beschrieben nach Stücken von mattkupfriger Farbe mit schwach grünlichem Schimmer. Die Zeichnung besteht der Abbildung nach aus einer ziemlich breiten, weissen Randbinde, die innen deutlich (aber nur mässig) 4mal ausgebuchtet ist. An der Spitze wird die Binde schmaler, aber nicht ganz schmal.

Die kurze Beschreibung von Pallas liesse sehr verschiedene Deutungen zu, wenn man nicht genau auf die Abbildung achtete, die, obwohl in der Gestalt des Tieres äusserst mangelhaft, durch die Zeichnung der Randbinde die Beschreibung sehr gut ergänzt.

Abänderungen.

Lacteola kann sich nach 2 Seiten hin verändern zu ganz extremen Formen, wobei Gestalt, Färbung und Zeichnung gleichsam Hand in Hand gehen; *lacteola* Pall. würde dann genau in der Mitte stehen. (t. 2. f. 1.)

I. Form: C. lacteola Pall.

Der grünliche Schimmer kann sehr oft verschwinden und einem matten, dunklen Rot Platz machen. 12—14 mm.

II. Form: Schrenki Fisch.*)

Gross, kräftig, namentlich die Fühler und Beine. O-L. sowie die Epipleuren der Fld. stets dunkel metallisch. Kopf und Hlschd. leuchtend, Fld. dunkel purpurrot, zuweilen mit leicht violettem oder auch grünlichem Schimmer, selten matter kupfrig gefärbt. Beine meist violett, seltener grün, Tarsen der Hinterbeine so lang als die Schienen. Weisse Binde zeigt einen schmalen Schulterteil, dann verbreitert sie sich innen mit stark hervortretendem Mittelrand- und vorderen Apfleck, um endlich ganz schmal

---

*) Nicht *Schrenki* Gebl. Siehe Schluss.

längs der Spitze zur Naht zu verlaufen. Die Binde hat also
4 tiefe Ausbuchtungen und 3 starke, wellenförmige Erhebungen
dort, wo sonst der hintere Hm-, der Mittelrand- und vordere
Apfleck sich zu befinden pflegen. Sehr schmal ist der Schulterteil und die äusserste Spitze kurz vor und bis zur Naht. 13
bis 14 mm. (f. 1. a.)

Abänderungen.

Wenn sich durch Verbreiterung des kupfrigen Saumes am
Aussenrande gegenüber der 1. Erhebung die Schultermakula sehr
deutlich abhebt, so dass die Verbindung mit dem übrigen Teil der
Binde nur schmal wird, ergiebt sich *undata* Motsch. (f. 1. b.),
Stücke mit völlig getrennter Schultermakel bilden *divisa* Beuth.
(f. 1. c.). Selten scheint sich der metallische Randsaum nochmals
zu verbreitern gegenüber der 3. inneren Ausbuchtung (l. H. f. 1. d.),
so dass immerhin die Möglichkeit gegeben ist, Stücke zu finden
mit völlig getrennter Hm- und Apmakel, also mit 2 Monden und
einem Mittelrandfleck.

III. Form: lacteola Fisch. et autor. poster. nec Schaum.

Klein, mit dünnen, kurzen Fühlern und Beinen. L.-T., K.-T.,
vielleicht auch U.-K., ferner die ganzen Epipleuren der Fld. und
die Scheibe der beiden letzten Abdsgmt. bisweilen hell-unmetallisch.
4 erste Fühlergld., Beine, Kopf und Hlschd. manchmal grünlich,
Fld. dann mattgrün. Die weisse Randbinde wird breit (auch
an der Spitze), bisweilen breiter als der kupfrige Teil der Fld.,
innen sehr undeutlich ausgebuchtet, und bildet so fast eine gerade
Linie; nach aussen kann von der Schultermakel ab der ganze
kupfrige Randsaum vollständig verdrängt werden (f. 1. e.).
nn-F:[*]) *melanoleuca* Dokht. Oben matt schwarz, Unterseite, Fühler
und Beine schwarzviolett. Talki in Turkestan.

Anm. Alle 3 Formen sind nicht lokal, sondern scheinen
nebeneinander vorzukommen, wie zwei Stücke vom See Indersk

---

[*]) v. Heyden giebt irrtümlich in seinem Catalog der sibirischen
Coleopteren *nigra* Motsch. als nn-F der *lacteola* an. „*Laphyra
nigra*" Motsch. soll viel Ähnlichkeit mit *atrata* haben und eine
ungefleckte Varietät von *Schrenki* Gebl. sein wie *atrata* von
distans. Wir haben es sicherlich mit einer *atrata* zu thun (siehe
dort!); denn eine ungefleckte *lacteola* ist als Unmöglichkeit
ausgeschlossen.

zu beweisen scheinen, von denen das eine (B. M.) *lacteola* Fisch., das andere *Schrenki* Fisch. ist (Krtz. Berl. Ztschr. 1869. p. 447.).

Schrenki Gebl.

Bull. scient. Acad. St. Petersbg. 41. Bull. Mosc. 47. I. p. 270. 59. II. p. 315.

L.-T. und K.-T. hell, unmetallisch. 7 letzten Fühlergld., Schienen und Spitzen der Tarsen rötlich pechbraun. Kopf und das quere, seitlich in der Mitte erweiterte und „*obsolete*" gerandete Hschd. erzgrün, Fld. grün, bis hinter die Mitte etwas breiter werdend, hinten schief abgeschnitten, mit zerstreut stehenden Grübchen. Unten grünlich erzfarbig, Scheibe glatt. Abdseiten dicht beh. Zeichnung: Randbinde breit weiss, sendet hinter der Mitte einen ziemlich langen, schief nach hinten gerichteten Ast gegen die Naht hin aus. 3 Stücke am Lepsafluss nahe dem Balkaschsee gefunden.

Dass *Schrenki* Gebl. zur *lacteola* Pall. gehöre, dagegen spricht die immerhin doch konstante Zeichnung letzterer, die nie einen Ast zur Naht absendet; eine *Pallasi* Fisch. ist durch die Beschreibung wohl vollkommen ausgeschlossen, da ausser allem Anderen niemals bei einer *hybrida*-Form bräunliche Fühler und Schienen vorkommen; nach Gebler selbst unterscheidet sie sich von seiner *lateralis* durch „*nitore, colore, elytrorum punctura et signatura, corporis lateribus albo-pilosis*". *Resplendens* Dokht. ist niemals dicht beh. So bliebe noch als fragliche *Schrenki* Gebl. *C. Besseri var. Heydeni* Krtz. übrig (*cfr. resplendens*).

Cicindela Burmeisteri Fisch.

„*C. fusco-coerulea, fere nigrescens; capite thoraceque griseo-pilosis, elytris opacis guttulis quattuor flavis.*" 14—20 mm.

Fisch. Cat. Col. Karél. 43. p. 4. Bull. Mosc. 44. I. p. 6. t. 1. f. 1.
unipunctata Dokht. Hor. Ross. 85. p. 276.
granulata Gebl. Bull. Phys. Ac. Pet. 43. p. 36. Bull. Mosc. 59. IV. p. 316.
punctata Dokht. Rev. Ent. Soc. France. 82. p. 216.
Burmeisteri Dohrn. Stett. Ent. Ztg. 84. p. 44.
quattuorpunctata Krtz. D. Z. 90. p. 282. t. 2. f. 2.
Burmeisteri Fisch.

megaspilota Dohrn. Stett. Ent. Ztg. 84. p. 44.
fracticittis Krtz. D. Z. 90. p. 282. t. 2. f. 7—8.
Balassogloï Dokht. Rev. Ent. Soc. France. 82. p. 215.
decemmaculata Dokht. Hor. Ross. 85. p. 277.
Chaudoiri Ball. Bull. Mosc. 70. IV. p. 320.
Stoliczkana Bates. Proc. Zool. Soc. 78. p. 713.
Wilkinsi Dokht. Hor. Ross. 85. p. 279. t. XI. f. 3.
Chaudoiri Dokht. l. c. p. 278.
extensomarginata Dokht. l. c. p. 280. t. XI. f. 2.

Turkestan, Songarei bis zum Tarbagatai, Altai und Persien.*) Diese Art kommt nur im Gebirge vor bis zu einer Höhe von 9000". Häufig. Juni bis August.

Kopf zwischen den Augen wenig vertieft; Stirn ziemlich fein gefurcht, am feinsten von der ganzen Gruppe. Stirn vorn und 1. Fühlergld. sehr stark beh. und mit groben Grübchen versehen. O-L. halbkreisförmig vorgezogen. Hlschd. fast quadratisch, ♂ hinten etwas eingezogen, schwach trapezförmig, ♀ höchstens kaum verschmälert, kürzer; mässig gewölbt, nur seitlich grob, sonst fein gekörnt oder blos lederartig gerunzelt, fast glatt. Fld. langgestreckt, wenig erweitert, mässig gewölbt, schwach gerunzelt, mit deutlich sichtbaren Grübchen; Körnchen verschwinden fast ganz. Äusserer Rand wenig aufgekippt, schmal; Epipleuren dunkel metallisch. Spitze eingezogen, wenig oder gar nicht gezähnt; Unterseite blauschwarz. Abd. dunkelviolett, schwach beh.. Beine lang, schwarzviolett, Tarsen der Hinterbeine länger als Schienen.

Burmeisteri Fisch. ist beschrieben nach schwarzen, schwach bläulich schimmernden Stücken, mit 2 Hm-, einem vorderen Apfleck und einem Mittelrandfleck: aussen breit, nach innen und hinten verschmälert, kurz und schmal bindenförmig, in einen kleinen Punkt endigend.

Abänderungen.

In der Farbe variiert *Burmeisteri* äusserst wenig, der bläuliche Schimmer kann etwas intensiver sein, meistens fehlt er gänzlich.

*) Krtz. D. Z. 90. p. 281.

Um so grösser ist die Variationsfähigkeit der Zeichnung. Diese kann bis auf eine einzige Makel, den kleinen, ovalen Mittelrandfleck ganz verschwinden: *unipunctata* Dokht. (f. 2. a.). Ein Ex. (B. M.) zeigt 2 Flecke.*) den vorderen Hm- und den kleinen, strichförmigen Mittelrandfleck (f. 2. b.); sehr häufig ist das Fehlen des unteren Hmpunktes (*granulata* Gebl., *punctata* Dokht., *Burmeisteri* Dohrn und *quattuorpunctata* Krtz. f. 2. c.); die Mittelbinde ist dann meist bedeutend geschrumpft: rundlich, oval oder quer, bisweilen schwach gerandet und mit kurzem, schräg nach hinten gerichtetem Ausläufer. Trotz dieser verminderten Zeichnung kann, wie schon Gebler angegeben hat, der obere Hmfleck sich mehr oder weniger lang mondförmig verlängern, also einen Schultermond ohne Endknopf bilden (f. 2. d.); auch die Fldspitze kann vollständig fein weiss gesäumt sein bis zur oberen Apmakel. Dieser Randstrich ist wiederum bisweilen gleich hinter dem Apfleck oder an der Spitze erloschen, seltener an beiden Stellen zugleich, so dass nur die Mitte des weissen Saumes übrigbleibt (f. 2. e.).

Bei der typischen *Burmeisteri* Fisch., mit welcher *megaspilota* Dohrn synonym ist, kann der Mittelrandfleck sich in mannigfaltigen Abstufungen zu einer echten Binde umgestalten (f. 2. f.). Selten fehlt an ihm jegliche Spur der Verlängerung nach hinten, so dass er nicht im geringsten bindenförmig aussieht; häufig bildet er eine fast quere, breite, in einem Endknopf endende Binde, deren innerer Teil sich meist wenig durch eine Einschnürung abhebt (f. 2. g.); seltener verlängert sich die Randmakel dünn und schräg nach hinten bis zu einem grossen Endpunkt; wobei der herabgehende Haken mehr oder weniger lang ist (*fractivittis* Krtz. f. 2. h.). Die mrg-F ist nicht häufig, namentlich bei sehr breiter, querer Mittelbinde, die sich dann oftmals wie ein Dreieck, mit der Basis zum Aussenrande und der Spitze zur Naht gekehrt, ausnimmt; andererseits kann der Randfleck zusammenschrumpfen bis auf einen verhältnismässig kleinen, runden, spitz nach aussen auslaufenden Fleck, der weit vom Rande absteht: 1 Ex. (*fractivittis*. II. f. 2. i.)

*) *V. bipunctata*, welche in der D. Z. 90. p. 282. erwähnt wird („=*1-punctata* mit kleinem Fleck vor der Spitze"), ist von Hr. Dr. Kraatz aus Versehen aufgestellt worden; sie ist also synonym mit *granulata* Gebl.; bei der Benennung war, wie es zum Teil üblich ist, der Hmfleck nicht mitgerechnet.

erhält dadurch die Zeichnung genau wie *C. 10-pustulata v. juncta* Krtz.; die hm-F der Stammform ist *Balassoglui* Dokht. (f. 2. k.). Erscheint zur Zeichnung der *Burmeisteri* Fisch. noch ein kleiner Spitzenfleck, so ergiebt sich *decemmaculata* Dokht. (f. 2. l.). Alle jetzt noch aufzuzählenden Varietäten gehen von dieser Form aus. Die hm-F ist *Chaudoiri* Ball., die hm- und ap-F *Stoliczkana* Bates (f. 2. m.). hm-, ap- und mrg-F *Wilkinsi* Dokht. (f. 2. n.); ein mir vorliegendes Ex. (II.) bildet die sefl-F für die Hmmakel, welche fast streifenförmig, innen nur äusserst schwach ausgerandet ist und sich schmal mit der grossen, dreieckigen Mittelbinde verbindet (f. 2. o.). Die vollständige efl-F, aber nur sehr schmal, zeigt *Chaudoiri* Dokht. (f. 2. p.), dagegen sehr breit *extensomarginata* Dokht. (l. Wilkins): Der ganze Rand wird breit weiss, nur ganz an der Spitze schmäler, innen mit 2 ziemlich schwachen, wellenförmigen Erhebungen am vorderen Ap- und hinteren Hmfleck und einer breiteren, hinten und innen spitz auslaufenden Hervorragung in der Mitte der Fld. (f. 2. q. bringt meine Auffassung vom Zusammenfliessen aller Makeln und nicht die sicherlich falsche, nur auf Effekt berechnete Dokhtouroffsche Abbildung dieser extremsten Varietät, welche, der gegenüber abgebildeten *Galatea* zum Pendant, dieselbe Form des Hlschd., dieselbe Zeichnung und die gleiche Länge der Beine zeigt). — Keine Varietät ist lokal.

Cicindela decempustulata. Mén.

„*Oblonga, depressa, herbaceo-viridis, antennarum basi, thorace subtus, pectore, elytrorumque sutura et margine, femoribus tibiisque rubro-aureis, labro elytrorumque maculis utroque quinque albis, abdomine coeruleo.*" ♂ 12—18 mm. ♀ 15—20 mm.

Mén. Cat. d. Ins. rec. p. Lehm. p. 1. t. 1. f. 1. Mém. Ac. Pet. 49. VI. p. 1. t. 1. f. 1.

? *clypeata* Fisch. Lettre à Pander. p. 9.
auromarginata Krtz. D. Z. 87. p. 150.
nigraelabris Dokht. Hor. Ross. 85. p. 266.
nigra Solsky i. l., Dokht. l. c.
octussis Dohrn. Stett. Ent. Ztg. 85. p. 255.
cespitis (campestris var.) Thieme i. l., Krtz. D. Z. 81. p. 322.
juncta Krtz. D. Z. 87. p. 150.

Turkestan, häufig. In der Ebene: Februar bis April —, in Gebirgsthälern: März bis Mai.

Stirn vorn und 1. Fühlergld. mit zahlreichen, groben Grübchen. O-L. quer, kaum vorgezogen, oft mit 2 stumpfen Nebenzähnen. ♂ helle, ♀ metallische L-T., Hlschd. gross und lang, trapezförmig, Seiten fast gerade, ebenso Vorder- und Hinterrand, die leicht quergerunzelt sind. Fld. lang oval, ziemlich flach. Körnelung sehr schwach. Grübchen ganz flach; die Punktreihe, die sonst neben der Naht herläuft, tritt ungefähr halbwegs nach hinten auf den Nahtstreifen herauf und trägt 2—3 mm lange Härchen. Spitze wenig eingezogen, nicht gezähnt. Beine mässig lang, kupfrig oder grün. Tarsen der Hinterbeine von Schienenlänge. Seiten des Thorax kupfrigrot oder grün; Abd. bisweilen stark, bisweilen gar nicht beh.

Ménétriès hat seine *10-pustulata* beschrieben nach einem flachen, grünen Stück (♀) mit 5 grossen Flecken auf jeder Fld.: hinterem Hm-, 2 Ap-, Mittelrand- und Scheibenfleck; vorderer Hmfleck kupfrig angedeutet. Scheibenfleck viel tiefer stehend als Mittelrandfleck. Gesammte Zeichnung weit vom Rande abstehend. (t. 2. f. 3.)

Höchstwahrscheinlich ist *clypeata* Fisch. — „grün, Brust und Beine erzkupfrig. Fld. mit 4 weissen Flecken und einem Spitzenmondchen, „clypeus" gross, seitlich stark ausgerandet" — mit *10-pustulata* Mén. identisch. Leider hat Fischer das Versprechen, eine genauere Beschreibung in seiner Entomographie folgen zu lassen, nicht gehalten (cfr. *illecebrosa* Dokht.).

Abänderungen.

Diese Art schwankt sehr in der Gestalt. Die Tiere der Ebene und besonders die ♀ scheinen flacher, ovaler, die des Gebirges und speziell die ♂ gewölbter, mehr zu sein. Beide Formen variieren wiederum in Färbung und Zeichnung auf ein und dieselbe Weise.

Häufig finden sich dunkel sammetgrüne Stücke, bei denen sich die Grübchen kaum unterscheiden lassen. Zuweilen wird der Rand der Fld. kupfrigrot *(auromarginata* Krtz.), selten die O-L. schwarz *(nigraelabris* Dokht.). „Häufig" findet sich im ersten Frühjahr die un-F: *nigra* Dokht. (Samarkand).

Vielfach fehlt der hintere Apfleck; Stücke mit solcher Zeichnung und von flacher, mehr ovaler Form der Fld. bilden *octussis* Dohrn. Nach dem 2. Ap- scheint zunächst der Hmfleck am häufigsten zu verschwinden, dann einer nach dem andern bis zur ganz ungefleckten Form. Es finden sich also Stücke entweder ohne oder mit 2. 4. 6. 8 und 10 Flecken. Weit häufiger scheint die con-F vorzukommen (*cespitis* Thieme i. L., *juncta* Krtz.), wobei fast stets alle Flecke vorhanden sein werden. (f. 3. a.)

Anm. Keine Varietät scheint lokal zu sein.

Cicindela turkestanica Ball.

„*Supra viridis, elytris punctis duobus marginalibus primo humerali, fascia media obliqua lunulaque apicis albis.*" 11—15 mm.

I. Ball. Bull. Mosc. 70. p. 322. Solsky. Col. d. Turk. p. 2.
   hispanica Motsch.*) Ius. Sib. p. 37.
II. *maracandensis* Solsky. Col. d. Turk. p. 3. t. 1. f. 2.
   disrupta v. Heyden. D. Z. 85. p. 276.
   hissariensis**) Dokt. Hor. Ross. 85. p. 269.

Turkestan; sehr gemein im Frühling; vom Februar bis April mehr in der Ebene, April und Mai höher im Gebirge hinauf. Stirn vorn fast stets. l. Fühlergld. meistens beh., Grübchen auf der Stirn meist fein. O-L. wenig oder gar nicht vorgezogen, ausser einem spitzen Zahn beim ♀ meist noch mit 2 stumpfen Nebenzähnen. L-T. beim ♂ hell, fast stets unmetallisch, bei ♀ dunkelmetallisch. Hlschd. ♂ trapezförmig. ♀ breit und kurz, Seitenränder schwach geschweift, hinten wenig mehr als vorn verengt. Fld. hinten verbreitert, grösste Breite kurz vor der Spitze; Körnelung höchstens fein. Grübchen deutlich, Spitze mindestens fein gekerbt, sehr schwach oder gar nicht eingezogen. Aussenrand scharf aufgekippt, Epipleuren metallisch. Beine lang. Hintertarsen länger als die Schienen, fein. Pleuren des Thorax kupferrot, stark beh., Abd. blauviolett bis bläulich-grün, mässig beh.

*) Früher zu *desertorum* Dej. gestellt; die Beschreibung der Mittelbinde: „*droite et relevée, obliquement vers la suture; elle ne présente aucune trace de sinuosité ou de lunule à l'extrémité*" lässt wohl ihre Zugehörigkeit zur *turkestanica* ausser Zweifel.

**) Nicht *Gissariensis*, da die Stadt *Hissar* und nicht *Gissar* heisst, worauf schon Wilkins aufmerksam machte.

Ballion beschrieb seine *turkestanica* nach Stücken von grüner Farbe mit kupfrigen Rändern des Hlschd. und der Fld.; die Zeichnung besteht aus 2 Hmflecken, einer schiefen Mittelbinde und einem Apmond (t. 2. f. 4.). Die ♀ haben meist einen schwarzen Nahtpunkt.
Penis t. 5. f. 15.

Abänderungen.

Es lassen sich 2 Formen unterscheiden, die vielleicht lokal vorkommen können, was sich jedoch jetzt noch nicht entscheiden lässt. Die Farbe scheint sehr wenig zu variieren: Durch die tiefen, grossen Grübchen der Fld. erhalten manche Ex. einen geringen Glanz und olivengrünliche Färbung, selten scheinen die Fld. kupferrötlich zu werden etwa wie bei *hybrida* (1. Roe.).

I. Stammform: turkestanica Ball. Solsky.

1. Fühlergld. fast stets beh., Fld. flach gewölbt, kurz, oval, namentlich stark beim ♀, verhältnismässig breit. 11—13 mm. Zeichnung: Mittelbinde bildet kaum einen Winkel. Seitenteil meist breit und schief, schräg absteigender Haken wenig schmaler, meist ziemlich kurz, mit mehr oder weniger deutlichem Endknopf. Vorderer Haken der Aplunula klein, rundlich, seltener schmal. (f. 4. a. b.)

Die Mittelbinde variiert sehr: Zuweilen tritt der Winkel stärker hervor, oder der Endknopf ist so schmal, dass er an dem absteigenden Haken völlig zu fehlen scheint (1. H. f. 4. c.); oder die ganze Binde wird sehr schmal, so dass solche Stücke der II. Form sehr ähnlich sehen. Selten ist die Binde gleichbreit und ganz gerade, also vollständig wie ein schräger Strich (f. 4. d.); ein solches Ex. scheint Motsch., wie man ziemlich sicher annehmen kann, bei der Beschreibung seiner *hispanica*, die er für eine *hybrida*-Form hielt, vor sich gehabt zu haben.

II. Form: maracandensis Solsky.

1. Fühlergld. häufig unbeh., Fld. lang und verhältnismässig schmal. ♀ ein wenig bauchig, paralleler und meist stärker gekörnt. 12—15 mm. Der Randteil der Mittelbinde ist quer, meist schmal, mehr oder minder stark halbmondförmig, mit

dünnem, langem Haken, der eher spitzwinklig abgeht und in einen langen, schmalen Endfleck ausläuft. Vorderer Haken der Aplunula lang und meist dünn. (t. 2. f. 4. e.)

Bisweilen fehlt bei dieser Form das Verbindungsstück vollständig, so dass nur noch ein Mittelrand- und ein Scheibenfleck übrig bleibt (*disrupta* v. Heyden [von Namagan] und *hissariensis* Dokht.; f. 4.f.). Ferner, aber wohl nur äusserst selten, kommen Stücke der dle-F vor, bei denen ausser der schmalen Verbindungslinie entweder nur noch der Rand- oder blos der Scheibenfleck vorhanden ist. Selten (1. Wilkins) ist bis jetzt die ap-F beobachtet worden.

Anm. Es ist oben gesagt worden: „*Stirn fast stets beh.*"; in Wirklichkeit wird sich wohl bei allen Ex., falls sie nur frisch sind, die Stirnbehaarung vorfinden. Da jedoch die Stirngrübchen häufig sehr fein sind, so wird bei alten Stücken, namentlich wenn sie lange in Spiritus gelegen haben, die Stirn völlig unbeh. erscheinen. Ich habe an allen Stücken Spuren ehemaliger Behaarung, wenn auch bisweilen nur sehr schwache, vorgefunden.

Cicindela talychensis Chd.

„*Cupro-viridis; fronte antico antennarumque primo articulo sine foveolis impressis, elytris maculis duabus humeralibus, lunula apicali fere interrupta, fasciaque media subtransversa ut in C. silvicola Dej.*"*) 14—18 mm.

Chd. Enum. d. Carab. Bull. Mosc. 46. p. 51. n. 5.
desertorum Mén.**) i. l. Cat. rais. 32. p. 94.

Süd-Caspi, vom Khanat von Talysch an durch ganz Persien. Dort „ziemlich gemein", lebt an Waldrändern. Juni.

Stirn mässig grob gefurcht, wie das 1. Fühlergld. unbeh., Hschd mehr oder weniger stark herzförmig. Fld. fast , wenig erweitert, gewölbt, zum Aussenrande steil abfallend, stark gekörnt, mit deutlichen Grübchen. Spitze höchstens fein gekerbt und kaum eingezogen. Die mehr oder weniger stark metallischen Körnchen geben dieser *Cicindele* den eigentümlichen Schimmer, dessentwegen sie wohl Chandoir, abgesehen von der Zeichnung, mit *C. silvicola* Dej. verglich. Hschd. vorn und hinten, Schildchen

---

*) Diagnose von mir verfasst.
**) Mén. hielt sie für *C. desertorum* Boeb. (I. Typ! B. M.).

und Naht der Fld. meist kupfrig. Beine ziemlich lang, leuchtend kupfrigrot. Abd. blaugrün. Über den Penis siehe t. 5. f. 16.

Chaudoir hat diese Art beschrieben nach kupfriggrünen Stücken mit 2 Hmflecken, einer Aplunula und einer geknickten, meist queren, breiten Mittelbinde (wie sie nur selten bei *desertorum* Dej. vorkommt, mit der diese Art bisher stets vereint war), unten an der Knickungsstelle ausgebuchtet, der gebrochene Teil verdickt sich allmählich zum Ende. ♀ mit tiefschwarzem Nahtfleck. (t. 2. f. 5. 5. a.)

Abänderungen.

Von der Zeichnung scheint nur die Mittelbinde bisweilen etwas zu variieren. In der Färbung kann Grün oder Kupferglanz vorherrschen: vv-F ohne jede Spur von kupfrigem Schimmer (1. H.), Hadchiabad (Persien). rr-F ganz erzkupfrig: gewöhnlich grösser als die Stammform. Fld. flacher und breiter (2. B. M.). Talysch.

Cicindela campestris Linné.

„*C. viridis, elytris punctis quinque albis.*" „*Praeter haec apex albicat.*" 9—18 mm.

1. Linné. Fn. Succ. p. 210. n. 746. Syst. Nat. II. p. 657.
impunctata Westh. Käfer Westfalens.
deuteros D. Torre. Synopsis d. Ins. Ober-Oesterr.
destituta Srnka. Ent. Nachr. 90. p. 249—50.
protos D. Torre. Synopsis d. Ins. Ober-Oesterr.
5-maculata Beuth. Ent. Nachr. 89. p. 231.
4-maculata Beuth. l. c.
Luetgensi Beuth. l. c.
manca D. Torre. Synopsis d. Ins. Ober-Oesterr.
affinis Heer. Fn. helv. 33. p. 2.
humerosa Srnka. Ent. Nachr. 90. p. 249—50.
affinis Dej. Spec. 1. p. 59 und 61.
affinis Fisch. Ent. Ross. III. p. 18.
simplex D. Torre. Synopsis d. Ins. Ober-Oesterr.
suturalis D. Torre. l. c.
liturata Krtz. i. l.
conjuncta D. Torre. l. c.

connata Heer. Fn. helv. 1. p. 2.
confluens Dietr. i. l. Bremi. Cat. Schwz. Coleopt. 56. p. 1.
 Benth. Ent. Nachr. 89. p. 231.
sibirica Fisch. Gen. Ins. p. 101. t. 1. f. 5.
affinis Fisch. olim. l. c.
austriaca Schrank. Beiträge zur Naturgesch. 1776. p. 69.
armeniaca Kinderm. i. l.
taurica Stev. Mén. i. l. Cat. d. Ins. Const. et Balk. p. 8.
caucasica Fald. Dej. i. l. Cat. III. édit. p. 3.
melastoma D. Torre. Synopsis der Ins. Ober-Österr.
coerulescens Schilsky. D. Z. 88. p. 179.
rubens Friv. Mag. Tud. 35. p. 251. t. 5. f. 1.
farellensis Graëlls. Ann. d. France. 47. p. 309. t. 4^{11}. f. 2.
Saxeseni Endrulat. Fn. d. Niederelbe. 54.
rufipennis Benth. Ent. Nachr. 85. p. 106.
funebris Sturm. Dtschl. Ins. VII. p. 105. t. 180. f. p.
nigrescens Heer. Fn. helv. 1. p. 2.
desertorum Fald. Fn. transcauc. III. p. 40. Chd. Enum. d. Carab.
 d. Caucase. p. 50. n. 2.
pontica Stev. Chd. i. l. Coll. Krtz.

II. *pontica* Motsch. Ins. Sib. p. 21.
affinis Motsch. l. c.
palustris Motsch. Bull. Mosc. 40. p. 179. t. 4. f. 1. Ins. Sib. p. 22.
Olivieria Brullé. Exp. d. Mor. 32. III. p. 114. t. 33. f. 1.
Heldreichi Krtz. i. l.
pontica Stev. Fisch. Ent. Ross. III. p. 18.
tatarica Mannerh. Bull. Mosc. 37. II. p. 10.
nigrita Krynicky. Bull. Mosc. 32. p. 67. t. 2. f. 1. Motsch.
obscurata Chd. Bull. Mosc. 43. p. 686.

III. *maroccana* Fabr. Syst. El. 1. p. 234. n. 12.
ocellata Hoffmsgg. i. l. Gemm. et Har. Cat. 1. p. 11.
farellensis Benth. olim. Ent. Nachr. 88. p. 81.
guadarramensis Graëlls. Ann. d. France. 47. p. 309. t. 4^{11}. f. 3.

IV. *corsicana* Roeschke. var. nov.
saphyrina Géné. De quib. Ins. Sard. I. p. 4. t. 1. f. 1.
nigrita Dej. Spec. 1. p. 58. Icon. I. p. 15. t. 2. f. 2.

V. *Suffriani* Loew. Stett. Ent. Ztg. 38. p. 342.

IV. *herbacea* Klug. Symb. phys. III. T. XXI. f. 1.
armeniaca Mannerh. i. l. Coll. Krtz.

persana Dokht. Hor. Ross. 85. p. 270.
VII. *desertorum* Dej. Spec. I. 62. Icon. I. p. 18. t. 2. f. 4.
trapezicollis Chd. Enum. d. Carab. p. 50.
dumetorum Mén.*) i. l., Fald. Faun. Transc. I. p. 7.
Jaegeri Fisch. Ent. Ross. III. p. 11. Bull. Mosc. 32. p. 433. t. 6. f. 3.
caucasica Motsch. Ins. Sib. p. 21.

Scheint nur in Nord- und Westsibirien, d. h. jenseits des 60. Breitengrades und des Baikalsees. Turkestan**), Arabien und Ägypten zu fehlen. Auf Wegen und Grasplätzen, womöglich in der Nähe der Wälder, nie hart am Meeresstrande, in der Ebene und im Gebirge bis zur Schneegrenze hinauf. Gemein. Vom ersten Frühjahr bis zum Spätsommer.

Stirn stets beh., mit groben Grübchen, 1. Fühlergld. häufig beh.. Stirn grob gefurcht. L-T. metallisch. O-L. ♂ kaum. ♀ stark bogenförmig vorgezogen. Hlschd. deutlich hinten verengt, mehr oder weniger herzförmig, vorn und hinten schwach quergerunzelt. Fld. ♂ fast . ♀ mehr oder weniger nach hinten erweitert. Epipleuren metallisch. Schenkel und Schienen, Wangen und Seiten des Thorax meist kupfrigrot. Tarsen blaugrün. Abd. mässig beh.; meist die 2 Augenstriche, die Seitenränder und Furchen des Hlschd. blaugrün.

C. campestris ist von L. beschrieben als grün mit 5 Flecken und weisser Spitze, d. h. 2 Hm-, 2 Ap-, 1 Mittelrand- und einem dunkel eingefassten Scheibenfleck. Motsch. fügt dann noch hinzu, dass das Typ in der Linnéschen Sammlung gewölbt und gestreckt***) sei (t. 2. f. 6.).

Abänderungen.

C. campestris variiert wohl am meisten von allen *Cicindelen*; dafür spricht schon die ungeheure Nomenclatur: 60 Namen! In Gestalt, Skulptur, Färbung und Zeichnung verändert sie sich vom Norden bis zum Süden, vom Westen zum Osten, im Gebirge und in der Ebene. Im Norden wie im Gebirge herrscht die ge-

---

*) *dumetorum* Mén. nec Motsch.! Der Irrtum ist darauf zurückzuführen, dass Motsch. eine schlechte Abbildung von *dumetorum* Mén. im Bull. Mosc. 40. t. 4. f. m. gegeben hat.
**) Nach Wilkins: Hor. Ross. 1889/90. p. 86—119.
***) Etud. entom. 55. p. 29.

wölbte, gestreckte, fast Form mit feiner Körnelung und mehr grünlichem Abd.; im Süden wie in der Ebene kommt eine flachere, kürzere, hinten mehr verbreiterte Form mit gröberer Körnelung vor. Abgeschwächt werden natürlich diese Formen in der nördlichen Ebene und im südlichen Gebirge. Die ♀ haben meist einen schwarzen Nahtpunkt.

Der Penis (t. 5. f. 17.) variiert stets ebenso wie die betreffenden Ex., d. h. nach dem Vaterlande und nicht blos nach der Race. Im Westen, besonders in Spanien, wird der Penis kleiner und schmaler, nach dem Ende zu kaum verdickt, sehr stark nach einwärts gekrümmt; selbst grosse Ex. haben nur einen kleinen Penis (f. 17.a.). Nach dem Osten Europas hin und vorzüglich im Kaukasus wie in Kleinasien wird er verhältnismässig gross, breit und weniger gekrümmt; kleine Ex. aus Amasien, Tokat (f. 17. b.) haben meist schon einen grösseren Penis als grosse *maroccana*-Stücke. Die Spitze des Penis ändert sich gleichfalls und zwar jenachdem die Ex. aus der Ebene oder aus dem Gebirge stammen; stets läuft sie jedoch stumpf aus oder ist ein wenig knopfförmig angeschwollen. In der Ebene ist die convexe Kante an der Spitze mehr oder weniger lang und gerade abgeschnitten; höchst charakteristisch zeigt sich dies bei *pontica* aus Russland, Amasien und Griechenland (f. 17.c.). Entgegengesetzt läuft bei Gebirgsstücken die convexe Kante mehr oder weniger vollkommen bogenförmig zur Spitze aus; der Penis hat also in stärkster Ausbildung die Gestalt einer Sichel, wie wir es bei *guadarramensis* (f. 17. d.) sehen, die hoch im Gebirge an den Rändern der Schneefelder vorkommt, bei *herbacea* (f. 17. e.) aus Tokat und namentlich bei *desertorum* Dej. (f. 17.f.), welche sich auch nahe der Schneegrenze aufzuhalten pflegt.

Am besten nimmt man bei *campestris* 7 Racen an, die früher alle als eigene Arten angesehen worden sind.

1. Stammform: C. campestris L.

Kopf und Hlschd. gedrungen. Stirn stets. 1. Fühlergld. mässig oder gar nicht beh.; Fld. mehr oder weniger gewölbt, mässig gekörnt. Grübchen wenig sichtbar; Fld. fallen fast stets zum schmalen, wenig aufgekippten Aussenrand ziemlich steil ab. Spitze schwach eingezogen, höchstens fein gekerbt, meist ungezähnt. Bisweilen con-F. Abd. blaugrün oder grün. (t. 2. f. 6. a.)

II. Race: pontica Motsch.

Wie I. aber 1. Fühlergld. meist dicht beh.. Fld. flach. oder mässig oval, meist nur vorn deutlich zum Aussenrand abfallend, stark gekörnt, Grübchen wenig sichtbar. Fld. hinten fast stets gekerbt oder gezähnt. Abd. meist blau. Zuweilen (selten sehr schräg verbunden) con-F. (t. 2. f. 7.)

III. Race: marroccana Fabr.

1. Fühlergld. vielfach unbeh., Fld. flach. breit oval, seltener fast . sehr stark und ziemlich weitläufig gekörnt, Grübchen fast stets deutlich; Aussenrand breit aufgekippt, namentlich beim ♀ an der Schulter stark vortretend. Spitze kaum eingezogen. Fld. hinten bisweilen fast zugespitzt, ungezähnt. sehr selten fein gekerbt. Abd. hellgrün, selten etwas bläulich. Selten con-F. sehr schief nach hinten gerichtet. (t. 2. f. 8.)

IV. Race: corsicana Roeschke.

1. Fühlergld. mässig oder nicht beh., Schultern der Fld. stark vorspringend. rechtwinklig. Fld. flach, zum Aussenrande ziemlich steil abfallend. grob und ziemlich dicht gekörnt, mit deutlichen Grübchen. gestreckt. fast . ♀ wenig oval. hinten fast stets stark gezähnt. Spitze eingezogen. Scheibenfleck berührt fast den dicht neben ihm stehenden, halbmondförmigen oder dreieckigen Mittelrandfleck. con-F häufig. Abd. blaugrün bis dunkel blauviolett. (t. 2. f. 9.)

V. Race: Suffriani Loew.

1. Fühlergld. stark beh., Hlschd. stark herzförmig. Fld. wie bei *corsicana*, nur breiter. kürzer. wenig ovaler. Abd. blauviolett. Die Stammform ist eine con-F: Scheibenfleck verlängert sich dünn und schräg nach vorn bis zu dem geraden. schmalen und kurzen, fast rechtwinklig nach aussen und etwas nach hinten sich ansetzenden Mittelrandfleck. (t. 2. f. 10.)

VI. Race: herbacea Klug.

Stirn und 1. Fühlergld. kaum oder nur mässig beh., Stirngrübchen fein. Fld. hinten bauchig erweitert. grob gekörnt.

mit deutlichen Grübchen, flach gewölbt, zum schmal aufgekippten Aussenrande etwas abfallend, hinten fein gekerbt oder gezähnt, Spitze eingezogen. Abd. blaugrün. Stets con-F: Mittelbinde ziemlich breit, schräg und schief geknickt. Scheibenfleck fast stets in dunklem Wische stehend. (t. 2. f. 11.)

VII. Race: desertorum Dej.

Stirn und 1. Fühlergld. stark beh., Stirngrübchen grob. Hlschd. trapezförmig. Fld. gestreckt, fast , gewölbt, gekörnt. mit schwachen Grübchen; Spitze meist fein gekerbt, nie gezähnt, schwach eingezogen. Abd. grün, wenig bläulich. Stets con-F: Binde meist breit, mehr quer, weniger schief nach hinten gerichtet, fast stets ohne dunklen Wisch. (t. 2. f. 12.)

I. Stammform: C. campestris L.

Scheint im ganzen Verbreitungsgebiet nicht scharf von den Lokalracen getrennt zu sein, sondern fast überall mit ihnen zusammen vorzukommen. 10—17 mm.

1. Fühlergld. im Norden meist nur mit 1 Haar versehen oder unbeh., im Süden stärker beh.; Fldspitze glatt, nur bei Ex. aus Nordafrika scheint sie gezähnt zu sein; im Süd-Osten sind die meisten Stücke hinten fein gekerbt, Spitze fast stets schwach eingezogen. Zuweilen wird, besonders häufig im Süden, die Stirn in der Mitte, an den Augen und hinten am Scheitel, Vorder- und Hinterrand des Hlschd., Schildchen, Naht und Rand der Fld. kupfrig. Diese Färbung kann sich auf Kopf und Hlschd. sehr ausbreiten, so dass kaum noch die 2 Augenstriche und die Furchen und Seitenränder des Hlschd. hervortreten. Im Norden ist der Wisch der Scheibenmakel meist gross und schwarz, nach dem Süden zu verschwindet er mehr und wird pechbraun, kann sogar ganz fehlen. Der Scheibenfleck steht meist tiefer als der Mittelrandfleck.

Abänderungen.

♀, denen der schwarze Nahtpunkt fehlt, bilden *impunctata* Westhoff. Vorderer Hmfleck fehlt selten und ist dann kupfrig

angedeutet — *deuteros* D. Torre, beide Hmmakeln nicht vorhanden
— *destituta* Srnka. Häufig fehlt: der hintere Hmfleck — *5-maculata* Beuth.; der Mittelrandpunkt — *protos* D. Torre; der hintere Hm- und der Mittelrandfleck — *4-maculata* Beuth.; seltener verschwinden: 2. Hm- und 2. Apmakel — *Luetgensi* Beuth.; Scheibenfleck — *manca* D. Torre, *affinis* Heer. Bei *humerosa* Srnka ist nur der vordere Hmfleck vorhanden. Fast ungefleckte Ex. bilden *affinis* Dej., ganz ungefleckte *affinis* Fisch., *simplex* D. Torre. Sehr selten, ebenso wie diese letzteren, ist das Vorkommen von *C. campestris* ohne Spitzenflecke bei sonst erhaltener Zeichnung, weil diese wie die Scheibenmakel am meisten dem Verschwinden sich zu widersetzen scheinen.

Bisweilen ist der hintere Apfleck an der Naht stark erweitert — *suturalis* D. Torre, oder der Scheibenfleck in die Länge gezogen und sieht dadurch schmal aus — *liturata* Krtz. (t. 2. f. 6. a.). Häufig, besonders im Osten, ist die ap-F *conjuncta* D. Torre; con-F meist mit schmaler, geschwungener Verbindungslinie — *connata* Heer, selten mit mehr gerader, breiter Binde — *confluens* Dietr. Beuth. (f. 6. b.). Bis jetzt unbekannt scheint das Vorkommen gewesen zu sein der hm-F*) (f. 6. c), mrg-**) und der scfl-F***) (f. 6. d.) für die Apmakel; natürlich ist bei der hm-F meist noch die con- und die ap-F vorhanden. Diese Abänderungen scheinen hauptsächlich den hochgewölbten Ex. der Krainer und Dalmatiner Berge eigentümlich zu sein.

Kombinieren können sich sowohl con- wie ap-F durch Verschwinden einiger Punkte, besonders des 2. Hmfleckes. So hat Fisch. ein Stück aus Sibirien, bei dem nur noch die Scheibenmakel und der Apmond vorhanden war — vorderer Hmfleck blieb vielleicht unbeachtet —, *sibirica* genannt (f. 6. e), für *synonym* hiermit hielt er *affinis* Boch.; ein mir vorliegendes Ex. zeigt ausser dem oberen Hmfleck nur noch den geschlossenen Apmond. Letzner zählt in seiner „Syst. Beschrbg. der Laufkäf. Schles." 49. p. 44. noch einige interessante Varietäten auf, bei welchen von den fünf Randflecken 3 u. 4; 3 u. 5; 2. 3 u. 5; 2—4; 1 u. 3; 1. 3 u. 4, 1. 3 u. 5; 1—3; 1—4; 1—3 u. 5 oder bei ap-F 2 u. 3; 1 u. 3 fehlen.

*) 1. H., Krain.
**) Je 1. H. Dalmatien, Krain.

Austriaca Schrank aus Oesterreich ist sehr unklar beschrieben, jedoch scheint der Autor eine typische *campestris* vor sich gehabt zu haben. *Nomina in litteris* und wohl nur auf Stücke in den diesbezüglichen Ländern zu beziehen sind *armeniaca* Kinderm., *taurica* Stev. Mén. und *caucasica* Fald. Dej.

Alle Farbenvarietäten scheinen selten zu sein; sie sind wohl, wie schon Schaum bemerkt, auf lokale Einflüsse zurückzuführen, die leider bis jetzt noch nicht bekannt sind. O-L. schwarz: *melastoma* D. Torre; c-F: *coerulescens* Schilsky, bekannt aus der Mark Brandenburg, dem Schwarzwald, Frankfurt a. M., Ungarn. Dagegen sehr selten ist die cc-F: dunkelblau oder gar violett (l. Krtz.); rr-F: *rubens* Friv.*) beschrieben vom Balkan. Synonym sind: *farellensis* Graëlls**) vom Berge Farell (Barcelona) und Asturien (Krtz., H., Roe.), *Saxeseni* Endrulat (Hamburg. H.); mit grünlichem Kopf und Hlschd.: *rufipennis* Beuth. (Hamburg). Ferner m-F: *funebris* Sturm (Österreich bei Wien, Schweden, Harz und [l. H.] Sachsen); n-F: *nigrescens* Heer (Schweiz, Pommern).

Dass sich in Spanien Übergänge zur *c. maroccana* Fabr. finden, entspricht der Natur der Varietät, doch auch im Süd-Osten Frankreichs, nicht fern vom Meere, zwischen Marseille und Nizza, wo das Gebirge hart an die Küste herantritt, und bis hoch in die französischen Alpen hinauf, hart an der Schweizergrenze im Thale der Durance bei Briançon und Sisteron, kommt diese Form der *C. campestris* vor, welche der *c. maroccana* täuschend ähnlich sieht und den Namen *pseudomaroccana*, wie Dr. Kraatz sie einst passend bezeichnete, wohl verdient. Meist gross und kupfrig leuchtend, Hlschd. mit rotkupfrigen Flecken neben der Mittelfurche. Fld. mässig gewölbt, fast , schmal und scharf gerandet, fein gekörnt. Grübchen sehr deutlich, bläulich; Körnchen stark kupfrig. Abd. bläulich-grün. Zeichnung gross, häufig conund ap-F. Bei Nizza und Sisteron kommt die rr-F. leuchtend kupfrig-rot, bei Briançon die m-F vor. 14—16 mm. Bei St. Martin Lantosq (Nizza) ist sie zugleich mit *corsicana* gefangen. Der Scheibenfleck steht nicht viel tiefer als der Mittelrandfleck.

*) (l. H. Vellebic.) Soll Hr. v Friv. vorgelegen haben!
**) Graëlls giebt an, dass die Flecke der Zeichnung vielfach, ja fast ganz verschwinden können. Diese Bemerkung schliesst *maroccana*, als deren Varietät sie häufig angeführt wird, vollkommen aus, da bei dieser die Zeichnung mit geringen Ausnahmen konstant bleibt.

mit welchem er häufig verbunden ist. Es bildet also diese Form den Übergang zur *maroccana*, mit der sie auch schon die charakteristische Färbung des Hlschd. gemein hat. Abd. blau. Fld. hinten nicht gezähnt. Spitze kaum eingezogen. (f. G. f.)

Die Form der südlichen Ebene, von Mähren an durch das Donauthal und ganz Südrussland hindurch, bildet den Übergang zur II. Race: *pontica* Motsch.: Sie ist breit, oval, flach; fast stets ap-F. Scheibenfleck kaum oder gar nicht dunkel eingefasst, vordere Apmakel klein, senkrecht zur Naht, nicht nach vorn gerichtet, häufig con-F (f. G. g.). Die Ex. aus dem Kaukasus sind mässig gewölbt, fast , kurz und ziemlich breit, gedrungen. Meist hellgrün, fast stets ap- und sehr häufig con-F. Diese Zeichnung hat Chaudoir und Faldermann zu dem Irrtum veranlasst, derartige Ex. für *desertorum* Dej. zu halten und letztere neu zu beschreiben (f. G. h.). Ein grosses Stück aus Armenien, mit schiefer, fast gerader, wenig geknickter Mittelbinde hat Chaudoir für *pontica* Stev. gehalten (1. Typ! Krtz.).

II. Race: pontica Motsch.

Küstengebiet Italiens (Rom), Griechenlands, Kleinasiens, Cypern und die Inseln nahe dem Festland wie Euböa und Kephalonia, ferner das ganze Küstengebiet des Schwarzen Meeres bis tief in das ebene Land hinein und die westliche Kirghisensteppe.

Im Frühjahr und Sommer. 9—16 mm.

Flach, besonders die ♂. Hlschd. mehr oder weniger stark verengt oder bauchig herzförmig. Fld. zum Teil sehr breit. ; Spitze höchstens schwach eingezogen. Kopf, das ganze Hlschd. (und zwar von den Seitenrändern ausgehend), Ränder und Naht der Fld. vielfach kupfrig. Zeichnung meist klein, verschwindend. Mittelrand- und Scheibenfleck fast auf gleicher Höhe, letzterer gering dunkel eingefasst.

Anm. *affinis* Motsch. ist synonym mit *pontica* Motsch.

Abänderungen.

In Südrussland und Kleinasien herrscht die ap-F vor, während in Griechenland und der Türkei gerade die Spitzenflecke sehr leicht verschwinden, ausser diesen selten noch der 1. und 2. Hnfleck.

Palustris Motsch.*) bezieht sich auf derartige Stücke mit teilweise fehlenden Flecken (besonders 2. Hmfleck, trotzdem mit ap-F). Die türkischen und südrussischen Stücke pflegen breit und kurz, alle übrigen gestreckt zu sein. Griechische Ex. mit stark herzförmigem Hlschd. bilden, wenn Hlschd. und Fldränder stark kupfrig sind, *Oliviera* Brullé, wenn sie ganz grün, nicht kupfrig sind, *Heldreichi* Krtz.**) (t. 2. f. 7.a.). In der Turkei, namentlich in der Umgebung von Constantinopel, ist die Form ovaler, mehr oder weniger fleckenlos (besonders die Spitzenflecke pflegen sehr häufig zu fehlen, in Südrussland dagegen mehr die mittleren Randflecke, ebenso in Kleinasien). In Cypern, wo die *pontica*-Race die auffallend geringe Grösse von 9—12 mm hat, ist das Hlschd. mehr trapezförmig; Fld. flach gewölbt, etwas erweitert, stark und dicht gekörnt, gezähnt. Zeichnung eher etwas gross, vielfach ap-, fast stets (geschwungen) con-, zuweilen auch mrg-F. (f. 7.b.)

Eine sehr bemerkenswerte Form kommt in der Sarepta und der Kirghisensteppe vor: Fld. breit, kurz, , sehr flach, fein gekörnt, hinten ungezähnt, breit abgerundet, Spitze häufig nach oben, bisweilen sehr stark, fast senkrecht aufgebogen. Grasgrün. Meist ap-F, Zeichnung mehr oder weniger deutlich (H.).

Alle Farbenvarietäten sind wie bei der vorhergehenden Race selten; beschrieben sind: r-F *pontica* Fisch.; Krim. Tokat (H.). Das Typ hat nur einen geschlossenen Apmond. Ferner rr-F *tatarica* Mannerh.; „grosse Tatarei" d. i. Gouvernement Orenburg und Troitzk; auch im Tokat ist sie gefunden (H.). Dem Typ fehlen hinterer Hm- und Scheibenfleck. Die un-F ist ebenfalls von russischen Autoren erwähnt worden: so von Krynicky (Charkow, Salzseeen), der sie für *nigrita* Dej. hielt, was Motsch. verbesserte. Letzterer bezog derartige Ex. auf *funebris* Sturm, erkannte jedoch vollkommen ihre Zugehörigkeit zur *pontica*. Auch *obscurata* Chd. ist eine un-F (Fundort unbekannt***); dem Typ fehlte der 2. Hm- und der Mittelrandfleck.

---

*) Hr. Dir. Beuth. versteht unter *palustris* Motsch. fälschlich *campestris* mit kupfrigem Kopf und Hlschd., ohne die von Motsch. stets ausdrücklich betonte Flachheit der Fld. zu berücksichtigen. Von der Färbung sagt Motsch.: „*d'une couleur verte teinte souvent* . . . ."

**) Nach freundlicher Mitteilung des Hr. Dr. G. Kraatz selbst.

***) Nach meiner Ansicht kann sich die sehr genaue Beschreibung nur auf diese Form beziehen.

III. Race: maroccana Fabr.*)

Spanien, Marocco und Algier. Kommt auch vielfach im Gebirge vor bis zur Schneegrenze hinauf. 11—17 mm. März bis Juli.

Kopf und herzförmiges Hlschd. verhältnismässig sehr breit und gedrungen. 1. Fühlergld. m ist nur mässig oder auch häufig unbeh.: Kopf mit dem 3lappig ausstrahlenden, bei der ganzen *C. campestris*, falls sie kupfrig wird, charakteristischen, rötlichen Flecken; das Hlschd. hat dagegen ein fast nur der v. *maroccana* zukommendes Charakterzeichen: die kupfrigen, mehr oder weniger breiten — je nachdem die Ex. aus Spanien oder Marocco stammen — Längsstreifen neben der Mittelfurche, welche fast immer die Seitenränder breit grün lassen (t. 2. f. 8.a.): ferner ist es meist noch vorn und hinten kupfrig. Die weissen Makeln der Fld. sind fast stets von kupfrigen, zusammenhängenden Wischen eingefasst, wobei der Aussenrand stets grün zu bleiben pflegt. Schenkel, Schienen und oft auch Tarsen kupfrigrot. Abd. bei spanischen Stücken meist hellgrün, bei afrikanischen, die kleiner sein sollen, etwas bläulich; bei letzteren kommen auch die feingekerbten Fldspitzen vor. Zeichnung meist gross, Flecke mehr oder weniger rund, vom Rand entfernt; Scheibenfleck steht stets tiefer als der Mittelrandfleck. Im nördlichen Spanien kommen ziemlich gewölbte Ex. vor, in Portugal bisweilen fast parallele.

Abänderungen.

Die Zeichnung bleibt meist konstant: Selten verschwindet der 1. Hm- (auch trotz ap-F) oder der 2. Apfleck oder beide zugleich; nicht viel häufiger finden sich ap- und con-F (f. 8.b.). Dagegen ist die Variationsfähigkeit der Färbung ziemlich gross: vv-F ohne jede Spur von Kupferrot, grasgrün, Algier, seltener auch in Spanien und Portugal.

c-F Andalusien (H.), Portugal (B. M.).

r- oder rr-F *farellensis* Beuth. olim (H. Roe.). Ebenfalls aus Andalusien und überhaupt Südspanien; ferner aus Tanger (blos 4 Flecke, d. h. 2 Ap- und 2 Hmflecke fehlen).

---
*) Synonym ist *ocellata* Hoffmsgg. (Lusitanien).
**) Mariano de Sans giebt an (Ann. d. France. T. IV. p. LXIX.), dass *maroccana* sich in Gegenden vorfindet, deren Untergrund aus Granit besteht, der wiederum mit Kalksteinen und thonhaltigen Massen bedeckt ist.

nn-F *guadarramensis* Graëlls.; Fld. zum Teil sehr flach, mit sehr stark aufgekipptem Seitenrande, fast schüsselförmig. La Granja und Guadarrama ohne genauere Fundortsangabe. Juni; soll auf den Schneefeldern umherlaufen. (1. Roe. 1. H.)

IV. Race: corsicana Roe.

Nizza, Korsika, Sardinien und die kleineren, nahe gelegenen Inseln, wie San Pietro. 12—15 mm. „Fern vom Meere." April, Mai. Hlschd. mehr oder weniger stark herzförmig. Kopf, Ränder des Hlschd. — die Scheibe neben der Mittelfurche bleibt fast stets grün —, Schildchen, Ränder und Naht der Fld. häufig kupfrig, ebenso die Körnchen auf letzteren, so dass jene einen geringen kupfrigen Schein erhalten. Beine kupfrigrot. Zeichnung gross. Flecke rundlich, nicht verschwindend, höchstens dass der Mittelrandfleck bisweilen äusserst schmal wird, nie aussen höher als innen; Scheibenfleck steht in einem grossen, tiefschwarzen Wische.

Abänderungen.

Von Abänderungen in der Zeichnung ist mir nur die sehr häufige con-F bekannt, wobei die Verbindungslinie sehr kurz ist; ap-F scheint sehr selten zu sein. Bisweilen verschwindet der Mittelrandfleck bis auf ein minimales Pünktchen (1. H.; f. 9.b.).

Dagegen giebt es um so mehr Farbenvarietäten:

Selten ist das Hlschd. ohne jeden kupfrigen Schimmer, ganz dunkelgrün, ebenso die Beine (1. B. M. 1. Roe.). Korsika. Bisweilen kommen bläuliche oder auch intensiv blau gefärbte Ex. vor (B. M. Krtz.). Diese Farbe ist nicht mit jenem dunklen Violettblau zu verwechseln, auf das hin Géné seine *saphyrina* gründete: San Pietro, „sehr häufig", „fern vom Meere". Die nn-F ist von Dej. als *nigrita* beschrieben: Korsika.

V. Race: Suffriani Loew.

Cycladen, Süd-Sporaden, Rhodos, Kreta, Smyrna. 13—16 mm. Im Innern der Inseln auf Wegen laufend. März, April (?).

Fld. flach, zum Aussenrande wenig oder gar nicht abfallend, letzterer scharf, aber nie breit aufgekippt. Hlschd. stark geschweift. Meist Kopf (selten auf dem Scheitel), Ränder des Hlschd. (mit Ausnahme eines schmalen, blaugrünen Saumes der Seitenränder [t. 2. f. 10.a.]) und der Fld., letztere sehr schmal, leuchtend kupfrig, ebenso die Beine. Hintere Hmfleck rund, weit vom Rande entfernt. Scheibenfleck kupfrig eingefasst. Manchmal ist der Mittelrandfleck und die Verbindungslinie sehr schmal, fast verschwindend oder kaum angedeutet. Nicht selten ap-F. Farbenabänderung nur gering, bisweilen fehlt jede Spur von Kupferglanz. c-F Smyrna (1. B. M.).

VI. Race: herbacea Klug.

Kleinasien westlich bis zum Kaukasus und der Westgrenze von Persien (?), die Inseln des griechischen Archipels (v. Oertzen) und Syrien bis Beyrut. 11—15 mm. Scheint Gebirgsthäler zu bevorzugen. Südlich schon im Januar, nördlich im März.

Hlschd. hinten ziemlich stark verengt. Oberseite seitlich meist kupfrig gerandet. Syrische Stücke haben dunkelgrüne — *herbacea* Klug., tokatenser vorherrschend kupfriggrüne, persische smaragdgrüne Fld. — *persana* Dokht ; erstere sind an der Spitze deutlicher gezähnt und stärker eingezogen, letztere mehr undeutlich gekerbt und ziemlich schwach eingezogen.

Das einzige Typ der *herbacea* Klug (B. M.) hat, wie schon Schaum bemerkte, ein ausserordentlich schmales Hlschd., was jedoch nur auf individuelle Verschiedenheit zurückzuführen ist.

Abänderungen.

Mittelbinde kann bisweilen kurz vor dem Scheibenfleck minimal unterbrochen sein. Ferner kann vorkommen: ap-F, häufig; hm-F, selten (1. H. f. 11.b.).

Farbenabänderungen sind selten.

v-F. Tokat (H.).

c-F. Syrien (1. Krtz.).

VII. Race: desertorum Dej.

Kaukasus nördlich vom Kurthal. Nur hoch im Gebirge bis fast zur Schneegrenze hinauf. 14—17 mm. April, Mai, Juni.

Hlschd. hinten wenig verengt, seitlich kaum gerundet, gerade, an den Rändern meist leicht kupfrig, ebenso die Beine, die verhältnismässig kurz sind. Abd. meist unbeh., Nahtpunkt der ♀ häufig nicht vorhanden. Wenn die Mittelbinde in einen Punkt endet, so ist dieser verhältnismässig sehr klein. In der Zeichnung variiert nur die Mittelbinde und die Spitzenmakel, welche bisweilen die ap-F zeigt. Erstere meist (Randteil) breit halbmondförmig, entweder nach hinten in einen kleinen Punkt endend (t. 2. f. 12.a.) — *desertorum* Dej., *trapezicollis* Chd. (Apmakel ganz), *dumetorum* Mén. (Apmakel offen) — oder quer, nochmals halbmondförmig, stumpf oder spitz endend (f. 12. f.b.) — *Jaegeri* Fisch., *caucasica* Motsch.; der gebrochene, innere Teil der Binde kann bis auf einen kurzen, spitzen Stumpf verschwinden (f. 12. c.). Ebenso kann die ganze Zeichnung bis auf äusserst kleine Flecke und eine sehr schmale, schon fast unterbrochene Binde zusammenschrumpfen; dies scheint aber nur sehr selten vorzukommen (1. Roe. f. 12. d).*) Dagegen kann die Mittelbinde so breit werden, dass sie kaum gebrochen, bisweilen sogar scheinbar nur durch einen Randfleck repräsentiert erscheint. Flache und gewölbte Ex. kommen an ein und demselben Orte vor.

Der Penis ähnelt sehr dem der *c. maroccana* Fabr., ist aber bedeutend grösser. (Vergl. t. 5. f. 17.d und f.)

Cicindela asiatica Brullé.

„*C. latior, depressa, supra granulata, viridis, elytrorum maculis quattuor lateralibus cum labro et mandibularum basi flavis; corpore subtus pedibusque cupreis, nitidis, abdomine cyaneo.*" 14—18 mm.

Brullé. Arch. Mus. I. p. 128. t. 8. f. 4.

Südkaukasus jenseits vom Kurthal (Araxesthal bei Ordubad etc.). Armenien, Persien, Mesopotamien.

Stirn vorn grob gefurcht, mit einzelnen, mehr oder weniger feinen Grübchen. O-L. kaum vorgezogen, mit 3 spitzen Zähnen und meist 2 stumpfen Nebenzähnen. 1. Fühlergld. beh., Wange, namentlich vorn, mit mehreren groben Grübchen. Hlschd. schwach gerundet oder etwas trapezförmig, flach. Fld. wenig gewölbt, oval, ungezähnt, stark gekörnt, mit schwachen Grübchen, die fast nur an der Spitze deutlich hervortreten. Aussenrand schmal aber scharf aufgekippt. Spitze höchstens schwach eingezogen. Beine kupfrigrot. Tarsen der Hinterbeine länger als die

---

*) Ebenso selten sind Stücke, die genau diese Zeichnung haben, aber die typische *campestris*-Gestalt und folglich der Stammform zuzuzählen sind. (Roe. H.) (t. 2. f. 7. h.) Siehe auch p 71.

Schienen. Unterseite ziemlich stark beh.. Abd. blauviolett. Oben grasgrün, nur die Ränder des Hlschd. und der Fld. sehr schmal kupfrigrot. Penis: siehe t. 5. f. 18.

Brullé hat seine Art beschrieben nach einem flachen, grünen ♀ mit 4 weissen etwas vom Rande abstehenden Flecken auf jeder Fld.: 2 Hm-, einem vorderen Ap- und einem Mittelrandfleck; letzterer quer, schwach nach innen und hinten gerichtet und verdickt, mit mehr oder weniger deutlicher, stumpfer Spitze hinten und unten; nach aussen wird die Makel deutlich schmäler. Die ♀ haben keinen schwarzen Nahtpunkt. (t. 2. f. 13.)

Abänderungen in Farbe und Zeichnung sind bis jetzt nicht bekannt; höchstens zeigt der untere Hmfleck die Tendenz zu verschwinden.

Cicindela Coquereli Fairm.

„*Laete viridis, labro albido, elytris utrinque maculis duabus nigrocinctis, in disco ornatis, prima media, secunda ante apicem, macula rotunda nigra inter illas, suturae proxima, subtus viridi-metallica, lateralibus cupreis; tenuiter rugulosa, labro tridentato, prothorace disco bilobo, lateribus valde arcuato, elytris ad latera planatis.*" 12—13 mm.

Fairm. Ann. d. France. 67. p. 387.

Marokko, auf sandigen Feldern in der Nähe der Hauptstadt. März. Sehr selten.

Stirn vorn unbeh., hinten beh., 1. Fühlergld. beh., O-L. nicht vorgezogen, deutlich 3-zähnig. Hlschd. seitlich stark gerundet, herzförmig, fast ganz flach, daher der Seitenrand scharf aussehend, körnig gerunzelt, am Hinterrande schwach quer gerunzelt. Fld. schwächer, weniger dicht gekörnt (Grübchen treten hervor), flach, lang oval, hinten schwach zugespitzt, ungezähnt. Spitze stark eingezogen. Beine kupfrigrot. Abd. blauviolett auf der Scheite. Ränder grün-kupfrig-rot, stark beh.

Fairmaire beschrieb seine *Coquereli* als grün. Schildchen, Rand und Naht der Fld. kupfrig. Die Zeichnung besteht aus einem vorderen, kupfrigroten, einem hinteren, weit vom Rande abstehenden, rostbraunen Hmfleck, einer längsgestellten, hinten etwas auswärts gerichteten Makel fast in der Mitte der Fld. und einem vorderen, kleinen, rundlichen Apfleck, etwas vom Rande entfernt; beide letzteren sammetschwarz eingefasst; zwischen ihnen steht nahe der Naht ein schwarzer Punkt. Die beiden dunklen Scheibenflecke hängen bisweilen schwach mit einander zusammen. (t. 2. f. 14.)

Von Abänderungen bis jetzt bekannt: Der untere Hnfleck wird weiss, rostbraun umrandet (1. Krtz.).

Cicindela ismenia Gory.

„*Viridis, pectore pedibusque rubro-cupreis, elytris punctis, maculis quattuor albidis.*" 10—13 mm.

Gory. Ann. Fr. 33. p. 174.

4-maculata Loew. Stett. Ent. Ztg. 43. p. 340.

Konstantinopel[*]), Kleinasien (Smyrna, Mughla), Nordsyrien (Antiochia). In Wäldern.

Stirn grob gefurcht, unbeh., ebenso 1. Fühlergld.: O-L. stark trapezförmig vorgezogen, 1-zähnig, mit 2 mehr oder weniger stumpfen Nebenzähnen. Hlschd. stark herzförmig gerundet, etwas gewölbt, hinten und besonders vorn fein quer und gerunzelt bis zu den Querfurchen, die Runzeln durchgehends lang. Fld. flach gewölbt, eiförmig, hinten schwach zugespitzt, vorn mässig, hinten kaum gekörnt, Grübchen wenig sichtbar. Spitze nur beim ♀ eingezogen, ungezähnt. Beine schlank, kupfrigrot. Hintertarsen länger als die Schienen. Abd. blauviolett, spärlich beh.; Penis t. 5. f. 19.

Gory hat *ismenia* beschrieben nach grünen Ex. mit einem grossen Mittelrand- und einem vorderen Spitzenfleck. Die Querrunzeln des Hlschd. sind stets kupfrig. Die beiden Hnflecke sind meist kupfrig oder rostfarben angedeutet, der 2. vom Rande entfernt; die ♀ haben fast stets einen rostroten Nahtpunkt. Mittelfleck breit, von der Mitte der Fld. nach aussen und hinten fast bis zum Rande reichend, vielfach sich auch nach aussen verschmälernd. Spitzenfleck gross, am Rande Komma-artig nach vorn oder hinten oder beides zugleich zugespitzt. (t. 2. f. 15.)

Abänderungen in der Zeichnung sind unbekannt, in der Färbung kommt die r-F vor (Roe. H.).

---

[*]) Gory's und Dejean's Angabe „Griechenland" ist wiederholt (v. Oertzen etc.) angezweifelt worden, jedoch kommt *ismenia* nach Frivaldszkyschen Stücken (Wiener Museum, Ganglb.) bei Konstantinopel vor („*ismenius*" poetischer Ausdruck für „*thebanisch*").

III. Gruppe.

Cylindera Westw.

Cylindrodera aut. post., Eumecus Motsch.

Fld. in den Schultergruben unbeh.; Kopfschild unbeh.; hinterer Augenkranz sowie vordere Augenbüschel fehlen. Wange unbeh., Oberseite des Hlschd. beh., Augen mässig hervorspringend. Die Farbe der U-K., K-T., L-T. und Epipleuren der Fld. schwankt fast bei allen Arten zwischen einem helleren Braun und Metallglanz. O-L. meist ziemlich vorgezogen. Stirn und 1. Fühlergld. unbeh., häufig cylindrisch. d. i. die Furchen sind weniger scharf ausgeprägt und die Seitenränder weniger geschweift. Von den Seitenstücken des Mesothorax ist höchstens der hintere Teil beh.. Metathorax meistens beh.; Abd. auf der Scheibe unbeh., am Rande höchstens spärlich beh., Fldspitze eingezogen.

Die Zeichnung besteht aus zwei Hmflecken, einer Aplunula und einer Medianbinde, wobei besonders interessant ist, dass die letztere immer nur durch einen Fleck ersetzt werden kann, während sonst eine Binde fast stets durch zwei Flecke repräsentiert wird. Der zweite Hmfleck fehlt mitunter.

Von den gewöhnlichen Variationsformen kommen nur die der Farbe vor. Eigentümlich ist dieser Gruppe das Verschwinden resp. Erscheinen eines unteren Hmfleckes und das Zusammenfliessen einzelner oder mehrerer Makeln auf der Scheibe der Fld., während dies bei den anderen Arten nur als Monstrosität[**]) vorkommt. Nicht selten verschwinden auch die übrigen Flecke teilweise, sehr selten ganz.

[*]) Eine derartige Monstrosität ist z. B. bei *maritima* (l. Krtz. l. Roe.), *soluta* (l. Krtz.), *hybrida* (l. H.), *Japonica* (l. H.) und vielleicht auch *gallica* cfr. *v. copulata* Beuth. (l. v. Heyden.) beobachtet.

Die Grösse schwankt zwischen 9 und 12 mm.
Über den Penis siehe t. 5. f. 20—22.
Vertreter dieser Gruppe fehlen nur in Afrika.
Alle Arten dieser Gruppe scheinen sich sowohl in der Ebene wie im Gebirge aufzuhalten. Besonders bemerkenswerth ist ferner, dass sie sich alle (?) ihrer Fld. fast nie bedienen.*)

Zu dieser Gruppe gehören: *germanica, gracilis, obliquefasciata (Kirilovi, descenders, Doktouroffi)*.

Anm. Was die Stellung dieser Gruppe neben den *campestris*-Arten betrifft, so ist vor allem die Tabelle auf Seite 11 nachzusehen. Bemerkt sei noch folgendes: Früher stand diese Gruppe in der Nähe der *Catoptria*-Arten, zeitweilig wurde sogar eine Verwandtschaft mit *Cic. distans* angenommen. Das letztere bedarf nach den Unterschieden, die zwischen diesen Arten an Ort und Stelle angegeben sind, keiner weiteren Auseinandersetzung. Von den *Catoptria*-Arten ist zu sagen, dass sie sich ausser durch dieselben Kennzeichen, durch welche die *campestris*-Gruppe von der *germanica*-Gruppe verschieden ist, noch durch eine viel stärkere Behaarung des Abdrandes und die dichte Punktierung der Abdscheibe unterscheiden, ferner auch durch die Zeichnung, die sich in keinerlei Weise mit der der *germanica* in Übereinstimmung bringen lässt. Die äussere Gestalt würde eher stimmen, abgesehen von den viel stärker bei den *Catoptria*-Arten hervorquellenden Augen. Vergleicht man nun auf der anderen Seite die *campestris*-Arten mit denen der *germanica*-Gruppe, so findet man viel weniger Unterschiede; denn in der spärlichen Behaarung des Abdrandes und Punktierung der Abdscheibe stimmen sie überein. Die Zeichnung ist vollkommen analog gebaut. Die Gestalt scheint auf den ersten Augenblick (abgesehen von den wenig hervorspringenden Augen, die beiden gemeinsam sind) dagegen zu sprechen. Jedoch auch dieses letzte Bedenken fällt dahin, wenn man erfährt, dass Bates eine *Cicindele* beschrieben hat, die in der Gestalt ein Mittelding zwischen *ismenia* und *germanica* sein soll. Was auf der anderen Seite *C. Kirilovi* betrifft, so ist die Verwandtschaft dieser Art mit der *paludosa* schon längst anerkannt worden.

Bestimmungstabelle der Arten.

1) Abd. am Rande unbeh. . . . . 2.
   „ „   „   „   beh. . . . . *obliquefasciata*.
2) Hintere Hälfte der Episternen des Metathorax unbeh. *germanica*.
   „   „   „   „   „   beh. . *gracilis*.

*) Vergleiche die „Einführung" p. IV.

Cicindela germanica Linné.

„*C. viridis, elytris puncto lunulaque apicum albis.*" „*elytra apice lineola albicante et punctis 2 albis ad marginem exteriorem*"). 9 bis 11½ mm.

I. *germanica* L. Syst. Nat. ed. XII. p. 657.
laeta Motsch. Ins. Sib. p. 33. t. 2. f. 1.
Kindermanni Chd. i. l. Catalog Collectionis. p. 22.
subtruncata Chd. Bull. Mosc. 42. p. 802. Catalog. p. 22.
anthracina Klug. Jahrb. I. p. 28.
coerulea Hrbst. Kaef. X. p. 182. t. 172. f. 4.
obscura Fabr. Syst. El. I. p. 238.
nigra Krynicky. Bull. Mosc. V. p. 67.
angustata Motsch. et Faldermann (non Fisch.).
fusca Dalla Torre. Synopsis d. Insect. Ober-Österr.
cuprea Westhoff. Käfer Westfalens. p. 2. Beuthin. Ent. Nachr. 89. p. 319.
deuteros D. Torre. Synopsis d. Ins. Ober-Österr.
protos D. Torre. l. c.
inornata Schilsky. D. Z. 88. p. 179.
hemichloros D. Torre. Synopsis d. Ins. Ober-Österr.
seminuda D. Torre. l. c.
Stereni Dej. Spec. I. p. 136. Schaum. B. Z. 60. p. 81.

II. *Jordani* Beuth. Ent. Nachr. 89. p. 318.
catalonica Beuth. l. c. 90. p. 92. Krtz. l. c. p. 138.

III. *bipunctata* Krtz. l. c. p. 138.
Martorelli Krtz. l. c.

IV. *sobrina* Gory. Ann. Fr. 33. p. 176.
italica Dupont i. l. Klug. Jahrbuch. I. p. 28.

Die Art fehlt*) nur in Afrika, Turkestan, Japan, im Norden und wahrscheinlich auch im äussersten Osten von Sibirien. Mitte Sommer bis Herbst. Auf sandigen Feldern, Anhöhen, bisweilen hoch im Gebirge; seltener am Ufer.

Fld. hinter der Mitte nicht oder wenig, sehr selten stark verbreitert. Beine und Fühler schlank. Hlschd. nach hinten meist sehr wenig verengt. O-L. weiss, wenig vorgezogen. Unterseite grün, blau oder schwarz. Schienen bräunlich. Fld. nur mit Gruben versehen. Über den Penis siehe t. 5. f. 20.

*) In der Songarei kommt sie vor.

Anm. Schaum giebt an „Pleuren unbeh.", dies ist streng genommen nicht richtig; denn bei frischen Stücken sieht man bisweilen, wenn auch sehr selten, in der Nähe des Vorderrandes der Episternen des Metathorax einige Härchen. Abnormer Weise können sich auch am Rande des Abdomens 1 oder 2 Härchen vorfinden, im allgemeinen kann man allerdings die Pleuren unbeh. nennen.

germanica L. ist nach grünlichen Stücken mit einem Schulterfleck, einem grösseren, mittleren Randfleck und einer Aplunula beschrieben. Kopf und Hschd. sind etwas kupfriger als die Fld. (t. 3. f. 1.).

Abänderungen.

Es empfiehlt sich, 4 Hauptformen zu unterscheiden, die wieder in gleicher Weise variieren; am meisten veränderungsfähig ist die Stammform. Die 4 Formen unterscheiden sich folgendermassen:

1) *germanica* L. Mit normaler Zeichnung; einzelne oder alle Flecke können fehlen. Fld. häufig grünlich-erzfarben.
2) *Jordani* Benth. Der mittlere Randfleck ist mit der Aplunula verbunden. Fld. häufig grünlich-erzfarben. (t. H.)
3) *bipunctata* Krtz. Es ist ein unterer Hufleck vorhanden, der häufig sehr tief steht (*bipunctata - Punkt*). Fld. meist erzbraun.
5) *sobrina* Gory. Die mittlere Randmakel schickt einen weissen Strich schräg nach innen und hinten aus (*sobrina - Strich*). Fld. meist erzbraun.

Anm. In einem Ex. können mehrere Formen vereint sein (siehe weiter unten).

Stammform: *germanica* L.

Abänderungen.

Auf *laeta* Motsch. sind Stücke aus den Kirghisen-Steppen zu beziehen; sie unterscheiden sich in nichts von *germanica* L. *Kindermanni* Chd. i. l. soll in Syrien gefunden sein. Ein bläulichgrünes Stück aus Astrabad hat Chaudoir als *subtruncata* beschrieben; grünlich-blaue Stücke aus der Schweiz hat Klug *anthracina*

---

*) Die 4 Formen sind keine ausgeprägten Lokalracen; jedoch sind sie sehr wichtig als Übergänge zur *obliquefasciata* et var.

genannt. Die cc-F ist *coerulea* Herbst,*) die nn-F: *obscura* Fabr.*) und *nigra* Krynicky, letzteres speziell, wenn die Ex. aus Süd-Russland stammen. *Angustata* Motsch. und Faldermann ist die nn-F aus Sibirien. Schwarz-blaue Stücke sind ziemlich selten. Braune Stücke sind als *fusca* D. Torre beschrieben; sie sind auch etwas seltener als die cc- und nn-F; fälschlicher Weise bezieht man häufig grünlich erzkupfrige Stücke auf diesen Namen. *Cuprea* Westh.**). beschrieben von Beuth., soll kupfrig sein. Wahrscheinlich sind die eben erwähnten, grünlich erz-kupfrigen Ex. darauf zu deuten. wenigstens sind mir. ebenso wie Herrn Beuth., wirklich kupfrige Stücke nicht bekannt.

Schulterfleck fehlt: *deuteros* D. Torre, mittlerer Randfleck: *protos* D. Torre. beide zusammen: *hemichloros* D. Torre oder *inornata* Schilsky. Spitzenlunula: *seminuda* D. Torre. Ganz ungefleckt ist *Stereni* Dej.; die beiden letzten sind sehr selten.

Anm. 1. Keine der bisher erwähnten Varietäten ist lokal.

Anm. 2. *Steveni* Dej., die als eigene Art beschrieben wurde. ist nach dem Original-Exemplar = *germanica* r. (cfr. Schaum l. c.). Sie ist aus Hildesheim, Kislar, Georgien und dem Inderskischen See bekannt. Das typische Stück von Dejean war zu gleicher Zeit eine c-F. Motsch. erwähnt die nn-F.

Anm. 3. Die weissen Makeln sind bisweilen dunkel eingefasst, bei der cc-F grün. Der *sobrina*-Strich ist mitunter durch eine dunkle oder erzkupfrige oder (bei der cc-F) grüne Linie markiert.

Zweite Form: Jordani Beuth. (t. 3. f. 1.a.)

Diese Form ist bisher nur bei Hildesheim gefunden worden. jedoch ist nicht zu bezweifeln. dass sie sich auch an anderen Stellen findet.

Farbenvarietäten sind bisher noch nicht bekannt geworden.

In der Zeichnung variiert diese Form sehr in der Breite der Verbindungsstelle beider Makeln. Ferner kann zu gleicher Zeit der *sobrina*-Strich und *bipunctata*-Punkt vorhanden sein. Derartige Stücke sind von Beuthin als *catalonica* aus Katalonien beschrieben (f. 1.b.). Sie kommt auch bei Trapezunt vor (1. Krtz.). Bis-

---

*) Beide Varietäten sind irrtümlich aus Amerika beschrieben worden.

**) Vielleicht erteilt Hr. Westhoff nähere Auskunft über diese Varietät.

weilen ist der *bipunctata*-Punkt mit dem oberen Rande des Mittelflecks durch einen feinen Strich verbunden (Krtz.).

Dritte Form: bipunctata Krtz. (t. 3. f. 1.c.)

Diese Form scheint ausschliesslich dem Süden anzugehören. Sie ist bekannt aus Katalonien, Tyrol, Mähren, Roverets, Antiochia und Syrien. Zu gleicher Zeit ist häufig der *sobrina*-Strich vorhanden (f. 1.d.): *Martorelli* Krtz. (II.). Die Höhe des Punktes schwankt sehr.

Von Farbenvarietäten ist mir die braune Form bekannt. Selten sind die Fld. intensiv grün gefärbt.

Anm. Vergleiche *c. catalonica* sub II.

Vierte Form: sobrina Gory. (t. 3. f. 1.e.)

Diese Fosm ist mir bekannt aus Italien, dem Südabhang der Alpen und Mähren; nach Fairmaire kommt sie auch in Sicilien vor. *In litteris* ist sie von Dupont *italica* genannt worden. Selten endet der Strich in einen Knopf. Die v-F ist nicht häufig. Die Länge des Striches variiert erheblich.

Anm. Vergleiche *c. Martorelli* sub III und *c. catalonica* sub II. Cfr. sub I Anm 3.

Cicindela gracilis Pallas.

„*Magnitudo paullo infra C. germanicam; congeneribus omnibus gracilior. Fusco-nigra tota et subaenea, praesertim a dorso. Elytra punctis duobus marginalibus albis, uti C. germanica, areaque magna, ovata, communi, rufa versus anum. Pedes longi, tenuissimi.*" 9¼ bis 10½ mm.

Der Verbreitungskreis dieser Art reicht von Süd-Russland durch den ganzen Süden Sibiriens bis nach Japan (Nagasaki). Auch in der Mongolei und in Nord-China ist sie gefunden worden. August. Auf Sand- oder steinigem Boden, vorzugsweise in der Nähe des Wassers.

Pallas. It. III. p. 724. Ic. III. t. G. f. 15.

tenuis Steven in litteris. Mus. Hist. Natur. Univ. Caesar. Mosq. p. 6.

gracilis Jacques Mathes. Mém. Mosq. II. p. 311. t. XVIII. f. 2.

tenuis Fischer. Ent. Russ. III. p. 49. t. 1.* f. 16.
angustata Fischer. Ent. Russ. II. p. 5. t. XXXIX. f. 12. III. p. 48.
„ Gebler. (non Motsch.) Nouv. Mém. Mosc. II. p. 33.
daurica Motsch. Ins. Sib. p. 33.
„ Mannerheim i. l. Dej. Cat. ed. III. p. 6.

O-L. schwarz, bisweilen jedoch nur bräunlich und auf der Scheibe hell. Hlschd. verhältnismässig viel schmaler als bei *germanica*. Fld. schmal, langgestreckt, hinten verbreitert, nur mit Grübchen bedeckt, sammetartig, matt. Unterseite schwarz, Thorax schwach grünlich, ebenso die Schenkel; Schienen bräunlich. Extremitäten dünn. Über den Penis siehe t. 5. f. 21.

gracilis Pall. ist nach dunkel erzfarbenen, bräunlich-schwarzen, sammetfarbenen Stücken beschrieben. Die Zeichnung besteht aus einem längsgestellten, mittleren Rand-, einem sehr kleinen Hm-, einem oberen Apfleck, der nach der Spitze zu einen Randstrich entsendet, und einem grossen, goldgelben, dreieckigen Fleck, dessen Basis die Spitze der Fld. einnimmt und dessen Spitze auf der Naht in oder hinter der Mitte der Fld. liegt. (t. 3. f. 2.)

Abänderungen.

Man hat zwei Formen zu unterscheiden, die in gleicher Weise variieren: Die Stammform, bei der also der grosse, dreieckige, gelbe Fleck vorhanden ist, und *angustata* Fisch. bei der dieser letztere fehlt.

Was zunächst die erste Form betrifft, so wäre zu bemerken, dass der Hmfleck bisweilen nicht vorhanden ist (H.). Ferner kann sich die gelbe Makel weiter ausdehnen, so dass die Spitze vor der Mitte der Fld. liegt. Auf letztere Stücke bezieht sich *tenuis* Stev. i. l., *gracilis* Jaq. Math. und *tenuis* Fisch. (f. 2.a.).

Die zweite Form scheint noch öfter den Hmfleck zu verlieren als die erste. Bisweilen sind von dem gelben Dreieck einige Pünktchen übriggeblieben, die längs der Nahtspitze stehen, wie denn überhaupt alle Übergänge zwischen den beiden Formen vorkommen. Früher ist *angustata* Fisch. und die mit ihr synonyme *daurica* Motsch. (f. 2.b.) mit der un-F der *germanica* verwechselt worden, und sind so Unklarheiten in der Nomenklatur entstanden. Fischer selbst zog seine *angustata* (Ent. Ross. III. p. 48.) als Variante zur *germanica* ein; jedoch mit Unrecht, denn seine Beschreibung lässt keinen Zweifel, dass er die Varietät der *gracilis* vor sich gehabt hat. Auch seine Typen beweisen dies. Ebenso ist *angustata* Gebler eine *gracilis* v., *angustata* Motsch. dagegen = *germanica* v. *obscura*, denn er unterscheidet sie sehr wohl von der *gracilis*-Form ohne gelben Fleck, die er *daurica* Mann. nennt; auch *angustata* Gebl. hat er richtig als synonym zur *daurica* Mann. gestellt.

Anm. Zum Schluss sei noch bemerkt, dass man auch in dem Fundorte Unterschiede zwischen den beiden aufgestellten Formen gefunden haben will; indem z. B. Motsch. behauptete, dass *gracilis* Pall. vorzugsweise diesseits des Baikal-See's vorkäme, *angustata* Fisch. dagegen jenseits. Wie weit das richtig ist, lässt sich bei der Seltenheit dieser Art in den jetzigen Sammlungen nicht entscheiden. Übrigens giebt es nur sehr wenige Stücke, von denen es verbürgt ist, dass sie aus dem europäischen Russland stammen, so wurde z. B. ein Ex. vom Grafen Mniszech bei Wierzchovnie und eines bei Kiew von Schirmer gefunden.

Cicindela obliquefasciata Adams.

et varietates*):

Kirilovi, descendens, Dokhtouroffi.

"Fusco-viridis, elytris puncto humerali, fascia media obliqua, lulunaque apicis albis." 9—11 mm.

*) Abweichend von der bisher üblichen Auffassungsweise halte ich diese 4 Formen nur für Varianten einer einzigen Art. Die Unterschiede, die vorhanden sind, sind geringfügig und variiren bei jeder einzelnen Art auch nicht unerheblich, so dass eine vollkommene und sichere Unterscheidung unmöglich ist — wenigstens nach dem mir vorliegenden Material. Unmöglich wäre es ja nicht, dass frische Stücke Unterschiede in der Behaarung zeigten, die durchgreifend wären, wenn dies auch wenig wahrscheinlich ist. Gleichwohl würde ich schwerlich alle 4 Arten zu einer zusammengezogen haben, wenn sich nicht folgende merkwürdige Thatsache herausgestellt hätte: Je weiter die Arten nach Osten vordringen, um so feiner wird die Skulptur, und um so ähnlicher wird die Zeichnung und die Gestalt der der *germanica*. Dieses proportionale Verhalten ist sehr auffällig. Für meine Auffassung spricht ferner auch der Umstand, dass *Kirilovi, descendens* und *obliquefasciata* (*Dokhtouroffi* ist ja erst vor kurzer Zeit bekannt geworden) von jeher bis in die neueste Zeit hinein, mit einander (selbst von hervorragenden Entomologen) verwechselt wurden. — Falls jemand wirkliche Artunterschiede findet, will ich mich gern belehren lassen.

Im Süden Sibiriens, in Persien, Turkmenien, Turkestan und der Mongolei verbreitet. In der Ebene und im Gebirge.

Adams. Mém. Mosc. V. p. 280.
I. *Kirilovi* Fisch. Bull. Mosc. 44. 1. p. 7. t. 1. f. 3.
   Juliae Ballion. „ „ 70. p. 322.
II. *descendens* Fisch. Ent. Russ. III. p. 35. t. 1. f. 5. Gebler. Bull. Mosc. 47. p. 269.
   recta Motsch. Ins. Sib. p. 36.
III. *obliquefasciata* aut. post. Mannerh. Bull. Mosc. 49. p. 225.
   ferghanensis Dokht. Hor. Ross. 85. p. 256. t. XI. f. 5.
   Jakovleff. Hor. Ross. XXI. p. VI. Wilkins. Hor. Ross. 89.
   atrocoerulea Wilkins. Hor. Ross. 89. p. 119.
   descendens Motsch. Ins. Sib. p. 31.
   obscure-coerulescens Ménétr. i. l. Cat. Ins. rec. p. Lehmann.
IV. *Dokhtouroffi* Dokht. Hor. Ross. 85. p. 257. t. XI. f. 4.
   Jakovleff Rev. mens. d'Ent. pure et appl. I. 84. ubi?
   fluctuosa Dokht. Hor. Ross. 88. p. 141.
   incisa Dokht. l. c. p. 141—2.

Fld. lang gestreckt und schmal, mit flachen Grübchen bedeckt, hinten selten schwach verbreitert. Beine dünn und lang. Skulptur des Hlschd. und des Kopfes schwankt. Fld. hinten mässig gezähnt. Unterseite grün oder blau, manchmal teilweise etwas kupfrig, ebenso die Beine. Fld. bisweilen sammetartig. Über den Penis siehe t. 5. f. 22.

obliquefasciata Ad. ist nach einem erzfarbenen Stück beschrieben, das einen Schulterfleck, eine schräg gestellte Medianbinde und eine Aplunnla gehabt hat. Der untere Hnfleck fehlte bei dem Originalexemplar. Adams giebt ausdrücklich an: „*Supra fasciam datur adhuc in altero specimine punctum minimum albulum discoideum.*" (t. 3. f. 3.)

Abänderungen.

Es sind zunächst 4 Racen zu unterscheiden, die ungefähr in gleicher Weise variieren: 1) *Kirilovi* Fisch., 2) *descendens* Fisch., 3) *obliquefasciata* autorum posteriorum, 4) *Dokhtouroffi* (Jokovleff) Dokhtouroff. Die Unterschiede lassen sich ungefähr folgendermassen formulieren:

1) *Kirilovi:* Hlschd. auf der Oberseite ziemlich grob skulpiert. Der untere Schulterfleck fehlt nie. Mittelbinde s-förmig gebogen, überall gleichbreit, am Rande höchstens schwach erweitert. Schienen meist metallisch. Fld. hinten so gut wie nicht verbreitert.
2) *descendens:* Hlschd. auf der Oberseite ziemlich fein skulpiert. Der untere Schulterfleck fehlt selten. Mittelbinde mehr gerade, nach dem Rande zu allmählig dicker werdend. Schienen mehr oder minder bräunlich. Fld. hinten sehr wenig verbreitert.
3) *obliquefasciata:* Hlschd. fein skulpiert. Augenrunzeln mässig grob. Unterer Schulterfleck fehlt öfters. Mittelbinde gerade, dünner als *desc.* und weiter nach unten reichend, am Rande erweitert. Schienen bräunlich. Fld. hinten verhältnismässig stark verbreitert, hinten mehr zugespitzt.
4) *Dokhtouroffi:* Hlschd. ungefähr = *obliq.*; Augenrunzeln etwas feiner. Unterer Schulterfleck mit dem oberen zu einer lunula vereinigt. Alle Makeln hängen meistens zusammen. Mittelbinde am Rande erweitert. Tarsen mehr oder minder bräunlich. Fld. hinten so gut wie nicht verbreitert.

Anm. Es versteht sich von selbst, dass zwischen diesen vier Racen mancherlei Übergänge vorkommen.

Erste Race: Kirilovi Fisch.

Diese Form findet sich vorzugsweise im Westen Sibiriens und in Turkestan. Vereinzelt kommt sie jedoch auch bis nach Daurien hin vor. Auch in Persien soll sie gefunden sein. März bis Juli.

Oberseite meist braunbroncefarben, sehr selten schwach grünlich, meist nicht sammetartig. (t. 3. f. 3.a.)

Von Variationsformen ist mir nur bekannt, dass der obere Hmfleck verschwinden kann. (1. Krtz.)

Juliae Ballion[*]) ist vollkommen identisch mit *Kirilovi* Fisch.

---

[*]) Nach einer möglichst allgemein gehaltenen, lateinischen Diagnose, die auf alle verwandten Arten ebenso gut zu beziehen ist, sagt der Autor wörtlich: „Diese Art steht der *C. Kirilovii* Fisch. sehr nahe, unterscheidet sich aber auch durch mehrere Merkmale, welche für die Selbstständigkeit der Species genügen." — Der Hr. Professor scheint allerdings sehr genügsam zu sein.

Zweite Race: descendens Fisch.

Der Verbreitungsbezirk liegt im allgemeinen etwas nordöstlicher als bei *Kirilori*. Im Westen Sibiriens und in Turkestan ist sie verhältnismässig sehr selten. Juni—August. (H.)

Fld. auf der Oberseite mehr grünlich, bisweilen sogar bläulich und sammetartig; auf der Scheibe fast stets dunkler gefärbt als am Rande. (f. 3.b.) Selten sind brannerzfarbige Ex.

Nach Geblers Angabe kommt auch bei dieser Form eine Varietät vor, bei welcher der untere Hmfleck verschwunden ist. *Recta* Motsch. unterscheidet sich in nichts von *descend*. Fisch.

Dritte Race: obliquefasciata autorum posteriorum.

Ost-Sibirien, Mongolei und Daurien. Sehr selten im westlichen Teile Sibiriens und Turkestan. Juni. (1. H.)

Fld. dunkel grün, grünlich blau, blauschwarz (oder dunkel mit hellerem Rande), sammetartig. Der untere Hmfleck ist vorhanden.

Von Varietäten sind folgende benannt worden: *atrocoerulea* Wilkins und *obscure-coerulescens* Mén. in litteris, beide beziehen sich auf dunkelblaue Stücke. *Ferghanensis* Dokht. (f. 3.) ist identisch mit *obliquefasciata* Adams (also ohne unteren Hmfleck); *descendens* Motsch. ist = *obliq*. autorum post. (also mit unterem Hmfleck).

Vierte Race: Dokhtouroffi (Jakov.) Dokht.

Ost-Turkestan und Mongolei (Ili, Ferghana; Ssu-van-nó, Naryn). Juli. (H.)

Oberseite braunbroncefarben, selten sehr schwach grünlich. Gestalt der *germanica*. Alle Makeln sind breit zusammengeflossen, so breit, dass ihr Aussenrand nicht wellenförmig ist, sondern vollkommen eine gerade Linie bildet. (f. 3.c.)

Von Variationsformen sind folgende bekannt: Der Aussenrand der weissen Randbinde ist stark wellenförmig, d. i. zwischen Hm- und Medianmakel einerseits und zwischen Median- und Apmakel andererseits stark eingeschnürt, so dass man deutlich ihre 3 Bestandteile erkennt. Diese Form ist *fluctuosa* Dokht. (f. 3.d.). Weiterhin kann die Randbinde zwischen Hm- und Medianmakel vollkommen durchbrochen sein, d. i. die Hmmakel abgetrennt (f. 3.e.). Schliesslich kann auch ausserdem noch die Apmakel losgelöst sein, so dass also statt der einen zusammenhängenden Randbinde nunmehr drei getrennte Makeln vorhanden sind (f. 3.f.). Zum Unterschiede von den drei ersten Racen scheint jedoch hier die Hmlunula fast stets*) unaufgelöst zu bleiben. Diese dritte Variante ist *incisa* Dokht. (f. Dokht.).

Anm. 1. *v. fluctuosa* Dokht. ist in der Zeichnung einigen Stücken der *germanica v. catalonica* Beuth. täuschend ähnlich. Umgekehrt müsste *v. incisa* der *obliquefasciata* sehr ähnlich sehen (abgesehen von der nicht in 2 Punkte aufgelösten Hmlunula).

Zwischen *C. Dokhtouroffi* und *C. chiloleuca* herrscht eine allerdings nur äusserliche und rein zufällige Ähnlichkeit in der Zeichnung. Letztere mag wohl auch zumeist dazu beigetragen haben, dass Hr. Dokhtouroff die Art zwischen *ferghanensis* und jene stellt. Hr. Wilkins vollends verkennt (Hor. Ross. 89/90. l. c.) ihre Zugehörigkeit zur *germanica*-Gruppe gänzlich und bringt sie neben *chiloleuca*.

Anm. 2. Bei allen 4 Racen habe ich die Gestalt des Hlschd. und die Form der Apmakel nicht besonders angegeben. Auch hierin lassen sich kleine Verschiedenheiten konstatieren, die jedoch noch viel unbeständiger sind als alle übrigen. Besonders gilt dies für das Hlschd., indem die grösste Breite bisweilen vor, bisweilen in, bisweilen auch hinter der Mitte liegt. Auch die verhältnismässige Breite des ganzen Hlschd. variiert erheblich. Die Seitenränder sind bisweilen gerade, bisweilen geschweift etc. Hinsichtlich der Apmakel vergleiche man f. 3, 3.a, 3.b.

Anm. 3. Inbetreff der Lebensgewohnheiten giebt Gebler an, dass *descendens* Fisch. sich an feuchten, schattigen Ufern aufhalte und äusserst behende im Laufen sei. Sollte dasselbe auch für die 3 anderen Racen gelten?

*) Ein Ex. (Typ! II.) zeigt die Hmlunula allerdings schon fast getrennt.

IV. Gruppe.

Fld. in den Schultergruben unbeh.; hinterer Augenkranz sowie vordere Augenbüschel fehlen. Kopfschild beh.; Seitenstücke des Prothorax mässig beh.; Augen mässig hervorspringend. U-K. und Epipleuren der Fld. meist dunkelbraun, seltener heller oder metallisch. K-T. braun. O-L. mässig vorgezogen, 3zähnig. Stirn beh. (vor und zwischen den Augen). 1. Fühlergld. nur spärlich beh.; Hlschd. auch auf der Scheibe beh.; Seitenstücke des Mesothorax am vorderen Rande unbeh.; Abd. am Rande sehr schwach beh., auf der Scheibe glatt. Fldspitze beim ♀ zurückgezogen.

Die Zeichnung besteht in 2 getrennten Hm-, Ap- und Medianflecken.

Von Variationsformen kommt die hm-, ap-, mrg-, con-F vor. Eigentümlich ist dieser Gruppe, dass der Scheibenfleck bald höher, bald tiefer stehen kann. Farbenvarianten sind nicht allzu selten, sie bestehen jedoch nur darin, dass Hlschd. und Kopf anders gefärbt sind als die Fld.

Die Grösse schwankt zwischen 9 und 14 mm.

Ueber den Preis siehe t. 5. f. 23.

Die einzige Art, die diese Gruppe repräsentiert, findet sich nur im Süd-Westen*) unserer Fauna**): Sicilien-Spanien, Marocco-Tunis.

Die Art lebt an sandigen Stellen an Ufern. Juni-August.

Zu dieser Gruppe gehört nur: *maura*.

---

*) Nach Redtenbacher soll *maura* auch auf Cypern oder an der syrischen Küste vorkommen (siehe Russegger, Reisen, I. Teil II. Anhang p. 973-4.).

**) Tauscher giebt an „*in deserto Tartarico*" (conf. Fischer, Ent. Ross. I. p. 102.). Sollte Tauscher vielleicht *illecebrosa* Dokht. vor sich gehabt haben?

Cicindela maura Linné.

„*Nigra, elytris punctis sex albis; tertio et quarto parallelo.*" (*3. et 4. transverse positis, saepe confluentibus*").

Linné. Syst. Nat. 1767. p. 658.
arenaria Fabr. Mant. Ins. 1. p. 187. Syst. Eleuth. Kiliae 1. p. 234.
arenaria Krtz. Ent. Nachr. 90. p. 138.
humeralis Beuth. „ „ 90. p. 71.
apicalis Krtz. „ „ 90. p. 138.
sicula (Géné in litteris) Redtenbacher. Russegger. Reisen. 1. Teil II.
    Anhang. p. 974. Ragusa. Il Naturalisto Siciliano. II. p. 171.
Mülleri Beuth. Ent. Nach. 90. p. 71.
recta Krtz. „ - 90. p. 138.
punctigera Krtz. - „ l. c.
arenaria Beuth. „ „ 90. p. 71.
maura Krtz. „ - 90. p. 138.
maura Dej. Beuth. l. c. 90. p. 71.

L.-T. hellbraun, unmetallisch. Hlschd. im Verhältnis zum Kopf sehr breit, stark bauchig, hinten stark verengt. Fld. lang gestreckt, schmal, hinten zugespitzt, gezähnt. Grübchen sehr deutlich, matt sammetartig. Beine dünn und lang. Unterseite sowie Beine und Fühler schwarz. Abdomen beim ♀ cylindrisch zugespitzt, letzter Ring mit einem sehr minimalen Einschnitt.

maura L. ist beschrieben nach vollkommen schwarzen Ex., bei denen die beiden Medianflecke quer gestellt sind. (t. 3. f. 4.)

Abänderungen.

Man hat zunächst 2 Formen*) auseinander zu halten: die mit schwarzem Kopf und Hlschd. und die mit mehr oder weniger kupfrigem. Beide Formen variieren in ganz derselben Weise und kommen auch überall**) nebeneinander vor.

Was zunächst die zweite (kupfrige) Form betrifft, so gehören hierzu *arenaria* Fabr. und *arenaria* Krtz.; beide unterscheiden sich dadurch, dass die zweite die normale Zeichnung hat, während bei

---

*) Selten ist eine dritte Form mit grünlichem (B. M.) oder stahlblauem Kopf und Hlschd.
**) Hr. Dr. G. Kraatz giebt zwar in den Ent. Nachr. 90. an, dass die rotköpfige Form ausschliesslich bei Tunis vorkäme. Mir liegen jedoch auch Stücke aus Süd-Europa vor.

der ersten sowohl die Hm-, wie Median- und Apflecke verbunden sind, also zu gleicher Zeit hm-, con- und ap-F. Dass Fabricius wirklich diese äusserst seltene Variante vor sich gehabt hat, geht aus seiner letzten Beschreibung vom Jahre 1801 deutlich hervor; es heisst dort (Syst. Eleuth. Kiliae. I. p. 234.): „*capite thoraceque obscure cupreis*" und weiter „*lunulis duabus fasciaque media albis.*" Zum Ueberfluss giebt er noch an: „*lunula baseos apicisque interdum in puncta duo divisa*". Eine andere Deutung dieser Beschreibung giebt es nicht. Dass er dabei seine *arenaria* für identisch mit *maura* Linné hielt, ändert daran nichts. *Arenaria* Krtz. scheint bei Tunis besonders häufig zu sein.

Von der ersten Form (mit schwarzem Kopf und Hschd.) sind eine Reihe von Varietäten benannt worden. Die hm-F ist *humeralis* Beuth. (Krtz., B. M., H.); die seltnere ap-F *apicalis* Krtz. (1. Krtz. 1. H.). Die con-F ist beschrieben worden als *sicula* (Géné i. l.) von Redtenb., als *Mülleri* von Beuth. und als *recta* von Krtz. Bei der ersteren ist angegeben, dass die Flecke in „*einer geraden Querbinde*" stehen, bei der zweiten steht der Scheibenfleck tiefer. (f. 4. a.), bei der letzten steht er in gleicher Höhe mit dem mittleren Randfleck (b. 4. b.). Auf Stücke mit getrennten Mittelflecken bezieht sich *punctigera* Krtz., wobei es ebenfalls gleichgiltig ist, ob die Flecke in gleicher Höhe stehen oder nicht, zum Teil würde diese Variante also mit *maura* Lin. identisch sein. Bei *arenaria* Beuth. stehen die Mittelflecke in gleicher Höhe, sie können zugleich auch verbunden sein; in letzerem speziellen Falle würden sie wieder mit der genaueren *sicula* Redt. oder *recta* Krtz. übereinstimmen.

Anm. *maura* Krtz. (hier ist irrtümlich die ältere Linnésche Beschreibung Ed. X. reform. p. 407. vom Jahre 1758 (nicht 68.) zu Grunde gelegt) ist identisch mit *sicula* Redt.; *maura* Dej. Beuth. ist gleich *punctigera* Krtz. mit schräg gestellten Flecken.

Schliesslich wäre noch zu erwähnen, dass auch die mrg-F vorkommt, allerdings sehr selten (1. H.), dass die weissen Flecke orangefarbig werden können (conf. Lucas. Expl. d'Algérie. p. 3.), und dass 2 Flecke, gleichviel welche, häufig nur auf einer Fld. verbunden sind.

V. Gruppe.*)

Fld. in den Schultergruben unbeh., Kopfschild unbeh., hinterer Augenkranz, sowie vordere Augenbüschel fehlen. Wange unbeh., Augen ziemlich stark vorspringend. Augenrunzeln fein. 1. Fühlergld. und Stirn unbeh.; O-L. gerade abgeschnitten. L.-T. und Epipleuren der Fld. hell, unmetallisch. Seitenstücke des Mesothorax am vorderen Rande unbeh.; Abd. höchstens spärlich beh.; Hschdränder geschweift. Oberseite glatt. Fldspitze beim ♂ nicht eingezogen.

Die Zeichnung besteht in einer Hm-, Ap- und Medianbinde, die alle drei am Rande breit zusammengeflossen sind. Die Mittelbinde ist schräg nach hinten und unten gerichtet.

Von Varietäten scheint nur die dlt-F vorzukommen.

Die Grösse schwankt zwischen 12 und 13 mm.

Über den Penis siehe t. 5. f. 24 und 25.

Von den beiden in diese Gruppe fallenden Arten findet sich die eine im Südwesten, die andere im Südosten.

Lebensweise unbekannt.

Zu dieser Gruppe gehören: *intricata* und *resplendens*.

Anm. Ausser den beiden Arten, welche diese Gruppe bilden, giebt es nur eine paläarktische *Cicindele*, welche ebenfalls die Oberseite des Hschd. unbeh. hat: *C. lacteola* Pall. (vergleiche auch dort).

Bestimmungstabelle der Arten.

Pleuren unbeh. . . . . *intricata*.
 „ beh. . . . . *resplendens*.

Anm. *C. intricata* ist die am wenigsten beh. paläarktische *Cicindele*.

*) Die beiden Vertreter dieser Gruppe wären berechtigt, jeder für sich eine eigene zu bilden. Aus praktischen Gründen sind sie in eine gestellt.

Cicindela intricata Dej.

„*Viridi-aenea; thorace subrotundato; elytrorum basi, margine laterali lato, lunula humerali apicalique, fasciaque media recurva obliqua albis; tibiis tarsisque rufis.*" 12 mm.

Dej. Spec. V. p. 235.

Algier. Diese Art scheint im Süden Afrikas, ihrer eigentlichen Heimat, weiter verbreitet zu sein. Sehr selten.

U-K. und K-T. hell und unmetallisch. Fld. mässig lang gestreckt und breit, wenig gewölbt. Beine, besonders die Tarsen, lang. Schienen und teilweise auch die Tarsen und Fühleranfangsgld. gelblich. Die Spitze des Abd. bei dem einen mir zugänglichen Ex. (B. M.) gelblich. Unterseite grünlich broncefarben. Über den Penis siehe t. 5. f. 24.

intricata Dej. ist beschrieben nach einem gänzlich bronceerzfarbigen Stück. Die Zeichnungen sind breit. Die Hnmakel geht über die Schulter herüber bis dicht zum Schildchen und endet dort mit einem deutlichen Knopf, der untere Teil ist kurz und schräg nach unten gerichtet. Der vom Rande ansteigende Teil der Mittelbinde ist sehr kurz; der weit, schräg nach der Naht zu herabreichende zweite Teil verbindet sich mit dem an der letzteren aufwärtssteigenden, unteren Teil der Apmakel. Die obere Hälfte der letzteren verschwindet gänzlich in dem breiten Rande, die untere ist sehr breit. (t. 3. f. 5).

Abänderungen sind mir nicht bekannt geworden.

Cicindela resplendens Dokhtouroff.

„*C. rubro-cuprea vel purpurea; capite thoraceque subtus parce, supra minime pilosa; elytris foveolatis non granulatis, postice dilatatis, margine lato lacteo post medium truncum obliquum versus suturam emittente. Abdominis margine modice hirsuto.*"[*]) 12—13 mm.

Dokhtouroff. Hor. Ross. 88. p. 143—5.

In der Mongolei bei Ordos von Patanin gefunden. August. (1. H.)

U-K. und K-T. hell, mehr oder minder metallisch glänzend. Fld. mässig lang, hinten verbreitert, mässig gewölbt. Die Skulptur besteht nur aus grossen, tiefen Gröbchen. Beine schlank. Tarsen auffallend kurz. Beine und Unterseite metallisch grün. Über den Penis siehe t. 5. f. 25.

*) Lateinische Diagnose von mir verfasst.

resplendens Dokht. ist nach leuchtend kupferroten Stücken beschrieben. Die Zeichnung ist gleich der der extremsten Form der *hybrida* v. *Pallasi* [*Schrenki**) Gebler] d. i. sie besteht in einer sehr breiten Randbinde, aus der ein breiter, schräg herabsteigender Zacken die Mittelbinde vertritt. Die Hm- und Apmakel sind nur durch kurze Vorsprünge angedeutet. (t. 3. f. 6.)

Von Varianten ist nur die dlt-F bekannt, bei welcher der ganze hinter der Mittelbinde befindliche Teil der Fld. weiss**) ist.

Anm. Die beiden Species (*intricata* und *resplendens*), welche die V. Gruppe bilden, weichen schon in vieler Beziehung von allen übrigen paläarktischen *Cicindelen* ab, indem sie den Übergang zu exotischen Formen bilden; vor allem gilt dies von der ersteren Art, die, wie schon früher hervorgehoben ist, einen fast rein exotischen Charakter trägt. Zum Teil sind diese Unterschiede natürlich durch den Fundort bedingt: Die Fauna der südlichen Mongolei ist schon sehr stark mit exotischen Elementen durchsetzt; die Heimat der *intricata* liegt im tropischen Afrika. Meines Wissens ist sie auch seit Dejeans Zeiten im nördlichen Afrika nicht wieder aufgefunden worden.

*) Nach der Beschreibung der *Schrenki* Gebler wäre es unbedingt ausgeschlossen, dass *resplendens* Dokht. die Geblersche Art ist (siehe p. 55.). Sollte letztere vielleicht die dlt-F irgend einer Art der V. Untergruppe der VI. Gruppe sein? (*Besseri* v. *Heydeni* Krtz.)

**) Bei dieser Gelegenheit möchte ich hervorheben, dass *elegans* v. *decipiens* Fisch. keine derartige dlt-F ist, wie einige Entomologen bisher geglaubt haben; im Gegenteil sogar, diese Variante hat weniger weiss auf den Fld. als die Stammform (*elegans* Fisch.).

VI. Gruppe.

Fld. in den Schultergruben unbeh.; Kopfschild unbeh.; hinterer Augenkranz und vordere Augenbüschel fehlen. Wangen unbeh.; Oberseite des Hlschd. mindestens an den beiden Seitenrändern beh.; Seitenstücke der Prothorax beh.; Augen meist stark vorspringend. L-T. und Epipleuren der Fld. hell und unmetallisch. K-T. sehr selten metallisch. Stirn vor den Augen stets, zwischen denselben meist unbeh.; Abdrand meist dicht weiss beh.; Fühlerendgld. häufig gelblich braun.

Die Zeichnung besteht fast immer aus einer Hm- und Ap-lunula und einer meist am Rande verbreiterten Mittelbinde. Häufig ist der ganze Rand breit weiss. Die *Catoptria*-Arten haben eine besondere Zeichnung.

Von Varietäten der Zeichnung sind die hm- und ap-F selten, die scfl- und cfl- ziemlich häufig. Eigentümlich ist dieser Gruppe dagegen die dlt- und dlc-F. Von Farbenvarietäten kommt die vv- und ee-F bisweilen vor; sehr selten die n- oder gar nn-F.

Die Grösse schwankt zwischen 7 und 18½ mm.

Über den Penis vergleiche t. 5. f. 26-30, 32, 34, 35, 37, 39, 40-42, 44-47.

Vertreter dieser Gruppe fehlen nur im Norden Europas und Ost-Sibiriens.

Ueber die Lebensgewohnheiten dieser Arten lässt sich nichts allgemein Gültiges sagen.

Zu dieser Gruppe gehören folgende Arten: *paludosa; atrata; Lyoni; Galatea; luctuosa, hispanica (turcica), Besseri, deserticola, pseudodeserticola, litorea, circumdata (dilacerata), elegans (Seidlitzi), chiloleuca, mongolica, inscripta; dorsata; rectangularis, melancholica; contorta, litterifera, Elisae, trisignata; litterata, lugdunensis; pygmaea.*

Bestimmungstabelle der Untergruppen.

1) Abd. am Rande höchstens schwach beh.   9.
      „   „   „   sehr stark   „   . . .   2.
2) Hlschd. nur an den beiden Seitenrändern beh.   4.
      „   auch auf der Scheibe   „   3.
3)   „   hinten schmäler wie in der Mitte . .   V.
     „   „   mindestens so breit wie in der Mitte   IX.
4) Seitenränder das Hlschd. geschweift .   IV.
     „   „   „   gerade . . .   5.
5) Abd. auf der Scheibe sehr stark punktiert.   VII.
     „   „   „   höchstens spärlich punktiert.   6.
6) Augenrunzeln grob   . .   X.
      „   fein . . . .   7.
7) Hlschd. ♂ nach hinten verengt. ♀ fast . .   8.
     „   „   mindestens , ♀ nach hinten deutlich verbreitert . . . .   VIII.
8) Abd. auf der Scheibe punktiert .   VI.
     „   „   „   „   unpunktiert . . . .   III.
9) Von den Seitenstücken des Mesothorax ist der Vorderrand beh. .   II.
   „ den Seitenstücken „   „   „ Vorderrand unbeh.   I.

I. Untergruppe.

Hlschd. auch auf der Scheibe beh., Seitenränder schwach gerundet. Abd. auf der Scheibe glatt. Augenrunzeln mässig grob. Augen ziemlich hervorquellend. Stirn unbeh., ebenso 1. Fühlergld.; O-L. mässig gewölbt, dreizähnig. U-K. dunkelbraun, selten metallisch, L-T. und K-T. hellbraun, unmetallisch. Epipleuren der Fld. meist metallisch an der Schulter[*]; von den Seitenstücken des Mesothorax ist nur der hintere Teil beh., der Vorderrand unbeh.; die Spitze der Fld. beim ♂ und ♀ schwach eingezogen.

Die Zeichnung besteht aus einer Hm-, Ap- und Medianlunula.

---

[*] Dies ist der einzige Fall in der ganzen Gruppe, wo die Epipleuren nicht stets hell und unmetallisch sind.

Alle 3 lunulae können sich vereinigen. Die u-, cc-, vv-F kommt vor.

Die Grösse schwankt zwischen 9 und 12 mm.

Über den Penis siehe t. 5. f. 26.

Die einzige Art dieser Gruppe lebt im Süd-Westen Europas, wahrscheinlich gemeinsam mit *germanica*. Juni bis August.

Zu dieser Gruppe gehört nur *paludosa*.

Anm. *C. paludosa* bildet den Übergang[*]) zu den *germanica*-Arten (*Cylindera*), mit denen sie schon sehr viel gemeinsam hat.

Cicindela paludosa Dufour.

„*Obscure cupreo-virescens; elytrorum margine externo, lunulisque tribus longitudinalibus (haud raro confluentibus) albis; serie subsuturali punctorum impressorum coeruleorum; clypeo brevissime tridentato.*" 9—12 mm.

Dufour. Ann. Sc. phys. VI. 20. p. 318.

scalaris Dej. Spec. 1. p. 137. (Latr. et Dej. 1822—4. p. 60. t. 5. f. 4 und 5.).

Dufouri Beuth. Ent. Nachr. 90. p. 92.

sabulicola Waltl. Reis. II. p. 51

Hopfgarteni Beuth. Ent. Nachr. 90. p. 92.

Diese Art lebt nur im Süden Frankreichs und in Spanien. Meeresküste etc.

Hlschd. hinten schwach eingezogen, Seitenrand mässig geschweift. Fld. lang gestreckt und . hinten gerundet oder zugespitzt, schwach gezähnt. Dorn vorhanden. Beine ziemlich lang. Unterseite blau, Brust mehr kupfrig, Beine erzfarben. Fühler grünlich kupfrig. Fld. sammetartig, nur mit Grübchen bedeckt.

Anm. Sehr häufig ist die Scheibe des Hlschd. durch äussere Einflüsse von Haaren entblösst. Das Hlschd kann „cylindrisch" werden.

Paludosa Duf. ist nach braunbronceenen Stücken beschrieben mit einem Stich ins Grüne. Die 3 lunulae sind getrennt. Die Aplunula ist nach oben in eine Spitze ausgezogen. (t. 3. f. 7.)

Anm. Dufour giebt schon alle Varietäten an, die durch Zusammenfliessen der Makeln entstehen sowie die der Farbe.

---

[*]) Ihre nahe Verwandtschaft mit den *germanica*-Arten ist mir vollkommen bewusst, und ist in dieser Hinsicht die Tabelle auf p. 11. nachzusehen. Wegen der sehr wichtigen Verschiedenheiten, die durch die Behaarung bedingt sind, habe ich sie von der III. Gruppe getrennt und in die VI. gestellt.

Abänderungen.

Dejean hat seine *scalaris* beschrieben als dunkelgrün. Hm- und Medianlunula verbunden (f. 7.a.), er setzte in Klammern hinzu: „oft unterbrochen". So lautet seine lateinische Diagnose, auf die allein Gewicht zu legen ist. Wenn er nun in der weiteren Beschreibung sagt, die Art hätte eine Hmlunula, die sich oft mit der Medianmakel vereinigt oder sich ihr weniger nähert, so stellt er sich zwar hier auf den entgegengesetzten Standpunkt*) wie in der Diagnose, obwohl er ja an und für sich dasselbe sagt: die letztere ist aber massgebend. *Dufouri* Benth. bezieht sich ebenfalls auf grüne Stücke mit verbundenen Hm- und Medianmakeln. Auf braunbroncene Stücke, bei denen die letztere mit der lunula der Spitze zusammenfliesst, hat Waltl seine *subulicola* begründet (f. 7.b.). Wenn die Verbindung sehr breit hergestellt ist, sieht man öfters den von Waltl als „*keulenförmigen Fortsatz*" bezeichneten, unteren Endknopf der Medianmakel senkrecht zu der vereinigten Binde nach der Naht zu vorspringen. Kopf und Hlschd. ist gewöhnlich schwach grünlich. Schliesslich können auch alle 3 Makeln verbunden sein: *Hopfgarteni* Benth. (f. 7.c.). Häufig ist die Verbindung zweier oder auch aller 3 Makeln nur auf einer Fld. hergestellt. Der Endknopf der Hmlunula, der meistens schwach ausgeprägt ist, kann vollkommen fehlen. Eine seltene, aber scheinbar unwichtige, auch wenig auffallende Varietät besteht darin, dass die Apmakel nicht nach oben in eine Spitze ausgezogen ist, sondern einfach in einen runden Knopf endet (f. 7.d.). Interessant ist sie deswegen, weil hier diese Makel schon dieselbe Gestalt hat, wie bei den nah verwandten 3 ersten Racen der *obliquefasciata* oder *germanica*. (1. H.)

Die Färbung variiert sehr, die vv-F ist schon mehrfach oben erwähnt. Auch dunkelbraune Stücke kommen vor. Die ce-F liegt mir nur in einigen Ex. vor. Häufig ist blos Kopf und Hlschd. grünlich gefärbt.

Anm. Keine der Varietäten ist lokal, sie kommen alle mit der Stammform zusammen und zwar, wie es scheint, nicht selten vor.

---

*) In der in der Icon. 1837. p. 49. gegebenen Beschreibung, die beachtet werden muss, weil sie die letzte ist, fällt auch dieses Bedenken fort.

II. Untergruppe.

Hlschd. nicht nur an den beiden Seitenrändern beh., sondern auch, wenn auch nur sehr schwach, am Vorder- und Hinterrande, die Scheibe scheint stets unbeh. zu sein; hinten eingeschnürt, herzförmig. Abd. auf der Scheibe glatt. Augenrunzeln fein. O-L. mässig vorgezogen, 3zähnig. Stirn völlig unbeh., ebenso 1. Fühlergld.; Augen mässig vorspringend. Epipleuren der Fld., L-T., K-T. und U-K. unmetallisch, hellgelb oder braun. Seitenstücke des Prothorax verhältnismässig sehr wenig beh., die des Mesothorax auch am Vorderrande beh.; Spitze der Fld. beim ♂ fast nicht, beim ♀ etwas zurückgezogen.

Die Zeichnung besteht in einer Hm- und Aplunula und einer am Rande verbreiterten und mit der Aplunula zusammenhängenden Mittelbinde; letztere sowie die Hmlunula sind schräg nach hinten gestellt.

Die Zeichnung kann mit allen Übergängen vollkommen verschwinden. Ausserdem kommt die cfl-F vor.

Die Grösse schwankt zwischen 11 und 14 mm.

Über den Preis siehe t. 5. f. 27.

Zu dieser Gruppe gehört nur: *atrata*.

Cicindela atrata Pallas.

„*Magnitudo et forma Germanicae. Tota quanta, sine ullo nitore atra.*" 11—14 mm.

Pallas. It. l. p. 465. Fischer Ent. Ross. I. t. 17. f. 10. b.
Zwicki Fischer. Ent. Ross. I. p. 194. t. 17. f. 10.a.; III. p. 46.
nigra Motsch. Käfer Russlands.
bipunctata Krtz. D. Z. 90. p. 368.
marginata Krtz. l. c. p. 367. Fisch. Ent. Ross. I. t. 17. f. 9.
subvittata Krtz. l. c. p. 368.
distans Fischer. Ent. Ross. I. p. 192. t. 17. f. 7.a.
infuscata Pallas. i. l. Icon. t. G. f. 16.
albomarginata Beuth. Ent. Nachr. 90. p. 212. Fisch. Ent. Ross.
    I. t. 17. f. 7.b.
conjuncta Krtz. D. Z. 90. p. 368.
confluens Krtz. l. c.

Diese Art findet sich in Süd-Russland, Georgien, den Kirghisensteppen, in Süd-West-Sibirien, dem Kolywanschen Bezirke, der Songarei und am Alakul-See (Turkestan). In Steppen, vorzugsweise auf Sandboden in der Nähe von Flüssen und Seeen. Juni bis August.

Augen mässig hervorspringend. Hlschd. schwach herzförmig. Fld. lang gestreckt, flach, hinten gerundet, äusserst fein gesägt, nur mit Grübchen bedeckt, matt glänzend. Beine lang. Schienen bräunlich. Unterseite dunkel blau.

Atrata Pall. ist nach schwarzen Stücken ohne jede Makel beschrieben. (t. 3. f. 8.)

Anm. Derartige Stücke*) ohne Schulterfleck sind sehr selten (ich kenne kein einziges); dass aber solche vorkommen, ist nach den Angaben Geblers, der sie wohl von der *Zwicki* unterscheidet, als absolut sicher hinzunehmen.

Abänderungen.

In der Farbe schwankt diese Art sehr wenig, nur kann das Schwarz einen Stich ins Dunkelbraune zeigen; umso mehr variiert die Zeichnung. Zunächst kann ein Schulterfleck vorhanden sein: *Zwicki* Fisch. oder *nigra* Motsch.**). Diese Form ist die gewöhnlichste. Weit seltener erscheint (ausser dem Schulterfleck) ein Scheibenfleck (*bipunctata* Krtz. 1. Krtz. 1. H. f. 8. a.). Statt des letzteren kann ein weisser Rand eintreten, der ungefähr von der Mitte der Fld. nach der Spitze zieht: *marginata* Krtz. (1. Krtz., 1. H. f. 8. b.). Schwache Spuren einer Mittelbinde können zu gleicher Zeit wahrnehmbar sein: schon Fischer erwähnt derartige Stücke. Ferner können Andeutungen der 3 Makeln (Hm- und Apmnula, schräge Mittelbinde) vorhanden sein [die Verbindung der Median- und Apmakel ist zu gleicher Zeit nur schwach angedeutet (kann auch vollständig fehlen)]: *subtrittata* Krtz. (f. 8. c.). Weit häufiger ist *distans* Fisch., bei welcher alle 3 Makeln ausgeprägt sind (f. 8. d.) und die Median- mit der Apmakel vereinigt. Nur sehr selten endet die Hmlunula in einen deutlichen Knopf (1. H.), meist läuft sie zugespitzt zu. Die Breite der Zeichnung schwankt sehr, ebenso ihre Farbe; sie kann so dunkelbraun werden, dass sie gar nicht scharf von dem schwarzen Hintergrunde abzugrenzen ist, ja

---

*) Beuthin hat fälschlich *atrata* mit *Zwicki* identificiert.
**) Motsch. beschreibt seine *nigra* als grösser und länglicher als *Zwicki*, Unterseite dunkelblau.

sogar Stücke von ihr gänzlich zu fehlen scheinen (f. 11., auf diese Weise entsteht schliesslich natürlich v. *subcittata* Krtz.). Die cfl-F hat schon Pallas als *infuscata* (f. 8.e) abgebildet, aber nicht beschrieben. Beuthin hat das Versäumte nachgeholt und sie *albomarginata* genannt. Dr. Kraatz erwähnt sie unter dem Namen „*conjuncta*" fast gleichzeitig mit dem letzteren Autor. Noch seltener als diese Form ist *confluens* Krtz. (1. Krtz.), bei welcher die beiden Makeln so breit verbunden sind, dass da, wo sonst die Hmlunula endet, nur ein stumpfer, nach innen gerichteter Höcker (f. 8.f.) wahrzunehmen ist, während bei *albomarginata* Beuth. stets das untere Ende der Hmlunula als solches sichtbar ist.

Anm. 1. Als Grundform ist nicht *atrata* Pall., sondern *distans* Fisch. zu betrachten.

Anm. 2. Keine der angeführten Varietäten ist lokal.

Anm. 3. Gebler führt noch eine Varietät in dem Nachtrage zu seinem Kataloge an: eine *Zwicki* mit „*summo apice albo*". Mir ist diese Form in natura nicht bekannt geworden.

III. Untergruppe.

Abd. dicht beh.; Hlschd. nur an den beiden Seitenrändern beh., länger als breit, fast . Abd auf der Scheibe glatt. Kopfskulptur fein. Augen mässig hervorquellend. Stirn und 1. Fühlergld. unbeh.; Epipleuren der Fld., L-T., K-T. und U-K. hell und unmetallisch. O-L. sehr wenig vorgezogen, dreizähnig. Seitenstücke des Prothorax stark beh., ebenso die des Mesothorax (der auch am vorderen Rande beh. ist) und Metathorax. Fldspitze beim ♂ nicht, beim ♀ schwach eingezogen.

Die Zeichnung besteht in einem schmalen, weissen Rande, aus dem ein sehr kleiner Stumpf als unteres Ende der Hm-, ein zweiter als Ansatzstelle der Mittelbinde und ein grosser als oberer Teil der Aplunula hervorsieht. Ausserdem ist ein Scheibenfleck vorhanden.

Die beiden oberen Stümpfe können vollkommen fehlen. Der Scheibenfleck kann durch eine feine, rechtwinklig geknickte Linie mit dem mittleren Stumpfe verbunden sein.

Die Grösse schwankt zwischen 14 und 15 mm.

Über den Penis siehe t. 5. f.28.

Die einzige Art dieser Gruppe lebt in Tunis. Sommermonate.

Zu dieser Gruppe gehört nur: *Lyoni*.

Cicindela Lyoni Vigors.

„*Atro-purpurea, elytris margine laterali angusto, lunula humerali apicalique, fasciaque media recurva clavata, vix interrupta, albis; antennis nigris, tibiis atropurpureis.*" 14—15 mm.
Vigors. Zool. Journ. 1. 25. p. 414. t. 15. f. 3.
Latreillei Dej. Spec. V. p. 261.

Diese Art ist mir nur aus Tunis (Hamam Len) bekannt.
Fld. langgestreckt, flach, nur mit Grübchen bedeckt, hinten zugespitzt, gezähnt. Unterseite dunkel kupfrig-violett, Brust mehr kupfrig. Schienen häufig bräunlich oder blass. Beine lang.
Lyoni Vig. ist nach erzbraunen Stücken beschrieben, bei denen die Hm- und Apikmakla durch einen von dem schmalen, weissen Rande ausgehenden Stumpf deutlich markiert ist. Der Scheibenfleck ist vollkommen rechtwinklig durch eine mehr oder weniger punktierte Linie mit dem den Ansatz der Mittelbinde markierenden Vorsprung verbunden. (t. 3. f. 9.)

Abänderungen.

Farbenvarietäten sind äusserst selten, mir ist nur die v-F bekannt (braun mit grünlichem Anfluge).
In der Zeichnung finden sich mehr Schwankungen. Zunächst kann die Verbindung mit dem Scheibenfleck durch eine geschlossene Linie (f. 9.a.) hergestellt sein (con-F: 1. B. M.). Ferner kommt diejenige dlc-F vor, bei welcher die punktierte Linie vollkommen fehlt *(Latreillei* Dej.); sie ist weit häufiger als die echte Lyoni Vig.; sodann verschwinden bisweilen die Ansatzstümpfe der Hm- und Medianmakel (f. 3.b.). Letztere Form erwähnt schon Dej. (l. c.), sie scheint nicht selten zu sein. Schliesslich kann auch noch der Scheibenfleck fehlen, an dessen Stelle wohl aber meist ein dunklerer Fleck zurückbleibt (1. Krtz.).

Anm. 1. Als Grundform ist wohl *Latreillei* Dej. zu betrachten.
Anm. 2. Keine der angeführten Varietäten ist lokal.

IV. Untergruppe.

Pleuren weiss beh.; Hlschd. nur am Seitenrande (vorn) beh.; Abdscheibe glatt. Augenrunzeln ziemlich fein. Stirn und 1. Fühlergld. unbeh.; O-L. mässig vorgezogen. L-T., K-T. und U-K. hell.

unmetallisch. Augen mässig hervorquellend. Hlschd. herzförmig. Von den Seitenstücken des Mesothorax ist auch der vordere Rand beh.; Spitze der Fld. beim ♂ nicht, beim ♀ fast nicht eingezogen.

Die Zeichnung besteht aus einer sehr breiten Randbinde, aus der 3 Zacken mehr oder weniger deutlich hervorspringen als unteres Ende der Hm-, Ansatzstelle der Mittelbinde und oberer Abschnitt der Aplunula.

Die Grösse schwankt zwischen $13\frac{1}{2}$ und $18\frac{1}{2}$ mm.

Über den Penis siehe t. 5. f. 29.

Die einzige Art dieser Gruppe, die schönste der paläarktischen *Cicindelen*, lebt in Turkestan (Wonadil) in den Ausläufern der Gebirge. Juni.

Zu dieser Gruppe gehört nur: *Galatea*.

Cicindela Galatea Thieme*).

„*Laete cyanea vel viridi-cyanea, subtus albopilosa, capite concolore vel viridi-cyaneo, antennarum 4 primis articulis concoloribus, ceteris testaceis, elytrorum lato margine lacteo, cyaneo colore basin elytrorum contingente, subtilissimo limbo cyaneo, illum ipsum marginem lacteum elytrorum ambiente, suturae parte per lacteum colorem cyanea.*"
$13\frac{1}{2}$—$18\frac{1}{2}$ mm.

Thieme. Berl. Zeit. 81. p. 97.

Fld. gewölbt, meist lang gestreckt, hinter der Mitte bisweilen (besonders beim ♀) verbreitert, hinten gerundet, fein gezähnt. Die Körner auf den Fld. sind meist schon schwach angedeutet. Beine verhältnissmässig kurz. Unterseite dunkelblau, bisweilen schwach violett, ebenso die Fühler. Schienen dunkler.

C. Galatea Thieme ist nach cyanblauen Stücken beschrieben.

Abänderungen.

Die Farbe zeigt häufig einen Stich ins Grüne, besonders am Kopfe und Hlschd.; selten werden die Fld. lebhafter grün (1. Roe. 1. H.).

Die Innenseite der weissen Randbinde ist bisweilen nur wellenförmig ausgebuchtet, bisweilen zeigen sich deutliche Vorsprünge,

---

*) „*Galatea*" nicht *Galathea*! „Γαλάτεια": Nereïde, Tochter des Meergottes Nereus und der Doris.

die entsprechenden Ansatzstellen der 3 Binden markierend (f. 10.a.). Besonders häufig und deutlich kommt dies bei der Hmmakel vor. Eine interessante und wohl auch nicht häufige Varietät besteht darin, dass der mittlere Vorsprung unter einem rechten Winkel einen dünnen, kurzen Haken abwärts nach der Spitze zu schickt (f. 10.a.).

Anm. Auf Grund einer äusserlichen Ähnlichkeit mit *Cic. lacteola* sind bisher beide Arten als nahe verwandt bezeichnet worden, wohl gar von einigen Autoren stillschweigend als Varianten einer einzigen Art angesprochen. Dass diese Anschauung falsch ist, bedarf nach der hier zu Grunde liegenden Systematik keines besonderen Beweises. Die Innenseite der weissen Randbinde wird auch nie bei *Galatea* so gerade sein, wie bei der echten *lact.* und umgekehrt bei letzterer nie den oben erwähnten Haken des Mittelzackens zeigen. Das Vorhandensein einer *Gal.* mit abgetrennter Hmlunula wäre sehr wohl denkbar, wenn bisher auch noch kein derartiges Stück bekannt ist.

V. Untergruppe.

In dieser Gruppe sind ziemliche Extreme vereinigt: sie würde in 3 kleinere Gruppen zerfallen, von denen die erste aus der ersten Art, die zweite aus der zweiten, die dritte aus allen übrigen bestehen würde. Wegen der grossen Menge der übereinstimmenden Merkmale sind sie hier vereinigt worden.

Pleuren stark beh.; Hlschd. auch auf der Scheibe beh.; Abdscheibe meist unpunktiert. Hlschdränder selten gerade. Stirn unbeh. (cf. jedoch *Besseri* p. 110.); Epipleuren der Fld., L-T., K-T. und U-K. hell, unmetallisch. Von den Seiten des Mesothorax ist auch der vordere Rand beh.

Von der Zeichnung gilt das bei der ganzen Gruppe Gesagte.

Die Grösse schwankt zwischen 9½ und 14¼ mm.

Über den Penis siehe t. 5. f. 30—38.

Die zahlreichen Arten dieser Gruppe kommen im Süden der ganzen Fauna vor mit Ausnahme des äussersten Ostens.

Zu dieser Gruppe gehören: *luctuosa; hispanica (turcica); Besseri, deserticola, pseudodeserticola*), litorea, circumdata (dilacerata), elegans (Seidlitzi), chiloleuca, mongolica, inscripta.*

---

*) *C. pseudodeserticola* ist nicht in die Bestimmungstabelle mit aufgenommen, da mir bis jetzt nur das ♂ bekannt ist, sondern hinter *C. deserticola* beschrieben: p. 112—113.

Bestimmungstabelle der Arten.

1) Augenrunzeln gröber als *circumdata*.*) 1. Fühlergld. unbeh. . . . . 2.
   so fein wie „ oder „ „
   gld. beh. . . . . 5.
2) Abd. am Rande mässig beh. . . . . *mongolica*.
   „ „ „ stark „ (Massstab*): *chiloleuca*) 3.
3) Augen sehr stark hervorquellend . . . . . . *litorea*.
   „ mässig „ (Massst.*): *chiloleuca*) 4.
4) Fldspitze ☿ nicht (t. 3. f. 14.). ♀ nicht eingezogen *deserticola*.
   „ ☿ wenig. ♀ mässig (t. 4. f. 2.) „ *chiloleuca*.
   „ ☿ mässigstark. ♀ stark (t.4.f.4.) „ *inscripta*.
5) Kopf gross, steckt nicht tief im Hlschd., Augen
   wenig hervorquellend . 6.
   „ klein, steckt meist „ „ „ „
   mehr oder weniger hervorquellend . . . 7.
6) Hlschd. bauchig, hinten sehr stark verengt (t.3.f.11.a.) *luctuosa*.
   „ ränder mehr gerade, hinten schwach ver-
   engt (t. 3. f. 12.) . . . . *hispanica*.
7) Abdscheibe mässig punktiert. 1. Fühlergld.
   meist beh. . . . . *circumdata*.
   „ nicht oder sehr spärlich punktiert,
   1. Fühlergld. stets unbeh. . . . 8.
8) Hlschd. hinten deutlich stärker verengt als vorn,
   (grösste Breite vor der Mitte). (t. 3. f. 13.d.) . *Besseri*.
   Hlschd. vorn und hinten ziemlich gleich verengt.
   (grösste Breite in der Mitte). (t. 4. f. 1.1.) *elegans*.

Cicindela luctuosa Dej.

„*Nigro-subcyanea; elytris lunula humerali apicalique integris, fasciaque media lata transversa subsinuata abbreviata albis.*" 13—15 mm.
Dej. Spec. V. p. 227.

Diese Art scheint auf Süd-Spanien und Tanger beschränkt
zu sein. Ihr Vorkommen auf Sardinien ist zweifelhaft.

*) Ich habe als Massstab *C. circumdata* resp. *chiloleuca* genommen, weil man sonst bei Ausdrücken wie „*fein*" und „*grob*"
nie weiss, von welchem Standpunkte aus die Einteilung gemacht ist.

O-L. wenig vorgezogen, dreizähnig. 1. Fühlergld. beh.; Stirnrunzlung fein. Kopf sehr gross, steckt sehr wenig tief im Thorax. Hlschd. sehr gross. Fld. walzenförmig, mässig langgestreckt. hinten gerundet, ungezähnt, ungekörnt. Spitze nur beim ♀ schwach zurückgezogen. Abdscheibe glatt. Unterseite fast rein schwarz. Beine blauschwarz (bisweilen auch schwach grünlich). Fühler dunkel erzfarben. Über den Penis siehe t. 5. f. 30.

C. luctuosa Dej. ist nach mattschwarzen Stücken beschrieben, die nur einen schwachen Stich ins Bläuliche zeigen. Die Zeichnung besteht aus einer Hmlunula, einer mit dem oberen Teile nach aufwärts gerichteten Apmakel und einer fast geraden, sehr breiten, ziemlich horizontal gestellten Medianbinde, die am Rande keine Erweiterung zeigt, im Gegenteil, sogar verschmälert ist. (t. 3. f. 11.)

Abänderungen.

Diese Art scheint sehr wenig variationsfähig zu sein. Die Färbung kann fast rein schwarz werden, die Mittelbinde sich etwas am Rande nach oben hinaufziehen, so dass sie gewissermassen am Rande schwach verbreitert ist. Selten ist die echte mrg-F (Mittelbinde nach oben und unten verbreitert) oder gar die scfl-F für die Apmakel (1. II.).

Cicindela hispanica Gory.

„Viridi-fusca, elytris lunula humerali apicalique integra, fasciaque media sinuata ad marginem lateralem dilatata albis." 11—15 mm.

I. Gory. Ann. Fr. 33. p. 175.

riatica Klug. Jahrb. I. p. 24—25.

II. turcica Schaum. Berl. Zeit. 59. p. 43.

Die eine Race dieser Art ist bekannt aus Andalusien; die andere aus Konstantinopel, Brussa, Smyrna.

O-L. sehr wenig vorgezogen, drei-, selten fünfzähnig. Hinterecken des Hlschd. meist stark hervorspringend. Fld. ziemlich langgestreckt, gewölbt, hinten mehr oder weniger gerundet, ungezähnt. Länge der Beine schwankt nicht unerheblich, gewöhnlich sind sie jedoch ziemlich lang. Unterseite dunkel metallisch. Beine und Fühler heller. Brust mehr kupfrig. Über den Penis siehe t. 5. f. 31.

C. hispanica Gory ist nach grünlich-braunerzfarbigen Ex. beschrieben. Die Zeichnung besteht aus einer Hmlunula, die in einen Knopf endet oder schwach rekurv ist, einer mit dem oberen Teile nach aufwärts gerichteten Apmakel und einer am Rande sehr stark verbreiterten, scharf geknickten Mittelbinde. Ap- und Medianmakeln sind fein verbunden. (t. 3. f. 12.)

Abänderungen.

Man hat zwei getrennte Lokalracen zu unterscheiden, die häufig als Arten angesprochen sind: *hispanica* Gory und *turcica* Schaum. Abgesehen von den Fundorten, lassen sie sich meist folgendermassen unterscheiden:

I. *hispanica*: Untere Hälfte des Hmmondes bogenförmig nach der Naht zu gerichtet; der zweite, absteigende Teil der Mittelbinde ist mässig lang.

II. *turcica*: Untere Hälfte des Hmmondes ist schräg nach unten und hinten gerichtet; der zweite, absteigende Teil der Mittelbinde ist sehr lang. (f. 12.a.)

Anm. Sehr beachtenswert sind einige andere Kennzeichen, die jedoch nicht konstant sind: die Behaarung des 1. Fühlergld. und die Punktierung der Abdscheibe. Was die erstere betrifft, so lässt sich sagen, dass *turcica* im allgemeinen stärker beh. ist. Einige der mir vorliegenden Ex. zeigen eine dichte Behaarung, andere 2—3 Härchen, während *hispanica* entweder nicht beh. ist oder nur 1—2 Härchen hat. Die letztere Form scheint auch nie die Scheibe des Abd. punktiert zu haben, während von *turcica* einige Stücke diese Erscheinung zeigen, andere den Rand sehr breit, fast bis auf die Scheibe hinauf beh. haben, andere dagegen wiederum völlig unbeh. sind. Die Länge der Beine variiert bei beiden Racen. Die Behaarung des Hlschd., Form der O-L., Grösse und Gestalt der Fldspitze zeigt ebenfalls keine konstanten Unterschiede. Wenn man dazu noch bedenkt, dass auch die durch die Zeichnung bedingten Kennzeichen völlig in einander übergehen können, so ist die Aufstellung zweier Arten unhaltbar.

Was nun die Variationsfähigkeit der beiden Racen betrifft, so stimmen sie auch hierin ganz überein. Beide zeigen bisweilen einen Stich ins Grünliche, meist sind sie jedoch braunerzfarben: *hispanica* ist nach solchen grünlichen, *riatica* Klug nach mehr bräunlich-erzfarbenen, *turcica* ebenfalls nach einfarbig braun-erzfarbenen Stücken beschrieben. Der weisse Rand ist bei beiden unterhalb der Hmlunula kaum oder beinahe unterbrochen.

Cicindela Besseri Dej.

„*Viridis, elytris margine laterali lato, lunula subhamata humerali apicalique, fasciaque media recurva dentata albis; antennarum apice tibiisque rufis.*" 11¾—13½ mm.

Dejean. Spec. II. p. 427.
tibialis Besser. Dej. Cat. ed. III. p. 4.
Dejeani Fischer. Bull. Mosc. 32. p. 431. t. 6. f. 1.
Heydeni Krtz. D. Z. 90. p. 112.
recurrata Krtz. l. c.

Diese Art lebt in Süd-Russland, der Krim, den Kirghisen-Steppen und West-Sibirien bis zum Kolywauschen Bezirke. August. Auf Salzboden (?).

O-L. wenig vorgezogen, einzähnig, die beiden Nebenzähne sind schon meistens angedeutet. Stirn vorn grob und gestrichelt. Bisweilen finden sich hier 2 oder 3 Grübchen mit Haaren vor, die sonst in der ganzen VI. Gruppe fehlen; sie sind jedoch inkonstant. Kopf steckt tief im Hlschd., 1. Fühlergld. unbeh.. Hlschd. breit, schwach herzförmig. d. i. Seitenränder etwas geschweift und nach hinten konvergierend. Fld. breit, flach, hinten gerundet, ungezähnt, ziemlich ; Spitze schon bei den ♂ eingezogen. Beine mässig lang. Unterseite meist grünlich, Brust. Fühler und Schenkel mehr kupfrig. Schienen bräunlich. Abdomen auf der Scheibe glatt. Über den Penis siehe t. 5. f. 32.

C. Besseri Dej. ist nach grünen Ex. beschrieben; die Hmlunula geht nicht über die Schulter herüber (nach dem Schildchen zu), sie ist schräg nach hinten gerichtet, endet weder in einen Knopf noch rekurv. Die Mittelbinde ist stumpfwinklig geknickt. Der obere Teil der Apmakel springt aus der unterhalb der Hmlunula beinahe unterbrochenen Randbinde als scharfer Vorsprung hervor. Die Zeichnung ist breit. (t. 3. f. 13.)

Abänderungen.

Dejean hat diese Art zum zweiten Male als *tibialis* beschrieben; die Worte: „*Les jambes et les tarses sont roussâtres*" schliessen *litorea* Forsk. vollkommen aus, wenn auch Chaudoir (Berl. Zeit. V. p. 198.) behauptete, *tibialis* wäre nach dem Typ der Dejeanschen Sammlung diese Art.*) Es wäre ja auch sehr wohl denk-

---
*) Auf die Dejeansche Fundortsangabe ist wenig Gewicht zu legen: das erste Mal gab er „*Ga.*" an, das zweite Mal (Spec. V. p. 212.) „*Ägypten*".

bar, dass eine Verwechselung des Typs stattgefunden, oder dass Dejean wirklich später eine ägyptische *litorea* Forsk. als *tibialis* bestimmt hat. Ausserdem verschickte Besser unter dem Namen *tibialis* eine *Besseri* Dej. (Cherson) und keine *litorea*. Von der Bedelschen Erklärung (Ann. Fr. 1879. p. LIII.) gilt dasselbe wie von der Chaudoirschen [Icon. Latreille et Dejean. 1822—24. p. 55. t. 4. f. 8.].

Dejeani Fisch. zeigt den Rand unterhalb der Hmlunula nicht verengt, sondern gleichbreit. der spitze Höcker, der den oberen Teil der Apmakel repräsentiert, ist abgerundet und mit dem Rande völlig verschmolzen. (f. 13.a.)

Anm. *Dejeani* Fisch. scheint vorzugsweise in Sibirien, die echte *Besseri* Dej. vorzugsweise in Europa vorzukommen.

Die dlt-F hat Kraatz als *Heydeni* (f. 13.b.) aus Südrussland beschrieben, sie zeigt statt der rechtwinklig gebogenen Mittelbinde eine einfache, fast gerade Schrägbinde (1. v. Heyden.). Schliesslich kann die Hmlunula in einen deutlich ausgeprägten Knopf enden oder auch rekurv sein: *recurvata* Krtz. (1. H. 1. v. Heyden.) aus der Krim (f. 13.c.).

Cicindela deserticola Fald.

„*Opaca, obscure cuprea, elytris parallelis, his margine laterali late, lunula humerali apicalique, et fascia media recurva in ramo descendente albis; antennis articulis septem ultimis brunneis.*" 12—13 mm.
Faldermann. Bull. Mosc. 36. p. 355. t. 6. f. 1 und 2.
(?) *ordinata* (Jakowl. i. l.?) Dokhtouroff. Hor. Ross. 85. p. 250. siehe Anm. 1.
propinqua Chd. Ann. Fr. 35. p. 434. siehe Anm. 2.

Diese seltene Art war bisher nur aus den Kirghisen-Steppen, Turkmenien, Central-Asien (4200 — 4500 Fuss hoch) und der Mongolei bekannt. Nach Hr. Ganglb. kommt sie jedoch auch bei Astrachan vor. Mai—Juli.

O-L. ziemlich stark vorgezogen. 1. Fühlergld. unbeh., Augen ungefähr so hervorspringend wie *chiloleuca*. Stirn mässig grob skulpiert, Augenrunzeln nur wenig feiner als *chiloleuca*. Hschd. wenig schmäler als *Besseri*, mit der es auch in der Gestalt ziemlich übereinstimmt. d. i. die grösste Breite liegt noch etwas vor der Mitte. Fld. mässig gewölbt, hinter der Mitte wenig verbreitert, hinten ziemlich gerundet, Spitze ♂ nicht. ♀ fast nicht eingezogen. Abdscheibe glatt. Schienen bräunlich. Über den Penis siehe t. 5. f. 33.

C. deserticola Fald. ist nach erzkupfrigen Stücken beschrieben. Die Hmlunula geht nicht (oder fast nicht) über die Schulter herüber, das untere Ende endet in einen deutlichen Knopf. Die Mittelbinde steigt rechtwinklig an, der obere Teil der Apmakel wird durch einen spitzen Vorsprung repräsentiert. Der Rand ist überall gleichbreit. Die Zeichnung mässig breit. (t. 3. f. 14.)

Abänderungen.

Der Endknopf der Hmlunula kann fehlen, die Mittelbinde schräg nach oben ansteigen (statt senkrecht zum Rande). Die dlt-F erwähnt Dokhtouroff aus Central-Asien.

Anm. 1. *ordinata* Dokht. aus der Ferghana (Turk.) ist nach den Worten: „*la lunule humerale se prolonge obliquement vers la suture et se termine en se dilatant non loin de celle-ci*" sehr wohl auf diese Art zu beziehen. Die Mittelbinde steigt etwas schräg nach oben an. Die Zeichnung (f. 14.a.) lässt unklar, ob die Hmlunula wenig oder weit über die Schulter herüberreicht. Im anderen Falle wäre *ordinata* = *elegans* v. *propinqua* Chd.

Anm. 2. *propinqua* Chd. ist nach den Worten: „*lunule humérale se prolongeant vers la base et remontant à l'extrémité*" unbedingt eine *elegans* mit schmaler Zeichnung. Hiermit stimmt auch die Fundortsangabe „Ost-Russland" überein. Irrtümlich behauptete Mannerheim (Bull. Mosc. 37. II. p. 15.), *propinqua* Chd. sei identisch mit *deserticola* Fald., was der Autor selbst (Chaudoir) auch (l. c. VII. p. 48.) zugab; nichtsdestoweniger ist *propinqua* Chd. eine *elegans*-Form. Eher wäre noch anzunehmen, dass diese Form identisch mit *Seidlitzi* Krtz. wäre; dagegen spräche hauptsächlich nur die Angabe: „*Pattes cuivreuses, avec la base des jambes d'un jaune-foncé.*" Näheres siehe bei *elegans* Fisch.

Cicindela pseudodeserticola Horn.

nov. spec. (t. 3. f. 15.)

„*C. deserticolae statura et signatura similis, differt fronte et inter et ante oculos multo rugosius striolata, elytris postice arcuatis non acutis apiceque recurvata. Magnitudine triplo minor.*" 7½—9 mm.

Da ich von dieser äusserst kleinen *Cicindela* bis jetzt nur das ♂ Geschlecht kenne, konnte ich sie nicht in die Bestimmungstabelle (die auf der nach den Geschlechtern verschieden gebildeten Fldspitze beruht) aufnehmen.

Von Conradt bei Chotan im chinesischen Turkestan in einigen Ex. gefunden. 1200 m hoch. Juni. (H., B. M.)
Ueber den Penis siehe t. 5. f. 34.

C. ordinata (Jakowl.) Dokht. unterscheidet sich von der vorstehenden Art durch die Angabe: (Stirn zwischen den Augen) „*finement sillonné*". Letzterer Ausdruck passt eigentlich nur auf *elegans*, kaum noch auf *deserticola*.

Cicindela litorea Forsk.*)

„*Violacea-aenea; elytris lunulis quattuor, cum margine confluentibus, albis.*" 12—15 mm.

Forskal. Descrpt. anim. 1775. p. 77. [t. 24. f. A. non litorea sed Graphiptera quaedam est.]
cruciata Dahl. Dej. Cat. ed. III. p. 4.
Goudoti Dej. Spec. V. p. 236.
Lyoni Erichs. Wagn. Reis. III. p. 146.
tibialis Dej. [= *Besseri* Dej.] Chaudoir, Bedel.

Diese Art ist über Algier, Tanger, Süd-Spanien, Sardinien, Sicilien, Cypern, Syrien, Ägypten, Arabien (Küste des Roten Meeres) verbreitet. Ufer von Seeen und Meeren. Besonders des Abends (?). Juni und Juli.

1. Fühlergld. unbeh., O-L. wenig vorgezogen. Stirnrunzeln bedeutend feiner als *chiloleuca*, aber gröber als *elegans* etc., Hschd. schmal, vorn und hinten ziemlich gleichmässig eingezogen. Fld. sehr breit, flach, hinten breit gerundet, Spitze beim ♂ fast nicht eingezogen, beim ♀ breit abgeschnitten. Abd. auf der Scheibe glatt. Beine lang. Unterseite dunkel violett-erzfarben, Brust mehr kupfrig. Beine und Fühler grünlich erzfarben. Über den Penis siehe t. 5. f. 35.

C. litorea Forsk. ist nach dunkel grünlich-erzfarbenen Stücken beschrieben. Die Hmlunula reicht fast nicht über die Schulter herüber, die Mittelbinde ist sehr scharf geknickt, der obere Teil der Apmakel wird durch einen spitzen Vorsprung des überall gleich breiten Randes repräsentiert. (t. 3. f. 16.)

---

*) „*litorea*" nicht „*littorea*"! „*litoreus*" („*litus*") zum Ufer des Meeres gehörig. Der Accent liegt auf der drittletzten Silbe!

Abänderungen.

Die Hmlunula kann bisweilen in einen schwach abgesetzten Knopf enden. Die Breite der Zeichnung variiert sehr. Die dlt-F erwähnt Baudi*) aus Sicilien (Trapani).

Während *litorea* Forsk. nach ägyptischen (Suez-) Stücken beschrieben ist, sind auf *Goudoti* Dej. solche aus Tanger,**) auf *cruciata* Dahl die aus Sardinien zu beziehen. Erichson erwähnt sie unter dem Namen *Lyoni* aus Algier (er verwechselte sie, wie wohl Lucas zuerst gezeigt hat, mit der echten *Lyoni* Vigors). Über *tibialis* Dej., die nach der Chaudoirschen und Bedelschen Erklärung eine *litorea* Forsk. aus Ägypten sein sollte, ist bei *Besseri* nachzusehen.

Cicindela circumdata Dej.***)

„*Viridi-cuprea; elytrorum basi, margine laterali, lunula humerali apicalique, fasciaque media recurva dentata albis; antennarum apice rufis.*" 10—13 mm.

I. Dej. Spec. 1. p. 82. (non: Latr. et Dej. Icon. 1. p. 57. t. 5. f. 2.)
 Icon 1. p. 57. t. 5. f. 2.
 imperialis Dahl. i. l. Klug. Jahrb. 1. p. 26.
II. *dilacerata* Dej. Spec. V. p. 237. Icon. 1. p. 38. t. 4. f. 8.
 circumdata Dej. Latr. et Dej. Icon. 1. p. 57. t. 5. f. 2.
  Spec. V. p. 237.
 angulosa Olivier i. l. Dej. Spec. V. p. 237.
 circumdata Dej. Motsch. Käfer Russlands.
 stigmatophora Besser Motsch. l. c.

Die eine Race dieser Art (*circumdata* Dej.) ist über Sicilien, Italien, Süd-Frankreich, Süd-Spanien und Algier verbreitet, die andere über Griechenland, die benachbarten Inseln des ägäischen Meeres, die Türkei, Süd-Russland und die Westküste Kleinasiens.

---

*) Il Naturalisto Siciliano. I. p. 83. Nach freundlicher Mitteilung des Herrn Baudi ist dort ein sinnstörendes Versehen in der Wortstellung untergelaufen: Die Ausdrücke „*laterale*" und „*dorsale*" müssen vertauscht werden.
**) Spanische Ex. könnten ebenfalls auf *Goudoti* Dej. bezogen werden.
***) Der Accent liegt bekanntlich auf der drittletzten Silbe und **nicht auf der vorletzten!**

Ihr Vorkommen in Ägypten*) ist wohl nicht sicher verbürgt, ebenso unsicher ihr Vorkommen auf Sicilien. Salziger Sandboden. O-L. stark vorgezogen. Augen sehr hervorquellend, Augenrunzeln fein. 1. Fühlergld. fast stets beh., Hlschd. vorn und hinten ziemlich gleich stark eingezogen. Fld. mehr oder minder gerundet, sehr fein gezähnt. Abdscheibe meist verhältnismässig dicht punktiert. Unterseite dunkel violett, Brust kupfrig. Fühler violett, mehr oder minder grün oder kupfrig. Schenkel grün. Schienen metallisch. Beine lang. Über den Penis siehe t. 5. f. 36.

C. circumdata Dej. ist nach grünlich kupfrigen Stücken beschrieben. Die Hmlunula umgreift weit die Schulter und kann am Ende verdickt sein; die untere Hälfte endet weder rekurv noch knopfförmig. Die Mittelbinde ist scharf geknickt und reicht in ihrem absteigenden Teil mehr oder weniger weit herunter. Der Rand ist überall gleich breit. Die Zeichnung ist breit. (t. 3. f. 17.)

Abänderungen.

Man hat 2 Racen zu unterscheiden: *circumdata* Dej. und *dilacerata* Dej.; bisher sind dieselben häufig als eigene Arten angesprochen, jedoch verwischen sich die Unterschiede völlig. Sie können folgendermassen begrenzt werden:

I. *circumdata* Dej.: Fld. mehr oder weniger gewölbt, häufig hinter der Mitte verbreitert. Zeichnung meist sehr breit. Hmlunula endet oben neben dem Schildchen selten mit einem deutlich abgesetzten Knopf, die untere Hälfte ist selten verdickt oder gar rekurv. Der absteigende Teil der Mittelbinde ist nur mässig zerrissen. Ostgrenze: Italien (inclusiv). 11—13 mm.

II. *dilacerata* Dej.: Fld. mehr oder weniger flach und lang gestreckt, hinter der Mitte nicht oder fast nicht verbreitert. Zeichnung meist mässig breit. Hmlunula endet oben neben dem Schildchen stets (?) mit einem deutlichen Knopf, die untere Hälfte ist meist mit einem Endknopf versehen oder rekurv. Der absteigende Teil der Mittelbinde ist meist stark zerrissen. Westgrenze: Italien (exclusiv). 10—13 mm. (f. 17.c.)

Anm. 1. Der Unterschied in der Gestalt der Fldspitze ist sehr minimal und auch nicht ganz konstant. Das 1. Fühlergld. ist bei *circumdata* Dej. selten völlig unbeh., bei *dilacerata* stets (?) beh.

*) Von Olivier als *angulosa* von dort erwähnt.

Anm. 2. Meistens sind beide Racen, auch wenn man die Fundorte nicht kennt, leicht als solche zu erkennen. Stücke der *circumdata*, die fast völlig der *dilacerata* gleichen, gehören wohl zu den Seltenheiten. Die Wölbung der Fld. schwankt bei beiden sehr.

Erste Race: circumdata Dej.

Von Variationen der Färbung ist mir die v-F bekannt, die nicht selten ist. Ebenso häufig ist die Farbe erzkupfrig ohne grünlichen Schimmer. Sehr selten ist die cc-F (1. Krtz.). Kopf und Hlschd. sind häufig leuchtend kupfrig.

Die Breite der Zeichnung schwankt erheblich; bisweilen ist dieselbe sehr breit, so dass es sogar zur dlt-F (f. 17.a.) kommen kann (2. H.); bisweilen, besonders der Rand sehr schmal (f. 17. c.), so dass schliesslich die einfache dle-F entsteht (H., 1. Krtz.), bei welcher die Mittelbinde vom Rande losgelöst ist (f. 17.d.). Über die Hmlunula ist oben das Notwendige gesagt. *Imperialis* (Dahl. i. l.) Klug ist auf gedrungene, d. i. kurze und gewölbte Ex. zu beziehen, die hinter der Mitte stark verbreitert sind, meistens haben sie auch eine breitere Zeichnung. Die Kenntnis einer zweiten dlt-F, die von der obigen sehr verschieden ist, verdanke ich der Freundlichkeit des Hr. Brenske, der sie in 3 Ex. aus Murcia erhielt (1. H. f. 17.b.).

Zweite Race: dilacerata Dej.

C. dilacerata Dej. ist nach grünlich erzfarbigen Stücken beschrieben. Nicht selten sind erzbraune, seltener erzkupfrige Ex. oder auch die vv-F.

Die Zeichnung ist mitunter etwas, selten erheblich verbreitert. Bisweilen ist der absteigende Teil der Mittelbinde S-förmig gekrümmt.

Dej. hat die spätere *dilacerata* zuerst als *circumdata* beschrieben und abgebildet. *Angulosa* Oliv. ist völlig identisch mit *dilacerata* Dej.; Motsch. erwähnt eine *circumdata* Dej. Icon., die identisch mit *stigmatophora* Besser sein soll, aus Odessa und Cherson, er hatte wohl die spätere *dilacerata* Dej. vor sich (vergleiche *elegans* r. *Seidlitzi* Krtz.).

Anm. Über die Ähnlichkeit der *dilacerata* mit einigen Formen der *elegans*, besonders denen der II. Race (*Seidlitzi* Krtz.) ist auf Seite 120 nachzusehen.

Cicindela elegans Fisch.

„*Smaragdino-viridi-aurea, elytris viridibus aut coeruleis, margine lato, lunulis humerali et apicali, fasciaque media sinuato-dentata, albis.*"*)

1. Fischer. Ent. Ross. II. p. 9. t. XXXIX. f. 15. III. p. 37.
   volgensis Dej. Spec. I. p. 81.
   decipiens Fisch. Ent. Ros. III. p. 38—39. t. 1*. f. 14.
   propinqua Chaudoir. Ann. Fr. 35. p. 434.
   circumscripta Fisch. Ent. Ross. III. p. 41. t. 1*. f. 9.
   circumdata Krynicky. Bull. Mosc. V. 32. p. 67.
2. *Seidlitzi* Krtz. D. Z. 90. p. 111.
   stigmatophora Fischer. Ent. Ross. III. p. 42—43. t. 1*. f. 10.

Diese Art ist über Süd-Russland, die Kirghisen-Steppen, Turkmenien, West-Sibirien, den Kolywanschen Bezirk bis zum Altai verbreitet. Die Race *Seidlitzi* ist bekannt aus Siebenbürgen, Ungarn (?), Süd-Russland und der Türkei (Salonike). In der Ebene, zum Teil am Ufer von Flüssen.

O-L. wenig vorgezogen, einzähnig. Augen stark hervorquellend. Augenrunzeln fein. 1. Fühlergld. unbeh., Hlschd. vorn und hinten ziemlich gleichmässig verengt. Fld. lang gestreckt, mässig gewölbt, hinten gerundet oder zugespitzt. Abdscheibe meist völlig unpunktiert, selten finden sich spärliche Grübchen. Unterseite dunkel violett, Brust kupfrig. Beine lang. Schienen fast stets mindestens etwas gelblich durchscheinend. Über den Penis siehe t. 5. f. 37.

C. elegans Fisch. ist nach grünen oder bläulichen Stücken beschrieben, die eine sehr breite Zeichnung zeigen. Der von den beiden Hmlunulis begrenzte, metallische Teil der Fld. ist annähernd trapezförmig, d. i. nicht rechteckig mit abgerundeten Ecken. Die Hmlunula umgreift stets weit die Schulter und endet häufig verdickt am Schildchen. (t. 4. f. 1.)

Abänderungen.

Diese Art ist die variationsfähigste der ganzen VI. Gruppe. Die Kenntnis ihrer verschiedenen Formen ist wohl kaum schon abgeschlossen; ist sie doch erst vor kurzer Zeit zum ersten Mal aus Siebenbürgen etc. bekannt geworden. Ihr Vorkommen in der Türkei konstatiere ich zum ersten Mal.

Nach dem, was bisher bekannt geworden ist, muss man zwei Racen annehmen: die typische *elegans* Fisch. und *Seidlitzi* Krtz.

---

*) Diese Diagnose ist Fischer. Ent. Ross. III. p. 37. entnommen.

Die Unterschiede verwischen sich in den Extremen vollkommen. Die beiden Racen können folgendermassen gruppiert werden:

I. *elegans* Fisch.: Zeichnung meist sehr breit, Hmlunula endigt selten in einen, noch dazu nur undeutlich abgesetzten Knopf. Färbung meist heller (grün, blau oder grünlich erzfarben). Fld. hinter der Mitte fast nie verbreitert. Schenkel grünlich. Schienen sehr stark gelblich, bisweilen rein blassgelb. Die Westgrenze ist Süd-Russland.

II. *Seidlitzi* Krtz.: Zeichnung fein, selten mässig breit, Hmlunula meist rekurv oder mit Endknopf. Färbung erzbraun oder kupfrig. Fld. bisweilen hinter der Mitte stark verbreitert. Schenkel kupfrig. Schienen vorwiegend metallisch. Die Ost-Grenze ist Süd-Russland. (f. 1.a.)

Anm. Wie schon oben gesagt, giebt es viele Zwischenformen, besonders bei den russischen und türkischen Ex.

Erste Race: elegans Fisch.

Die Zeichnung kann sich sehr verbreitern (f. 1.b.), so dass es zur dlt-F kommen kann (Krtz. 1. H.). Häufiger ist der entgegengesetzte Fall; zunächst kann so das oben erwähnte, trapezförmige Hmfeld rechteckig (mit gerundeten Ecken) werden. Derartige Ex. sind auf *volgensis* Dej. (f. 1.c.; grün. Süd-Russland) und auf *decipiens* Fisch.*) (grünlich; Sibirien) zu beziehen. Bei beiden sind die Zeichnungen noch breit zu nennen. Stücke mit verhältnissmässig dünnen Binden (erzfarbig; Ost-Russland; f. 1. d.) hat Chd. *propinqua* genannt (Krtz. B. M. 1. H.); *ordinata* (Jakowl. i. l.?) Dokht. (Ferghana) würde eventuell zu dieser Form zu ziehen sein. In der Zeichnung kann sie der *deserticola* und noch mehr der *Seidlitzi* Krtz. sehr ähnlich werden. Schliesslich gehört zu dieser Race noch *circumscripta* Fisch. (f. 1. e.), die bisher stets verkannt war. Sie lässt sich am besten definieren als eine *propinqua* Chd., bei welcher die Medianbinde (die Hm- und Apmakel nur in sehr beschränktem Grade) bis auf einen kurzen Stumpf verkürzt ist, der Rest ist ohne jede Spur verschwunden. Fischer beschrieb sie aus Cherson, Gebler aus dem Kolywauschen Bezirke, ich besitze sie (ohne genauere Angabe) aus Süd-Russland. Über-

---

*) Bei einigen, besonders russischen Autoren scheint sich der Glaube verbreitet zu haben: *decipiens* sei gewissermassen eine dlt-F. Eher das Gegenteil!

gänge zu dieser Form, bei denen entweder alle Makeln oder nur die auf der Scheibe fast verschwunden und nur noch in gewisser Richtung wahrnehmbar sind, erwähnt schon Gebler (l. B. M.). In neuerer Zeit ist nun *circumscripta* Fisch. — wahrscheinlich auf Chaudoirs Autorität hin, der (B. Z. V. p. 198.) behauptete, nach dem Typ sei sie eine Varietät der *chiloleuca*, — zu dieser Art gezogen worden. Fischers Beschreibung*) würde ja auch dieses zulassen, zumal da er sie mit *chiloleuca* vergleicht. Die Möglichkeit einer ähnlichen**) Form bei dieser Art ist ebenfalls nicht ausgeschlossen. Dennoch lässt sich die Unrichtigkeit der Chaudoirschen Behauptung beweisen. Fischer citiert nämlich: „*Altai, à Cel. Gebler ut varietatem chiloleucae accepi*". Sieht man nun bei Gebler nach, so findet***) man (Bull. Mosc. 47. p. 267. etc.) wohl die Angabe, dass *circumscripta* bei Loktevsk, am Irtysch bei Semipalatinsk etc. vorkäme, jedoch soll sie keine Varietät der *chiloleuca* sein, sondern zur *elegans* gehören, und er unterscheidet sie auch scharf von der ersteren durch die viel feinere Kopfskulptur, wie er denn überhaupt, wenigstens was *Cicindelen* betrifft, ein viel feinerer Beobachter war als Fischer. Ob nun wirklich Fischer sein Ex. von Gebler mit der Angabe „*chiloleuca v.*" erhielt, indem Gebler erst später die richtige Stellung der Varietät erkannte, oder ob ein Versehen Fischers zu Grunde liegt, ist nicht zu entscheiden, für unsere Frage aber auch ganz gleichgiltig. Soviel steht fest, dass Gebler nie eine *chiloleuca*-Varietät ähnlichen Namens gekannt hat, sondern nur eine *elegans*-Form, und folglich die Fischersche Varietät zur letzteren Art gehört.

Bisweilen steigt die Mittelbinde schräg nach oben vom Rande an und werden derartige Ex., wenn zugleich die Zeichnung schmal ist, der *Seidlitzi*-Race sehr ähnlich. (f. 1. f.)

Über die Farbenvarietäten ist schon oben das Notwendige gesagt: die v-F ist nicht selten, die cc-F selten; die Mehrzahl aller Stücke ist grünlich-erzfarben.

Anm. 1. Keine der angeführten Varietäten ist lokal.
Anm. 2. *C. circumdata* Krynicky ist = *elegans* Fisch.

* Das Typ konnte ich in dem Dresdener Museum nicht finden.
**) Dass derartige Stücke vorkommen, ist als sehr wahrscheinlich zu bezeichnen. *Muiszechi* Mann. i. l. ist schon eine Übergangsform.
***) Schon in seinem Catalog. col. Sibiriae occ. et confinis Tatariae (Ledeb. Reis. II.) erwähnt Gebler diese derartige Varietät der *elegans*. Er unterscheidet sie von *chiloleuca* genügend durch die Angabe: „*differt . . . . basi elytrorum albo . . . .*"

Zweite Race: Seidlitzi Krtz.

Die Zeichnung wird selten mässig breit, weit häufiger tritt das Gegenteil ein. Es kann so zur einfachen dlt-F kommen, bei der die Mittelbinde vom Rande abgelöst ist; dann kann weiterhin von der ganzen Binde nur der Stumpf am Rande, der Scheibenfleck und 2—3 andere Flecke, die beliebig gestellt sein können, übrigbleiben: *stigmatophora* Fisch.*) (t. 4. f. 1.g.). In analoger Weise kommt es schliesslich dahin, dass auch diese Flecke verschwinden mit Einschluss des Scheibenfleckes und nur ein minimaler Randstumpf das Vorhandensein der ehemaligen Binde andeutet. Ein derartiges Stück [mit der Fundortsangabe**) „*Ungarn*"] ist einfarbig braun, hat den Rand zwischen Median- und Apnmakel, deren oberer Stumpf ebenfalls fast fehlt,***) sehr verschmälert und zeigt in gewisser Richtung noch den Verlauf der Mittelbinde teilweise an (f. 1.h.). Die letztere ist nicht selten statt senkrecht zum Rande ansteigend, schräg nach oben gerichtet, so dass sie sich dem Endknopfe der Hmlunula in hohem Grade nähert (f. 1.i.). Derartige Stücke werden *dilacerata* Dej. auffallend ähnlich, unterscheiden sich jedoch meistens noch (abgesehen von der Behaarung des 1. Füllergliedes bei jener) durch das Fehlen des Endknopfes der Hmlunula dicht neben dem Schildchen. Diese umgreift nämlich zwar die Schulter meistens noch weit, endet jedoch, soweit ich es bis jetzt beurteilen kann, nie so auffallend dick angeschwollen, wie es bei *dilacerata* der Fall zu sein pflegt. Die Gestalt der unteren Hälfte der Hmlunula ist sehr variabel: bisweilen ist letztere rekurv, bisweilen nur knopfförmig angeschwollen, selten ohne Verdickung (f. 1.k.).

---

*) Motsch. scheint ebenfalls die echte *Seidlitzi* Krtz. schon gekannt zu haben, wenigstens lässt seine Beschreibung der *stigmatophora* (Kaef. Russl.) darauf schliessen. Ob seine Bemerkung hinsichtlich des verschiedenen Aufliegens dieser Art und der *chiloleuca*, die erst „*in die Runde läuft*", richtig ist, entzieht sich meiner Beurteilung. Ausgeschlossen ist allerdings nicht, dass er *dilacerata* vor sich gehabt hat. (Siehe dort!)

**) Das betreffende Ex. habe ich nicht als *Seidlitzi*, sondern als *chiloleuca* erhalten.

***) Die Hmlunula ist merkwürdigerweise nicht im Geringsten verkürzt. 1 noch etwas extremeres Ex. besitzt Hr. Dr. Krtz. aus der Krim.

Intensiv grüne oder gar blaue Stücke sind bisher von der *Seidlitzi*-Race nicht bekannt geworden. Nur Kopf und Hlschd. kann rein grün sein. 1 Ex. (H.) zeigt die m-F.

Anm. 1. Die Variationen dieser zweiten Race sind ebenfalls nicht lokal.

Anm. 2. Hr. Dr. v. Seidlitz stellte einst die Behauptung auf, dass „*die Bestimmung einer Cicindela etwa mit dem Beweise des pythagoräischen Lehrsatzes oder mit der Deklination von mensa auf einer Stufe steht*" (conf. D. Z. 88. p. 367.). — ·— — Derselbe Autor lieferte in der Wiener entom. Zeitschr. 90. p. 49—50 eine kaum mehr als 1 Seite lange Bestimmungstabelle für die *Cicindelen* der *chiloleuca*-Gruppe, in welcher er unter anderem folgende interessanten „Thatsachen" konstatierte:

1) *v. Seidlitzi* Krtz. ist = *decipiens* Fisch.
2) *decipiens* Fisch. ist eigene Art.
3) *elegans* Fisch. ist = *Besseri* Dej.
4) „ „ hat eine unbeh. Scheibe des Hlschd.
5) *volgensis* Dej. ist von *elegans* und *decipiens* verschieden.
6) Die Hmlunula*) der *chiloleuca* ist rekurv.

Wie lassen sich die genannten beiden Bemerkungen vereinigen — — — — — — — — — — — — —?

Cicindela chiloleuca Fisch.

„*Subcylindrica, viridi-aenea; elytris viridibus, granulatis, margine, lunulis humerali et apicali, fasciaque media sinuato-dentata albis.*"**) 9½—14 mm.

Fischer. Ent. Ross. I. p. 5. t. 1. f. 2.
despotensis Frivalds. i. l. Gemm. et Harold. I. p. 12.
parallela Ménétriès i. l. Catalog. d. Insect. reç. p. f. Lehmann.
marcens Zubkoff. Bull. Mosc. 33. p. 311—12.
circumscripta (Fischer) Chaudoir et autorum posteriorum.
Mniszechi Mannerheim i. l. Dresdener Museum.

Diese Art ist über Ungarn, Siebenbürgen, Süd-Russland, die Türkei, Kirghisen-Steppen, Turkmenien, Ferghana, Westsibirien, (Kolywanschen Bezirk) verbreitet. Juni—August. Auf Salzboden(?); in der Ebene.

O-L. stark vorgezogen, mehr oder minder dreizähnig. Augenrunzeln grob. Augen mässig hervorquellend. 1. Fühlergld. unbeh..

*) In einer Bestimmungstabelle einfach falsch! Stimmt höchstens für ein Drittel aller Ex.; bei den anderen Arten kann sie ebenfalls rekurv sein.
**) Die lateinische Diagnose ist Fischer. Ent. Ross. III. p. 37. entnommen.

Hlschd. vorn und hinten ziemlich gleich verengt. Fld. flach, langgestreckt, hinten zugespitzt, fein gezähnt. Abdscheibe glatt. Unterseite dunkel violett. Brust kupfrig. Fühler und Schenkel grün, mehr oder minder kupfrig. Schienen blass gelblich durchscheinend, Beine lang. Über den Penis siehe t. 5. f. 38.

C. chiloleuca Fisch. ist nach grünen Ex. beschrieben, die Hmlunula geht nicht über die Schulter herüber, ihr unteres Ende ist mehr oder weniger rekurv. Die Mittelbinde ist fast rechtwinklig geknickt, ihr absteigender Teil sehr zerrissen, der Rand überall gleichbreit, die Zeichnung breit. (t. 4. f. 2.)

Abänderungen.

Türkische Stücke sind auf *despotensis* Friv., turkmenische auf *parallela* Mén., dunkel-grüne aus den Kirghisensteppen auf *marcens* Zubkoff*) zu beziehen. Über *circumscripta* Fisch., die nach Chaudoirs und der späteren Autoren Erklärung eine Varietät dieser Art sein soll, ist bei *elegans* nachzusehen. Falls wirklich auch bei *chiloleuca* eine analoge Varietät vorkommen sollte, was nicht unwahrscheinlich ist, so wären derartige Stücke natürlich auf *circumscripta* Chd. zu deuten. Bei *Mniszechi* Mannerheim sind die Makeln auf der Scheibe der Fld. völlig in Punkte aufgelöst (auch der Stumpf der Hmlunula), wir haben es also mit einer ausgesprochenen dle-F zu thun (t. H. f. 2.a.). Die Hmmakel endet nicht selten in einen deutlich abgesetzten Knopf, bisweilen ist sie sogar stark rekurv.

Von den Variationen der Farbe wäre zunächst zu sagen, dass bisweilen auch Kopf und Hlschd., die sonst fast stets nur grünerzfarben sind, rein grün werden können. Das Grün der Fld. kann sehr dunkel werden, fast schwarz, selten sogar ein schwach sammetartiges Aussehen annehmen; Dokhtouroff erwähnt ein derartiges Stück aus Kiakhta. Einfarbig braune Ex. scheinen nicht allzu häufig zu sein. Bei einem Ex. (H.) ist das Hlschd. und die Basis der Fld. lebhaft blau gefärbt, der übrige Teil der letzteren tief blauschwarz.

*) Zubkoffs Angabe: (Hmlunula) „*un peu avant la fin elle est fortement rétrécie en sorte qu' à la première vue on croirait qu'elle est séparée en deux*" ist wohl schwerlich als besonders beachtenswert anzusehen.

Anm. Keine der angeführten Varietäten ist lokal. Die Grösse schwankt sowohl bei europäischen wie bei sibirischen Stücken in gleicher Weise.

Cicindela mongolica Fald.

„*Subcylindrica, supra viridis, opaca; elytris margine laterali lunula humerali alteraque apicis, et fascia media recurva flexuosa flavo-pallidis.*" [*C. chiloleucae subsimilis, paullo tamen minor, praesertim angustior, et magis cylindrica*]. 9½—12 mm.

Faldermann. Col. ab ill. Bungio etc. p. 13. t. 3. f. 2.

Diese Art ist bisher nur aus Irkutsk, Alar (Bouriaten), Daurien und der Mongolei bekannt. August. Selten.

O-L. mässig vorgezogen. Augen ziemlich stark hervorquellend. 1. Fühlergld. unbeh., Stirnrunzeln ziemlich grob, jedoch feiner als *chiloleuca*. Hlschd. grösste Breite etwas vor der Mitte. Fld. flach, ziemlich breit und langgestreckt, nach hinten zu schwach verbreitert, hinten gerundet, fein gezähnt. Unterseite bläulichgrün, Brust kupfrig, Schenkel grünlich-erzfarben, Schienen blassgelblich.

C. mongolica Fald. ist nach rein grünen Stücken beschrieben. Die Zeichnung besteht aus einem mässig breiten, zwischen Median- und Apmakel fast unterbrochenen Rande, der die Schulter fast nicht umgreift (= *chiloleuca*). Die Hmlmula wird durch einen feinen, senkrecht zum Rande stehenden Strich, der in einen deutlichen Knopf endet, dargestellt. Das obere Ende der Apmakel ist ein spitzer Vorsprung, die Mittelbinde ist in dem oberen Teile des absteigenden Schenkels stark eingeschnürt. (t. 4. f. 3.)

Abänderungen.

In der Färbung scheint diese Art nicht zu variieren.

Was die Zeichnung betrifft, so ist der Rand zwischen Median- und Apmakel bisweilen etwas weniger verengt. Die untere Hälfte der Hmlmula kann schräg nach unten gerichtet sein, in einen Knopf enden oder auch ziemlich stark rekurv sein. Die Zeichnung auf der Scheibe, besonders der absteigende Teil der Mittelbinde, ist bisweilen fein dilaceriert.

Anm. In der Zeichnung finden sich alle Übergänge von dieser Art zur folgenden (*inscripta* Zubk.).

Cicindela inscripta Zubk.

„*Supra opaca, obscure viridis, elytris elongatis, postice sublatioribus, margine omni, lunula humerali incurvata et apicali, fascia media sinuata in ramo dilacerato descendente margine connexis albidis.*"*)
11—11½ mm.

Zubkoff. Bull. Mosc. 33. p. 311.

Mannerheimi Faldermann. Bull. Mosc. 36. p. 357. t. 6. f. 3.

Diese Art ist über die Kirghisensteppen verbreitet (Ostküste des Kaspi). Turkmenien. Turkestan (Ferghana. Taschkent etc.). Juni. Hr. Dr. Kraatz wies sie auch aus Astrachan, d. i. aus Europa nach (cf. D. Z. 91.). Selten.

Von der vorhergehenden Art (*mongolica*) verschieden durch wenig gröbere Augenrunzeln und vorherrschend metallische Schienen.

C. inscripta Zubk. ist nach schön grünen Stücken beschrieben, die den Rand zwischen Median- und Apmakel wie bei der vorhergehenden Art (*mongolica*) stark verengt haben. Sie unterscheidet sich von ihr nur durch den absteigenden Teil der Mittelbinde, der weniger eingeschnürt und auch etwas länger ist; an der Umbiegungsstelle des horizontalen zum senkrechten Teil macht die Medianbinde auch einen nach oben gerichteten, mehr oder weniger starken Bogen.**) Die untere Hälfte der Hmlunula ist schräg nach unten gerichtet und rekurv. (t. 4. f. 4.)

Abänderungen.

Diese Art variiert ganz analog der vorhergehenden. Die Hmlunula kann senkrecht zum Rande stehen und nur in einen Knopf enden. Die Gestalt der Mittelbinde schwankt ebenfalls etwas. *Mannerheimi* Fald. bezieht sich auf mehr bronce-erzfarbige Stücke (besonders das Hlschd.).

Anm. *Inscripta* Zubk. ist bisher stets mit *contorta* verglichen worden, mit welcher sie nur in der Gestalt der Mittelbinde annähernd übereinstimmt. In Wirklichkeit steht sie sowohl in der Zeichnung wie in den sonstigen Kennzeichen der *mongolica* am nächsten.

---

*) Die lateinische Diagnose ist *Mannerheimi* Fald. entlehnt.
**) Bei *mongolica* fehlt dieser Bogen meistens gänzlich oder ist doch wenigstens mehr oder minder schwach ausgeprägt.

Anhang
zur V. Untergruppe der VI. Gruppe.
Cicindela illecebrosa Dokht.

11¼ mm.
Dokhtouroff. Hor. Ross. 85. p. 281.

Von Groum-Grgimaïlo im April bei Kourgan-Tubé, in dem Thale des Vakh (Sourkhab oder Kisyl-sou) bei Bouchara gefunden.*)
O-L. mässig vorgezogen. 5-zähnig. Kopf ziemlich gross, Augenrunzeln fein. Hlschd. wenig breiter als lang, nach hinten verengt, nur an den beiden Seitenrändern beh.**); Fld. fast . [Abd. am Rande weiss beh.; T. bräunlich gelb . . . . . etc. wie in der ganzen Untergruppe.] Unterseite dunkel-braun-violett, Brust mehr erzfarben. Schenkel grün-erzfarben, Schienen metallisch.

C. illecebrosa ist nach einem (?) Stück beschrieben mit braun-violetten, sammetartigen Fld. (mit mehr bräunlich-erzfarbenem Rande). Der Kopf ist grün-broncefarben mit bräunlichem oder violettem Schein, das Hlschd. broncegrün. Die Zeichnung besteht aus einer mit einem schwachen Endknopf versehenen Humerula, einer ziemlich breiten, schrägen, fast geraden Mittelbinde, die nach dem Rande zu verschmälert ist. Der obere Teil der Apmakel ist schräg nach oben gerichtet (?).

Diese Bemerkungen genügen vollkommen, um die Art mit Sicherheit bestimmen zu können. Wie ist aber ihre systematische Stellung? Dokht. hat sie neben *Burmeisteri* gestellt; mit welchem Rechte, weiss ich zwar nicht, der genannte Autor pflegte sich aber überhaupt nicht wegen so „unbedeutender" Dinge wie Systematik etc. lange den Kopf zu zerbrechen.

Es scheint, als hätte man es mit einer sehr interessanten Übergangsform zwischen *paludosa* und *luctuosa* zu thun. Die Färbung ist ziemlich gleich der der ersteren, die Zeichnung und Behaarung der Unterseite gleich der der letzteren. Der Gestalt nach mag sie zwischen beiden stehen. Wie lässt sich aber damit die Angabe: (Hlschd.) *„rebordé d'une assez large bande, formée de poils blanchâtres couchés et très courts, disposés en forme de rayons"* ver-

---

*) Der Autor giebt nicht einmal an, in wie viel Ex.!
**) Siehe weiter unten.

einen? Denkbar wäre es ja immerhin, dass die Behaarung der Scheibe des Hschd. bei dem Dokhtouroffschen Ex. (wahrscheinlich hat er wohl nur eines vor sich gehabt) abgerieben war, wie es bei der in Frage kommenden *paludosa* ebenfalls nicht nur häufig, sondern sogar fast stets ist. Viel schwerwiegender ist aber noch der Umstand, dass die letztere Art sowohl wie *luctuosa* nur im äussersten Westen, *illecebrosa* jedoch in Turkestan vorkommt. Diese Fundorte wären doch zum mindestens sehr auffallend. Sollten Anklänge an *obliquefasciata* und ihre Racen vorhanden sein? Die Angabe: „*Une large bande de poils d'un blanc éclatant, très courts et très serré longe les côtés de l'abdomen*" liesse das Gegenteil annehmen. — Ich habe die Dokhtouroffsche Art hier in die V. Untergruppe gestellt, weil dies noch die grösste Wahrscheinlichkeit für sich hat.

Jakowleff bezieht diese Art auf die mysteriöse *clypeata* Fisch.*). Mit welchem Recht, ist mir unklar; ebensogut könnte man auf letztere jede beliebige andere Art deuten. Die Fundortsangabe ist wohl das einzige, was Hr. Jakowleff zu dieser Behauptung veranlasst hat. Die Fischersche Beschreibung passt nicht nur nicht vollkommen, sondern absolut nicht auf *illecebrosa* Dokht.

VI. Untergruppe.

Lutaria Guérin.

Pleuren stark beh., Hschd. nur an den beiden Seitenrändern beh., Augenrunzeln sehr fein. Augen stark hervorquellend. Stirn und 1. Fühlergld. unbeh., O-L. gerade abgeschnitten. Epipleuren der Fld., L-T., K-T. und U-K. hell, unmetallisch. Seitenränder des Hschd. fast gerade. Fldspitze schon beim ♂ etwas eingezogen. Von den Seitenstücken des Mesothorax ist auch der vordere Rand beh.

Die Zeichnung besteht aus einem breiten Rande, aus welchem das untere Ende der Hmlunula (bisweilen kurz vor dem Ende eingeschnürt), ein breiter, stumpfer Höcker als oberer Teil der Apmakel und eine breite, geknickte Mittelbinde hervorgeht (letztere

---

*) Vergleiche p. 59.

ist dicht am Rande und ausserdem noch vor dem Endknopf eingeschnürt).

Der Endknopf der Hm- und Medianmakel kann abgeschnürt sein.

Die Grösse schwankt zwischen 10 und 12 mm.

Über den Penis siehe t. 5. f. 39.

Die einzige Art dieser Gruppe lebt in Nord-Afrika.

Zu dieser Gruppe gehört nur: *dorsata*.

Cicindela dorsata Brullé.

„*Subcylindrica, viridi-obscuro-aenea; elytris margine laterali lato, lunula humerali apicalique, strigaque media obliqua sinuata albis; antennarum apice tibiisque rufis.*"

Brullé. Silb. Rev. II. 34. p. 98.

dorsalis Dej. Spec. II. p. 426.

Pertyi Gistl. Syst. Ins. I. p. 45. 134. Mannerheim. Bull. Mosc. 38. p. 208.

Diese Art ist mir nur aus Ambukohl, Kordofan und im allgemeinen aus Ägypten bekannt. Dejean erwähnt sie auch vom Senegal. Selten.

O-L. beim ♂ meist ohne, beim ♀ meist mit 3 Zähnen. Hlschd. nach hinten meist schwach verengt oder ¦. Fld. langgestreckt, parallel, sehr minimal gezähnt, hinten abgerundet, flach. Unterseite grün, Brust kupfrig. Spitze des Abdomens häufig gelblich. Schenkel und Fühler erzfarben. Schienen und zum Teil sogar auch Tarsen blass gelblich. Extremitäten sehr lang.

C. dorsata*) Brul. ist nach grünlich erzfarbenen Stücken beschrieben. Die Zeichnung besteht aus einem sehr breiten Rande, aus dem der obere Teil der Apmakel als Stumpf hervorspringt. Die Hmlunula ist schmal und mit einem Endknopf versehen. Die Mittelbinde ist mässig breit, nicht zerrissen, geknickt. (t. 4. f. 5.)

Anm. Dej. beschrieb diese Art als *dorsalis*; Brullé taufte sie in *dorsata* um, weil schon Say eine *dorsalis* (aus Nord-Amerika) beschrieben hatte. *Pertyi* Gistl ist nach Mannerheim [Gistl ist bekanntlich der einzige Entomologe, über den, um mich Gemminger & Harolds Worte zu bedienen, „*mit einer sonst seltenen Einstimmigkeit das gesammte wissenschaftliche Publikum sein Verdikt ausgesprochen hat*"] gleich *dorsalis* Dej.

*) Die lateinische Diagnose ist *dorsalis* Dej. entnommen.

Abänderungen.

C. dorsata ist nach der Dejean'schen Beschreibung auf Ex. zu beziehen, welche *chiloleuca**) in der Zeichnung täuschend ähnlich werden. Bei Vergleichung einer grösseren Reihe von Stücken erkennt man jedoch unschwer die typische Zeichnung der *melancholica*. Die Humlunula kann breit werden, jedoch auch kurz vor dem Endknopf fast unterbrochen sein (f. 5.a.), der obere Teil der Apmakel ferner spitz hervorspringen (f. 5.b.), zum Teil sogar den eigentümlich geschlängelten Verlauf der *melancholica* etc. annehmen (f. 5.c.). Die Mittelbinde ist manchmal vollkommen gleichbreit bis zum Endknopf, der absteigende Teil häufig schmaler, bisweilen dicht vor dem Ende stark eingeschnürt (f. 5 d.). Sehr selten trennt sich der Endknopf vollkommen ab oder biegt der obere Teil der Mittelbinde etwas nach unten um (f. 5.e.). In dieser Weise fortschreitend, besteht schliesslich die letztere aus einem horizontalen, geraden Randast und einem Scheibenfleck (f. 5.f.). Selten zeigt sogar jener Randast in der Mitte eine deutliche Einschnürung, welche fast stets bei ihrer Verwandten, der *melancholica*, vorhanden ist.

Anm. 1. Sowohl Dejean wie Klug (Symb. phys. III. t. 21. f. 5.) haben in der vorliegenden Art eine *chiloleuca*-Form zu erkennen geglaubt. Marseul citiert sie in seinem Catalog an der richtigen Stelle.

Anm. 2. Keine der angeführten Varietäten ist lokal.

Anhang
zur VI. Untergruppe der VI. Gruppe.

Cicindela octoguttata Fabr.

Wegen der grossen Ähnlichkeit dieser Art [die bis jetzt nur aus den Tropen (Senegal, Guinea etc.) bekannt ist] mit der ägyptischen *rectangularis* Klg. dürfte es wohl zweckmässig sein, hier kurz auf die Unterschiede aufmerksam zu machen.

Schon die Stellung in der VI. Untergruppe giebt an, dass die Scheibe des Abdomens nur relativ wenig punktiert ist, und dass

---

*) Die benachbarte Stellung der beiden Arten im Katalog ist rein zufällig. Vergleiche die Tabelle über die Verwandtschaft der Arten p. 11.

die ♀ keine Spiegel haben. Auch sonst sind kleine Verschiedenheiten vorhanden: die Farbe des Abd. ist grün, dies ist auch die vorherrschende Farbe der Schenkel. Die Hmlunula ist in drei Flecke aufgelöst; die nach unten gerichtete Randerweiterung der Mittelbinde reicht verhältnismässig weniger weit herab. (t. 4. f. 6.)
Die ap-F scheint weniger häufig zu sein.

Anm. Ob auch in der Grösse Unterschiede vorhanden sind, kann ich nach dem mir vorliegenden Material nicht beurteilen; jedoch scheint *8-guttata* im Durchschnitt kleiner zu sein.

VII. Untergruppe.

Lutaria Guérin: Catoptria Guérin.

(Myriochile Motsch.)

Pleuren stark beh.: Hlschd. nur an den beiden Seitenrändern beh., letzere gerade. Augen stark hervorquellend. Stirn und 1. Fühlergld. unbeh.: U-K. metallisch. K-T. hell. häufig ebenfalls metallisch glänzend. U-L. gerade abgeschnitten. die ♂ haben meist alle Zähne abgestumpft, die ♀ entweder nur die beiden seitlichen, oder es sind alle 3 vorhanden. Von den Seitenstücken des Mesothorax ist auch der vordere Rand beh.; die ♀ haben auf den Fld. an der Stelle des unteren Hmfleckes einen grossen, glänzenden Fleck. Die Fld. sind beim ♀ nach hinten schwach verbreitert, so dass die breiteste Stelle dicht vor der Spitze liegt. Fldspitze beim ♂ und ♀ eingezogen.

Die Zeichnung besteht in einer Hm- und Apmakel und einer am Rande stark verbreiterten (und mit dem bei diesen Arten bisweilen vorhandenen, unteren Randfleck verbundenen) Mittelbinde, die jedoch nicht nach unten umgebogen ist, sondern nur aus einem senkrecht zum Rande ansteigenden Schenkel besteht, der in der Mitte verdünnt ist. Ausserdem ist ein Scheibenfleck vorhanden.

Alle 3 Makeln können unterbrochen sein. Die con- und dlc-F ist selten, ebenso die vv-F. häufiger sind hm- und ap-F.

Die Grösse schwankt zwischen 9 und 12½ mm.

Über den Penis siehe t. 5. f. 40.

Die beiden Vertreter dieser in den Tropen weit verbreiteten Gruppe leben im Süden des ganzen Gebietes bis nach Turkestan (als Ost-Grenze).

Am Rande von Pfützen und Lachen.
Zu dieser Gruppe gehören: *rectangularis* und *melancholica*.

Bestimmungstabelle der Arten.

Augenrunzeln grob . . *rectangularis* Klg.
„ sehr fein . . . *melancholica* Fabr.

Cicindela rectangularis Klug.

„*Subcylindrica, fusco-aenea, elytris lunula humerali stria apicali, fascia transversa media, punctisque albis.*" 9—10 mm.
Klug. Symb. Phys. III. t. 21. f. 8.
Diese Art ist aus Ambukohl und Chartum bekannt. Selten.
Fld. lang gestreckt, flach, nach hinten allmählich verbreitert, hinten mehr zugespitzt, gezähnt. Unterseite erzkupfrig, Schenkel ebenso. Fühler mehr grünlich. Schienen metallisch. Beine lang. ♀ mit kleinem, kupfrigem Spiegel.

C. rectangularis Klg. ist nach erzbraunen Ex. beschrieben mit dicht vor dem Endknopf unterbrochener Humunula. Der obere Teil der Apmakel ist nicht nach auswärts gebogen, sondern steht senkrecht auf dem unteren und endet in einen deutlichen Knopf. Die Mittelbinde ist gleich der einer *melancholica*, nur fehlt der nach der Humunula aufwärts gerichtete Teil der Randerweiterung; nach unten läuft letztere nicht verdickt aus. (t. 4. f. 7.)

Abänderungen.

Die ap-F. bei welcher der Endknopf abgetrennt ist, scheint verhältnismässig nicht selten zu sein.

Anm. Über die der *rectangularis* Klg. sehr ähnliche *8-guttata* Fabr. siehe VI. Untergruppe, Anhang (p. 128 -129).

Cicindela melancholica Fabr.

„*Obscura margine exteriore triramosa punctoque postico albis*". 9—12½ mm.

1. Fabr. Ent. Syst. Suppl. p. 63.
 aegyptiaca Dej. Spec. I. p. 96.
 „ Klug. Symb. phys. III. t. 21. f. 7.
 India Dejean. Spec. V. p. 244.
 hesperica Motsch. Bull. Mosc. 49. III. p. 65.

dentilabris Chd. Bull. Mosc. 44. p. 417.
punctum Drapiez in litteris. Dej. Cat. III. édit.
Hopei Gistl. Syst. Ins. nach Mannerh. Bull. Mosc. 38. p. 208.
II. *orientalis* Dej. Spéč. I. p. 93.
dignoscenda Chd. Enum. Carab. p. 53.
connexa Chd. l. c. p. 54.
{ *melancholica* Dej. Spec. V. p. 243.
{ *acuminata* Kollar. Ann. Wien. Mus. I. p. 331. } siehe Anm. 2.

Die Art ist über Süd-Europa, Nord-Afrika, Senegal, Guinea, Isle de prince, Suakim, Arabien, Syrien, Klein-Asien, Nord-Persien, Turkestan, Indien, Java, Hongkong verbreitet. Mai bis September.

Fld. lang gestreckt, flach, nach hinten, besonders beim ♀ allmählich verbreitert, so dass die grösste Breite dicht vor der Spitze liegt; hinten gezähnt, gerundet oder zugespitzt. Unterseite grün, Brust kupfrig, Schenkel und Fühler metallisch, grünlich, mehr oder minder erzfarben oder kupfrig. Schienen metallisch. Beine lang. Über den Penis siehe t. 5. f. 40.

C. melancholica Fabr. ist nach dunkel erzfarbigen Ex. beschrieben. Die Zeichnung besteht aus einer Hmlunula, einer geknickten Apmakel, die mit dem oberen Teile wieder nach aussen gebogen ist. Die Mittelbinde ist gerade, horizontal, nicht geknickt, am Rande nach oben und unten verbreitert. Ausserdem ist ein Scheibenfleck vorhanden. (t. 4. f. 8.)

Abänderungen.

Es ist wohl zweckmässig, zwei Formen zu unterscheiden, die allerdings vollkommen in einander übergehen können. Es sind dieses:

I. *melancholica* F.: Meist etwas kleiner; Farbe dunkel; Zeichnung schmal; Spiegel meist dunkler.

II. *orientalis* Dej.: Meist gross; Farbe heller, grünlich; Zeichnung meist breit; Spiegel kupfrig (t. 4. f. 8.b).

Erste Form: melancholica F.

Ägyptische Ex. sind auf *aegyptiaca* Dej. zu beziehen, sie unterscheiden sich nicht von der Stammform. *Aegyptiaca* Klug ist nach Stücken mit unterbrochener Hmlunula (kurz vor dem Ende) beschrieben. Der horizontale Ast der Mittelbinde ist meist auch weniger eingeschnürt. Ähnliche Ex. aus Java mit kupfrigem Spiegel und wenig breiterer Zeichnung hat Dej. *India* genannt. Auf spanische ⚥ mit ungezähnter O-L., bei denen die Hmlunula spitz zuläuft (nicht unterbrochen ist und auch in keinen Knopf endet) hat Motsch. seine *hesperica* begründet. Chaudoir glaubte in einem ⚥ aus Astrabad mit besonders deutlich hervorspringendem Zahn der O-L. eine neue Art *(dentilabris)* zu erblicken. Sicilianische Stücke sind von Drapiez in litteris *punctum* genannt worden. *Hopei* Gistl ist nach Mannerheim nicht von *melancholica* F. verschieden. — Soweit die benannten Varietäten.

Die Hmlunula kann in einen deutlich abgesetzten Knopf enden. letzterer beinahe oder auch völlig abgetrennt sein. Die Mittelbinde (horizontaler Ast) ist meistens in der Mitte stark eingeschnürt. so dass man deutlich die beiden Punkte sieht, durch deren Verbindung sie entstanden ist; selten ist sie völlig unterbrochen. nicht allzu häufig auch völlig gleich breit. Ihr Ende auf der Scheibe der Fld. ist bisweilen knopfförmig angeschwollen oder, ohne letztere Erscheinung zu zeigen, etwas nach unten in der Richtung nach dem Scheibenflecke umgebogen. Stücke, bei denen sie sich ganz mit diesem verbindet. sind mir nicht bekannt. Die Randerweiterung endet unten (nach der Apmakel zu) meistens mit einer kleinen Anschwellung. selten fehlt diese gänzlich oder ist vollkommen abgetrennt. Die Apmakel ist bisweilen vor dem oberen Ende fast oder gänzlich unterbrochen. Alle diese Erscheinungen können in verschiedenen Kombinationen in einem Ex. vereinigt sein (f. S.a.).

Die Farbe dieser ganzen ersten Form ist selten heller erzfarben oder sehr schwach grünlich.

Anm. Die Zeichnung kann, wie man sieht, in gewissem Sinne der einer *lunulata* ähnlich werden. Die Ähnlichkeit ist jedoch, wie wohl kaum hervorgehoben zu werden braucht, nur eine scheinbare; sie besteht eigentlich nur in dem Vorhandensein von 4 Medianflecken, die noch dazu wohl äusserst selten völlig getrennt sein werden.

Zweite Form: orientalis Dej.

C. orientalis Dej. ist auf grün-kupfrig-erzfarbene Stücke zu beziehen, deren Hmlunula in einen fast abgetrennten Knopf endet. Die Medianbinde ist ebenfalls mit einem Endknopf versehen. Der Scheibenfleck ist völlig getrennt. Die Randerweiterung der

Mittelbinde endet unten verdickt. Die Zeichnungen sind breiter als bei der Stammform. *Dignoscenda* Chd. unterscheidet sich in nichts von *orientalis* Dej.; beide stammen aus Lenkoran. Olivier erwähnt die letztere auch aus Arabien.

Anm. 1. Sowohl *orientalis* wie *dignoscenda* sind von vielen Autoren verwechselt worden. Dem näher nachzugehen, würde sich kaum der Mühe verlohnen, da fast jeder Autor eine verschiedene Erklärung hat und sonst die Synonyma noch erheblich zahlreicher würden. Es hat auch nicht an Autoren gefehlt, die in dieser zweiten Form eine eigene Art zu sehen glaubten.

C. connexa Chd. unterscheidet sich von den beiden letzten Varianten dadurch, dass die Medianbinde unter einem fast rechten Winkel nach unten zu umgebogen ist und beinahe (nicht ganz!) bis zum Scheibenfleck herabsteigt. Hmlunula ist nicht unterbrochen. (f. 8.c.)

Anm. 2. *melancholica* Dej. (Spec. V.) ist nach der Beschreibung unbedingt eine *ricina* Dej.*). *Acuminata* Kollar ist nach Schaum gleich *pumila* Dej.

VIII. Untergruppe.

Pleuren stark beh.; Hlschd. nur an den beiden Seitenrändern beh.; Augenrunzeln fein. Abd. meist spärlich auf der Scheibe punktiert. O-L. gerade abgeschnitten, einzähnig. Augen stark hervorquellend. Stirn und 1. Fühlergld. unbeh.: K-T. hell und unmetallisch. Von den Seitenstücken des Mesothorax ist auch der vordere Rand beh.

Die Zeichnung besteht aus einer Hmlunula, die mit einem Knopfe endet oder rekurv ist, einer am Rande sehr stark verbreiterten Medianbinde und einer geschweiften Aplunula. Häufig ist der ganze Rand weiss.

Die cfl- und scfl-F. ist nicht selten, weniger häufig schon die dlt-F. Von Farbenvarietäten kommt die vv- und cc-F. vor.

Die Grösse schwankt zwischen 8 und 11½ mm.

Über den Penis siehe t. 5. f. 41—44.

Vertreter dieser Gruppe fehlen nur im Norden der Fauna und wahrscheinlich auch im Nord-Osten Afrikas.

Am Ufer von Flüssen und Meeren.

Zu dieser Gruppe gehören: *contorta, litterifera, Elisae, trisignata*.

---

*) Stirnrunzeln grob. Zeichnung ungefähr gleich der der *melancholica* Fabr., nur breiter, Randerweiterung der Mittelbinde mit der Apmakel verbunden.

Bestimmungstabelle der Arten.

1) Fldspitze ♀ breit gerundet, stark*) eingezogen. ♂
   schwach*) „ *trisignata.*
   „ ♀ nie „ gerundet, häufig nur schwach**). ♂
   nicht eingezogen . . 2.
2) Scheibe des 4. und 5. Abdringes punktiert . 3.
   - „ - „ - „ unpunktiert . . *contorta.*
3) Trochanteren der Hinterbeine hell, unmetallisch. Fldspitze ♀ eingezogen . *Elisae.*
   „ „ metallisch. Fldspitze .
   ♀ nicht eingezogen . *litterifera.*

Cicindela contorta Fisch.

„*Viridi-aena, nitoris expers; elytris margine, lunula humerali fine intorta, fascia media sinuata, linea undulata prope suturam descendente et lunula apicali cum fascia conhaerente, omnibus tenuibus, flavescentibus.*" $9\frac{3}{4}-11\frac{1}{4}$ mm.

Fischer. Ent. Ross. III. p. 30-31. t. 1*. f. 11.
tortuosa Faldermann. Dej. Cat. ed. III. p. 4.
plicata Motsch. Käf. Russl.
figurata Chd. Ann. Fr. 35. p. 435.

Diese Art ist über Süd-Ost-Russland, die Kirghisen-Steppen, den Osten des Schwarzen Meeres, den Kaukasus, die Länder im Süden des Kaspischen Meeres, Turkestan (Bochara, Alakul-See etc.). West-Sibirien und Mongolei verbreitet. Am Meeresufer. Juni-September.

O-L. fast gerade abgeschnitten. Augen ziemlich hervorquellend. Hlschd. nach hinten, besonders beim ♀ verbreitert. Fld. flach, breit, hinten sehr fein gezählt. ♀ in der Mitte, ♂ dicht vor der Spitze am breitesten, Spitze ♂ nicht eingezogen, ♀ schnabelförmig ausgezogen und deutlich eingezogen. Unterseite meist dunkelerzgrün. Brust und Schenkel mehr kupfrig-erzfarben, Fühler etwas intensiver grün, Schienen metallisch. Über den Penis siehe t. 5. f. 41.

*) cf. t. 4. f. 12.
**) cf. t. 4. f. 9.

C. contorta Fisch. ist nach grünlich-erzfarbenen Stücken mit stark rekurver Hmlunula beschrieben. Die Mittelbinde steigt zuerst mit einem nach unten gekrümmten Bogen an, biegt dann mit nach oben konvexem Bogen nach unten um, nähert sich zuerst der Naht, um sich dann wieder von ihr zu entfernen und schliesslich in ihrer Nähe verdickt zu enden. Die Apmakel ist geknickt, ihr oberer Teil lang ausgezogen und nach auswärts gebogen. Die Randerweiterung der Mittelbinde verbindet sich beinahe mit der Hm- und ganz mit der Apmakel, jedoch auch nur fein. Die Zeichnung ist mässig breit. (t. 4. f. 9.)

Abänderungen.

Diese Art variiert zunächst sehr in der Breite der Zeichnungen. Die Mittelbinde ist mehr oder weniger eingeschnürt, ihr Endknopf grösser oder kleiner. Der obere Teil der Apmakel reicht bisweilen nicht bis zu gleicher Höhe mit dem Endknopf der Mittelbinde, bald geht er weit über diese hinaus (f. 9.a.). Die cfl-F ist nicht selten. Dagegen wohl nicht so häufig die einfache dle-F (f. 9.b.), bei welcher die Mittelbinde, ohne im geringsten zerrissen zu sein, sich vom Rande loslöst (B. M. Roe.). Turkmenische Stücke hat Fald. i. l. *tortuosa* genannt, sie unterscheiden sich in nichts von der Stammform. In grossen ♀ aus Astrabad hat Motsch. eine neue Art (*plicata*) zu erkennen geglaubt; doch hat er sie selbst später als fragliche Varietät der *contorta* wieder eingezogen. Ex. mit breiten Zeichnungen und intensiv **grüner** Färbung hat Chaudoir als *figurata* beschrieben.

Cicindela litterifera Chd.*)

„*Obscure-viridis, elytris spinosis margine tenui sinuato ad lunulas attenuato, lunulis humerali subhamata, apicali ad suturam producta, extus hamata, striga biarcuata breviori tenuibus, albis.*" $7^{3}/_{4}$—9 mm.
Chaudoir. Bull. Mosc. 42. p. 801-2.

Diese Art ist vom Caspi (Europa!), Astrabad, den Kirghisen-Steppen, Turkestan und Peking bekannt. Mai—Juli.

U.-K. metallisch. Augen stark hervorquellend. Hschd. schmal, nach hinten mässig verbreitert. Fld. mässig breit und langge-

---

*) „*litterifera*" nicht „*literifera*"! „*litera*" ist veraltet.

streckt, schwach gewölbt, hinten gezähnt und zugespitzt. Unterseite grün mit schwach erzfarbenem Schein, ebenso Fühler und Schenkel. Brust kupfrig-erzfarben. Schienen metallisch. Beine schlank. Über den Penis siehe t. 5. f. 42.

C. litterif. Chd. ist nach dunkel grünlich-erzfarbigen Stücken beschrieben, welche in der Zeichnung ziemlich mit *contorta* übereinstimmen, nur sind die Binden sehr dünn und der an der Naht aufsteigende Teil der Apmakel sehr lang. Die Randerweiterung der Mittelbinde verbindet sich fein mit der Hm- und Aplunula. (t. 4. f. 10.)

Abänderungen.

Von Variationen in der Färbung sind mir nur dunkel braunerzfarbige Stücke bekannt ohne jeden grünen Schein; auch heller erzfarbige Ex. kommen häufig ohne den letzteren vor.

Die Verbindung der Randerweiterung der Mittelbinde mit der Hm- und der Apmakel kann gelöst sein. Die Hmlunula ist bald mehr rekurv, bald endet sie nur in einen Knopf. Die Mittelbinde ist bisweilen stärker eingeschnürt (f. 10.a.).

Cicindela Elisae Motsch.

„*Elongato-parallela, nigro-aenea, cupro-variegata, subtus albo villosa; elytris lunulis hamatis tribus margineque angusto testaceo-albis.*" 8½—10 mm.

Motsch. Bull. Mosc. 59. p. 487. — 64. II. p. 172.

amurensis Morawitz. Bull. Ac. Petr. V. 63. p. 238.

Diese Art ist bisher nur aus Japan, Ost-Sibirien (Sungari Mündung, Amur etc.) und der Mongolei bekannt geworden.

U-K. hell und unmetallisch. Hlschd. schmal, nach hinten mässig verbreitert. Fld. langgestreckt. schmal, beim ♂ grösste Breite dicht vor der Spitze, gezähnt, zugespitzt. Unterseite erzgrün, ebenso die Fühler, Brust und Schenkel erzkupfrig. Schienen metallisch. Beine lang. Über den Penis siehe t. 5. f. 43.

C. Elisae Motsch. ist nach dunkel erzfarbigen Ex. beschrieben, welche an dünngezeichnete *trisignata-* oder auch *lugdunensis*-Stücke erinnern. Die Hmlunula ist mit einem schwachen Endknopf versehen, die Mittelbinde leicht geschwungen und ziemlich weit in ihrem zweiten Teile herabreichend, am Rande erweitert und mit der Hm- und Apmakel fein verbunden. Obere Hälfte der letzteren wenig nach aussen gekrümmt, unterer, an der Naht aufwärtsziehender Teil sehr kurz. (t. 4. f. 11.)

Abänderungen.

Grünlich-erzfarbige Stücke vom Amur*) sind von Morawitz *amurensis* genannt worden; sie unterscheiden sich bis auf die Färbung in nichts von der Stammform. Selten ist die Färbung heller grün.

Die Verbindung zwischen der Randerweiterung der Mittelbinde und der Hmlunula ist bisweilen unterbrochen. Ein Ex. (H.) aus Peking zeigt eine sehr veränderte Zeichnung und bildet schon den Übergang zur dlt-F (f. 11.a.).

Cicindela trisignata Dej.

„*Subcylindrica, viridi-cupreo-aenea, elytris margine laterali, lunula humerali alteraque apicis dentata, strigaque media recurva incumbente albis.*" 8—12 mm.

Dej. Spec. 1. p. 77.
infracta Megerle i. l., Ziegl. i. l., Klug. Jahrb. I.
parefacta Schönh. Dej. Spec. V. p. 212.
trifasciata var. Fabr. Syst. El. I. p. 242.
incompleta Fairm. Ann. Fr. 85. p. VIII.
subsuturalis Souverbie. Actes d. l. Soc. Linéenne d. Bordeaux. XX. livr. 1.; Krtz. D. Z. 79. p. 59.; Krtz. Ann. Fr. 80. XXXI. etc. siehe unten.
var. signatura dilatata Chd. Catalog. Collectionis. 65. p. 27.
siciliensis Horn. nov. var.
[*anatolica* Motsch. Etud. Ent. 59. p. 120. siehe Anm. 2.]

Diese Art ist über ganz Süd-Europa verbreitet, ausserdem findet sie sich in Klein-Asien, Algier und Tripolis. Am Meeres- und Flussufer. Mai.

Augen mässig hervorquellend. Hlschd. im Durchschnitt, besonders beim ♀, breiter als bei den beiden vorhergehenden Arten. Fld. langgestreckt, mässig breit, parallel, flach, gezähnt, hinten

---

*) *Elisae* Motsch. ist aus Japan beschrieben.

bald mehr zugespitzt, bald mehr gerundet. Unterseite meist violett-erzfarben, ebenso Fühler; Brust und Schenkel mehr kupfrig. Schienen metallisch. Abd. auf der Scheibe meist mehr oder minder punktiert, selten auf den letzten Segmenten glatt. Über den Penis siehe t. 5. f. 44.

C. trisignata ist nach grünlich kupfrig-erzfarbenen Stücken beschrieben mit ziemlich schmaler Zeichnung. Die Mittelbinde reicht ziemlich weit herab und endet mit einem grossen Knopf, ihre Randerweiterung verbindet sich mit der Hmluuula, die ebenfalls mit einem Knopf endet, und mit der Apmakel, die in ihrem oberen Teil schwach nach auswärts gekrümmt ist. Der an der Naht aufwärts reichende Teil der letzteren ist sehr kurz (t. 4. f. 12.).

Anm. 1. Auf *infracta* Meg. sind illyrische, auf *parefacta* Dej. Algier-Ex. zu beziehen, ebenso auf *trifasciata* var. Fabr.; sie alle unterscheiden sich in nichts von der Stammform.

Abänderungen.

Was zunächst die Farbe betrifft, so erleidet diese Art sehr grosse Abänderungen: sie kann in ein intensives Grün übergehen, das dann, besonders auf den Fld., einem schönen Azurblau weichen kann (Fairm. Ann. Fr. 61. p. 577.); der grüne Glanz kann andererseits fast ganz oder auch völlig verschwinden. Die Fld. können kupfrig oder braun werden; bei der weiter unten erwähnten *siciliensis* mihi scheint die Färbung stets mehr messingerzfarben zu sein.

Die Zeichnung kann breiter werden (f. 12.a.), die Hmlunula rekurv sein oder auch ohne Knopf enden (f. 12.b.). Die Verbindung der Randerweiterung der Mittelbinde mit der Hmlunula ist bisweilen breit gelöst, der Endknopf der ersteren verschwunden oder längs der Naht sehr verbreitert (f. 12.c.). Die obere Hälfte der Aplunula braucht nicht nach aussen umgebogen zu sein (f.12.d.). *Incompleta* Fairm. ist nach einem Ex. mit schmaler Zeichnung, unterbrochenem Rande, wenig gekrümmter Hmlunula beschrieben, bei welchem der Endknopf der Mittelbinde sowie der ganze absteigende Schenkel derselben fehlt, so dass statt ihrer überhaupt nur der horizontale Randast vorhanden ist. Es bliebe noch übrig, über zwei wichtige Variationen zu sprechen, die beide wahrscheinlich lokal sind: *subsuturalis* Souv. und *siciliensis* mihi.

Die erstere verdient eine ausführlichere Betrachtung*): Diese Varietät ist eine dlt-F, bei welcher also die Binden stark verbreitert sind (f. 12.e.), und zwar so sehr, dass sie völlig zusammen geflossen sein können (wie es bei den Exoten so häufig der Fall ist, z. B. der verwandten südamerikanischen *suturalis*). Sie wurde wiederholentlich von französischen Entomologen gefangen, aber wie es scheint, stets nur „*près de la Teste (Gironde) sur les plages sablonneuses du bassin d'Arcachon à la pointe d'Aiguillon*" oder „*environ de Bordeaux*" [Fairm. Ann. Fr. 45. CXIV., 46. CVI., Doüé l. c. 48. XXXV., Comte de Narcillac l. c. 80. p. LI.]. Doüé erwähnt, dass mit allen Zwischenformen Ex. vorkommen, die fast rein weisse Fld. haben; nur neben dem Schildchen bliebe ein metallischer Fleck zurück, der jedoch auch schon sehr abgeschwächt sei. Dem Comte de Narcillac verdanken wir die Kenntnis der ebenso interessanten wie bedauerlichen Thatsache, dass seit dem Jahre 75 die Original-Fundortsstelle bebaut ist oder doch so verändert, dass die Existenzbedingungen für diese *Cicindele* nicht mehr vorhanden sind. Wenigstens ist sie von ihm nie mehr dort gefunden worden, wärend andere *Cicindelen* z. B. *maritima***) nach wie vor dort gefangen werden. Hoffentlich gelingt es, neue Fundstellen für diese ebenso schöne wie seltene *Cicindele* zu entdecken.

Eine zwar weniger auffallende, aber nicht weniger interessante Varietät liegt mir in einigen Ex. vor (2. H., 3. Roe.), sie wurde von Herrn Frey-Gessner, jetzigem Custos am zoologischen Museum in Genf, vor vielen Jahren in Sicilien gesammelt. Die Stücke erhielt ich von einem hiesigen Händler. Neuerdings habe ich zwei weitere Ex.***) ohne genaue Fundortsgabe erhalten, sie stammen vielleicht aus derselben Quelle. Ich nenne sie *siciliensis*. Die Farbe der Varietät ist, wie schon oben gesagt, mehr messingfarben. Die grösste Breite liegt mehr in der Mitte der Fld.; die Zeichnungen sind breit. Die Mittelbinde am Rande mit der Humlunula, die wenig gekrümmt und nur selten mit einem deutlichen Knopf endet, breit zusammengeflossen. Das charakteristische Merkmal liegt jedoch vor allem in der Form der Apmakel. Ihr

---

*) Lange Zeit war sie ganz unbeachtet geblieben, wenigstens ihr Name; Hr. Dr. Kraatz machte auf ihn zum ersten Mal wieder aufmerksam.
**) cf. bezüglich *maritima* p. 40.
***) Einige Stücke derselben Form besitzt auch Hr. Dr. Kraatz.

oberer Teil ist sehr lang und sehr stark nach aussen gebogen, ja er kann sich sogar mit dem Rande vereinigen, so dass ein kleiner, metallischer Fleck von ihm eingeschlossen wird; ebenso ist es mit dem unteren, an der Naht aufwärtsreichenden Teile; auch dieser ist lang, nach aussen gebogen (entfernt sich also von der Naht) und kann seinerseits wieder mit dem oberen Teile der Apmakel sich vereinigen, so dass also auch zwischen den beiden Schenkeln der Apmakel ein völlig von Weiss umschlossener, metallischer Fleck liegen kann. Natürlich ist die Verbindung an den betreffenden Stellen nur dünn hergestellt. (f. 12.f.)

Anm. 2. *Anatolica* Motsch. ist sicher keine *trisignata*-Form. Der Ausdruck: *(une tache latérale)* „*entre la lunule médiane et celle de l'extrémité, toujours (plus) séparées de la première*" lässt unzweifelhaft eine *caucasica*-Form erkennen, mit der auch die ganze übrige Beschreibung und die Fundortsangabe (Amasia) übereinstimmt. (Siehe *caucasica* 1. Form.)

Anhang
zur VIII. Untergruppe der VI. Gruppe.

Cicindela festina Motsch.

Über *festina* Motsch. siehe VII. Gruppe, II. Untergruppe, *C. caucasica* Ad., Anm. 2.

IX. Untergruppe.

Pleuren stark beh.; Seitenränder des Hlschd. gerade. Abd. auf der Scheibe glatt, nur zwischen den Hinterhüften punktiert. Augenrunzeln fein. Stirn vor den Augen und 1. Fühlerglied unbeh.; U-K. meist. K-T. bisweilen metallisch. Augen stark hervorquellend. O-L. gerade abgeschnitten, einzähnig. Hlschd. auf der Scheibe beh., von den Seitenstücken des Mesothorax ist auch der vordere Rand beh.; Fldspitze beim ♂ nicht, beim ♀ stark zurückgezogen.

Die Zeichnung besteht aus einer Hmlunula, die mit einem Knopf endet oder rekurv ist, einer am Rande sehr stark verbreiterten, gekrümmten Mittelbinde und einer geknickten Apmakel.

Die scfl- und cfl-F ist ziemlich häufig, seltener die ap- und hm-F. Teile der Apmakel können bisweilen fehlen. Von Varietäten der Farbe kommt die nn-F vor.

Die Grösse schwankt zwischen 7½ und 10½ mm.
Ueber den Penis siehe t. 5. f. 45 und 46.
Die Arten kommen an der deutschen Ostseeküste, im Süden Europas, in Kleinasien, dem Kaukasus und West-Sibirien vor.
Am Ufer von Flüssen und Meeren.
Zu dieser Gruppe gehören: *litterata* und *lugdunensis*.

Bestimmungstabelle der Arten.

Stirn oben auf dem Scheitel unbeh. . . *litterata* Sulz.
— „ — — „ beh. . . . *lugdunensis* Dej.

Cicindela litterata Sulz.*)

„*Viridi-aenea; elytris granulatis, fascia flexuosa lunulisque binis albis, basali cum fascia, margine albo, coniuncta; oculis prominentibus albis.*" **) 7½ — 9 mm.

Sulzer. Gesch. Ins. I. p. 55. t. 6. f. 12. (1776).
sinuata Panzer. Fn. Germ. II. 19. (1793). Fabr. 1801.
viennensis Schrank. Enum. Ins. p. 356. (1781).
leucophthalma Fisch. Ent. Ross. II. p. 6. t. XXXIX. f. 13. III. p. 30.
arenaria Fuessly in litteris. Schweizerische Ins. p. 17. No. 338.
padana Cristofori i. L. Schaum. Nat. Ins. Deutschld. p. 31.
excepta D. Torre. Synopsis d. Ins. Ober-Oesterr.
mesochloros D. Torre. l. c.
apicalis D. Torre. l. c.
scripta Ménétriés i. l. (non Cat. rais. p. 96.)
lugdunensis Ménétriés. Cat. rais. 32. p. 96.; Faldermann. Faun. Trans-Ca. 38. III. p. 41.; Chaudoir. Enum. Carab. 40. p. 52.

Diese Art ist über Italien (nebst Sicilien), die Schweiz, Süd-Deutschland, Oesterreich, die Balkanhalbinsel, Süd-Russland, den Kaukasus, West-Sibirien bis zum Kolywanschen Bezirk verbreitet.***) Sehr auffallend ist ihr isoliertes Vorkommen an einigen Punkten der deutschen Ostseeküste: Stettin, Pillau, frische Nehrung etc. Auf trockenen Flugsand-Flächen und Wegen, meist in der Nähe von Gewässern. Juni-August.

*) „*litterata*" nicht „*literata*"! „*literata*" ist veraltet.
**) Die lateinische Diagnose ist Schaum (Nat. Ins. Deutschl.) entlehnt.
***) Ueber ihr Vorkommen in Frankreich siehe Anm. 2.

Augen etwas weniger als bei der folgenden Art hervorragend; Hschd. im Durchschnitt auch etwas breiter; Fld. sind ungefähr gleich, nur etwas weniger grob skulpiert. Farbe der Unterseite und Extremitäten ist ebenfalls übereinstimmend. Ueber den Penis siehe (t. 5. f. 45).

C. litterata Sulz. ist nach erzkupfrigen Ex. beschrieben. Die Zeichnung besteht aus einer mit einem Knopf endigenden Hnlunula, einer mässig weit herabreichenden und mässig breiten Mittelbinde, die am Rande stark erweitert ist. Die letztere ist geknickt, ihr oberer Teil nicht nach aussen umgebogen und mit einem Endknopf versehen. (t. 4. f. 13.)

Abänderungen.

C. sinuata Panzer, Fabr. ist auf österreichische Stücke mit grünlichen Fld. zu beziehen. Auf Wiener Ex. mit erzgrünen Fld. hat Schrank seine *viennensis* begründet. *Leucophthalma* Fisch. aus Süd-Russland hat dieselbe Färbung, aber den Rand zwischen Hm- und Median- verbunden, zwischen Ap- und Medianmakel unterbrochen. *Arenaria* Fuessly ist ein Name in litteris; Fuessly citiert (l. c.) fälschlich Sulzer (t. VI. f. 12.) als Autor seiner *arenaria*, während letzterer diesen Namen gar nicht gekannt hat, sondern an der von Fuessly angeführten Stelle seine *litterata* beschreibt. Auf venetianische Ex., die eine verhältnismässig breite Zeichnung haben, sowie eine ziemlich weit heruntergehende Mittelbinde und den ganzen Seitenrand weiss, ist nach Schaum *padana* (Crist. i. l.) zu beziehen (f. 13.a.). Der untere Endast der Hnlunula kann verschwinden; *excepta* D. T. (f. 13.b.); die Varietät *mesochloros* desselben Autors bezieht sich auf Stücke mit fehlender Mittelbinde**); bei *apicalis* D. T. ist der obere Teil der Apmakel nicht vorhanden (1. H. f. 13.b.). Von weiteren Variationen, die jedoch unbenannt geblieben sind, wäre zu nennen: Hnlunula endet nicht verdickt oder ist sehr stark rekurv (H.). Randerweiterung der Mittelbinde ist nicht mit der Hnlunula verbunden. Jene kann mehr oder weniger herabsteigen, schmaler oder breiter sein (f. 13.c.).

*) Hr. Prof. D. Torre hat den Namen für eine Varietät aufgestellt, von deren Möglichkeit er nur überzeugt war; er besass und kannte keine derartigen Stücke. Ein Ex. (Roe.) zeigt diese Erscheinung übrigens schon auf einer Fld. (f. 13.f.). Dass also die D. Torresche Varietät wirklich vorkommt, ist kaum zu bezweifeln.

Der obere Teil der Apmakel biegt manchmal nach aussen um (f. 13.d.). Die ap-F, bei welcher der Endknopf abgetrennt ist, ist selten (1. H.). Bisweilen sind alle Binden stark zerrissen.

Weit wichtiger als alle bisherigen Variationen ist die Lokalrace *scripta* Mén. i. l., *lugdunensis* autorum ross. i. l. (f. 13.e.). Diese ist bisher nur in Süd-Ost-Russland (Charkow, Kurusch, Derbent etc.) gefunden worden. Die Zeichnung ist vollkommen gleich der einer *lugdunensis*, mit welcher diese interessante Race auch bisher stets verwechselt wurde, nur ist die Randerweiterung der Mittelbinde mit der Apmakel verbunden. Von Variationen dieser Race ist mir nur die ap-F bekannt geworden, die verhältnismässig häufiger zu sein scheint als bei der Stammform.

Anm. 1. Abgesehen von *scripta* Mén. ist keine Varietät lokal.
Anm. 2. Ob *litterata* in Frankreich vorkommt und wie weit, ist mir nicht bekannt. Nach einer Mitteilung Desbrochers (Ann. Fr. 74. CCXII.) soll sie sogar bei Montluçon (Des Gozis!) gefangen sein. Ob hier eine Verwechslung mit *lugdunensis* vorliegt, kann ich nicht beurteilen; die weitere Verbreitung der *litterata* nach Frankreich hinein wäre sehr wohl möglich.

Cicindela lugdunensis Dej.

„*Subcylindrica, viridi-obscuro-aenea; elytris margine laterali interrupto, lunula humerali alteraque apicis dentata, strigaque media recurva subincumbente tenuibus albis.*" 8—10½ mm.

Dej. Spec. 1. p. 77.
sinuata Clairv. Ent. Helv. II. p. 161. t. 24. f. 6. Schaum. Nat. Ins. p. 28.
litterata Sulzer. Schaum. Nat. Ins. p. 28.

Diese Art kenne ich nur aus Tyrol, der Schweiz und aus Süd-Frankreich. In Italien kommt sie sehr wahrscheinlich auch vor (Po: Ghiliani). Juli. An Flussufern.

Anm. Da *lugdunensis* Dej. bis jetzt stets mit gewissen Variationsformen der *litterata* verwechselt ist, kann ich ihren Verbreitungskreis noch nicht scharf bestimmen. Im Kaukasus kommt sie nicht vor (siehe bei *litterata*).

Augen sehr stark hervorspringend. Hschd. schmal, nach hinten meist schwach verbreitert. Fld. mässig lang, breit, flach, grob skulpiert (Grübchen fliessen häufig sogar in einander), gezähnt, hinten gerundet. Unterseite grün, Brust mehr erzfarben, Fühler schwach erzfarben, Schenkel grün. Schienen metallisch. Beine lang. Die Grübchen der Fld. sind meist dunkel blau. Über den Penis siehe t. 5. f. 46.

C. lugdunensis ist nach dunkel erzgrünen Ex. beschrieben. Die Zeichnung ist sehr fein. Die Hmlunula endet in einen Knopf. Die Mittelbinde steigt mässig weit herab (etwas weiter im Durchschnitt als bei *litterata* Sulz.), ihre Randerweiterung hängt weder mit der Hm- noch Apmakel zusammen. Die letztere ist geknickt, ihr oberer Teil nicht nach aussen gebogen und in einen Knopf endend (t. 4. f. 14.).

Anm. 1. Schaum bezieht *sinuata* Clairv. auf *lugdunensis* Dej.; die Zeichnung spricht nur zum Teil für diese Auffassung, da der ganze Rand weiss sein soll, was bei der Dejeanschen Art nicht oder doch äusserst selten der Fall ist. Als synonym mit seiner *sinuata* giebt Clairv. eine *scripta* Sulz. t. VI. f. 12. an. Letztere existiert nicht.

Abänderungen.

In der Farbe variiert diese Art dahin, dass das Grün mehr oder weniger verschwindet. Vollkommen braune oder braunschwarze Stücke sind nicht häufig, ebenso erzkupfrige Ex.

Von Variationen in der Zeichnung sind mir die ap- und hm-F bekannt (H.). Die Hmlunula kann rekurv sein, die Randerweiterung der Mittelbinde sich mit der Hm- oder Apmakel vereinigen, selten mit beiden. Der obere Teil der letzteren ist bisweilen nach aussen gekrümmt und dann ohne Endknopf. Die Mittelbinde ist mehr oder weniger breit und weit herabreichend (f. 14.a.).

Anm. 2. Diese Art ist von jeher als Varietät der *litterata* eingezogen worden. Was die Zeichnung betrifft, so lässt sich allerdings kein konstanter Unterschied angeben. Die Behaarung der Stirn ist bisher s t e t s übersehen worden. In den meisten Fällen wird man diese Art von jener jedoch auch ohne den letzteren Unterschied deutlich trennen können; es kommen allerdings, wenn auch selten, Ex. vor, die dieser, was Zeichnung und Farbe betrifft, täuschend ähnlich werden (ebenso wie Stücke der letzteren Art [v. *lugdunensis* Mén., Fald, Chd.] der *lugdunensis* ähneln können). — Auch bei alten Stücken, die durch Spiritus etc. gelitten haben, ist die Behaarung meist noch wahrnehmbar; im entgegengesetzten Falle wäre der Fundort auch ziemlich massgebend.

Anm. 3. Schaum hat *litterata* Sulzer auf *lugdunensis* Dej. bezogen. Mir scheint diese Auffassung nicht berechtigt zu sein.

X. Untergruppe.

Pleuren stark beh.; Hschd. nur an den beiden Seitenrändern beh., diese gerade, mehr oder weniger . Augen mässig hervorquellend. Stirn und 1. Fühlergld. unbeh.; O-L. gerade abgeschnitten, einzähnig. U-K. metallisch. K-T. hell. unmetallisch. Von den Seitenstücken des Mesothorax scheint der vordere Rand nicht beh. zu sein. Abd. auf der Scheibe nur sehr spärlich punktiert. Fldspitze beim ♂ nicht, beim ♀ nur sehr wenig eingezogen.

Die Zeichnung besteht aus einer kurzen Hm-, geknickten Aplunula und einer gekrümmten, am Rande verbreiterten Mittelbinde.

Die einzige Art, die diese Gruppe repräsentiert, ist die kleinste aller paläarktischen *Cicindelen*, sie misst nur 7—7½ mm.

Über den Penis siehe t. 6. f. 17.

Der einzige Vertreter dieser Untergruppe ist aus Kleinasien und Mesopotamien bekannt.

Zu dieser Gruppe gehört nur: *pygmaea*.

Cicindela pygmaea Dej.

„*Viridi-aenea; elytris subrugosis, lunula humerali alteraque apicis dentata, strigaque media recurva incumbente albis.*" 7—7½ mm.

Dej. Spec. 1. p. 78.

Augenrunzeln grob. Fld. gedrungen. kurz, gewölbt, ziemlich breit; fast , hinten gerundet, gezähnt. mit grossen Grübchen bedeckt. Unterseite und Fühler grün erzfarben. Brust und Schenkel erzkupfrig. Schienen metallisch. Beine und Fühler kurz.

C. pygmaea Dej. ist nach grünlich dunkel-erzfarbigen Stücken beschrieben mit sehr kurzer, d. i. wenig weit auf die Scheibe der Fld. reichender Hmlunula. Mittelbinde rechtwinklig geknickt, am Rande nach oben kaum, nach unten (ohne sich zu verdicken) ziemlich weit verbreitert. Apmakel scharf geknickt, oberer Teil nicht nach aussen umgebogen. mit Endknopf. (t. 4. f. 15.)

Von Abänderungen ist die ap-F selten, weit häufiger die Färbung rein braun-erzfarben.

VII. Gruppe.

Fld. in den Schultergruben unbeh.; hinterer Augenkranz fehlt. Oberseite des Hlschd. beh., mitunter auch noch die Scheibe. Seitenstücke des Prothorax beh.; L.-T meist hell und unmetallisch. Pleuren ziemlich stark beh.; von den Seitenstücken des Mesothorax ist auch der vordere Rand beh.; die Fühlerendgld. sind bisweilen schwach gelblich-braun.

Eigentümlich ist dieser Gruppe das Vorhandensein von vier Mittelflecken, von denen 3 durch eine am Rande erweiterte Binde ersetzt sein können, die jedoch unschwer ihren Ursprung erkennen lässt. Die ersten und letzten Arten bilden hierin Übergänge zur vorhergehenden und nachfolgenden Gruppe. Randerweiterungen sind häufig normal.

Von Abänderungen sind die hm- und ap-F verhältnismässig selten, die mrg-, scfl- und cfl-F dagegen etwas häufiger. Von den Varianten der Färbung kommen alle vor, sind jedoch fast durchgehends ziemlich selten.

Die Grösse schwankt zwischen 8 und 16 $\frac{1}{2}$ mm.

Über den Penis vergleiche t. 6. f. 18. 19. 21. 23.

Vertreter dieser Gruppe fehlen nur im Norden von Europa und Ost-Asien.

Die Arten scheinen vorzugsweise am Ufer von Flüssen und Meeren zu leben.

Zu dieser Gruppe gehören: *sublaccrata**); *caucasica (Sturmi)*, *concolor*, *Fischeri*, *alboguttata*; *dongalensis*; *aulica (aphrodisia)*, *lunulata*; *lactescripta*; *nilotica*, *nitidula*.

*) Diese Art bildet einen interessanten Übergang von der VI. zur VII. Gruppe. Am nächsten verwandt ist sie mit der vorhergehenden Art *(C. pygmaea* Dej.); vergleiche in dieser Hinsicht auch die Verwandtschaftstabelle auf Seite 11.

Bestimmungstabelle der Untergruppen.

1) Hlschd. nur an den beiden Seitenrändern beh..   2.
  „ auch am Vorder- und Hinterrande „   3.
2) Abd. auf der Scheibe nicht punktiert*) . .   4.
  „ „ .. „ dicht „   IV.
3) Augenrunzeln grob   .   I.
  „ fein .   5.
4) 1. Fühlergld. unbeh.   .   II.
  .. „ beh. . . . .   .   III.
5) Untere Augenbüschel fehlen . . .   V.
  .. „ sind vorhanden .   VI.

I. Untergruppe.

Hlschd. auch auf der Scheibe beh.; Abd. auf der Scheibe sehr spärlich, noch dazu nur auf den ersten Segmenten punktiert. 1. Fühlergld. unbeh.; Augenbüschel fehlen. Augen stark hervorquellend. Stirn vor und zwischen den Augen beh.; U-K. braun, unmetallisch, Epipleuren der Fld., K-T. und L-T. hell und unmetallisch. O-L. mässig vorgezogen, einzähnig. Hlschdränder ziemlich gerade. Fldspitze nur beim ♀ schwach eingezogen.

Die Zeichnung besteht in einer Hmlunula, die mit einem Knopf endet oder rekurv ist, einer am Rande stark erweiterten, gekrümmten Mittelbinde und einer geknickten Apmakel.

Die Grösse schwankt zwischen 8 und 9 mm.

Über den Penis siehe t. 6. f. 18.

Zu dieser Gruppe gehört nur: *sublacerata*.

Cicindela sublacerata Solsky.

„*C. litteratae Sulz. similis, sed minor, C. pygmaeae Dej. magnitudine aequalis, magis cylindrica, angustior, sculptura fasciaque elytrorum aliter figurata ab illa distincta. Oblonga, subcylindrica, viridiaenea, supra anterius paulo nitida, rugulosa, albo-pubescens, elytris opacis, subtiliter sat crebre puncto-granulatis, basi intra humerum et ad suturam punctis nonnullis majoribus impressis; lunula humerali, altera apicali fasciaque media paulo magis quam in C. litterata Sulz.,*

*) Die Segmente zwischen den Hinterhüften ausgenommen.

sed minus quam in C. contorta Fisch. flexuosa, marginibus paulo lacerata, albis. Thorace cylindrico, quadrato. Fronte impressa, profunde longitudinaliter striata, labro medio paulo producto, in utroque sexu dente acuto armato, mandibularumque basi albis, palpis testaceis articulo ultimo nigro-aeneo; antennis rufo-piceis, articulis quarto primis aeneis. Subtus nitida, obscure viridis, pleuris albo-pilosellis femoribusque aureis, abdomine lateribus late, dense albo-pubescente; trochanteribus rufis. ♂ gracilior, tarsis anticis articulis primis tribus dilatatis, abdomine segmento penultimo in medio apicis leviter sinuato, ultimo bilobo." 8—9 mm.

Solsky. Coleopt. coll. in exp. Turk. ab A. Fedtsch. II. 5. p. 8.

Diese Art ist aus Turkestan, dem Kaukasus (wahrscheinlich Ordubad) und dem Kolywanschen Bezirke bekannt.

Augen stark hervorquellend, Stirn vor denselben von dem Mittelpunkte aus nach oben, unten, vorn und hinten ausstrahlend beh.; Hlschd. nie sehr breit. Fld. schmal, langgestreckt, parallel, gezähnt, grob skulpiert (nur Grübchen). Fldspitze beim ♂ nicht, beim ♀ deutlich eingezogen. Unterseite grünlich-erzfarben. Brust und Extremitäten mehr kupfrig. Schienen bisweilen sehr schwach gelblich durchscheinend. Beine lang.

C. sublacerata ist nach grünlich-erzfarbigen Ex. beschrieben. Der obere Teil der Aplunula steht senkrecht auf dem unteren und endet nicht mit einem Knopf. Die Randerweiterung der Mittelbinde ist hauptsächlich nach unten gerichtet. (t. 4. f. 16.)

Anm. Dokhtouroff hat in seiner Fauna die Vermutung ausgesprochen, dass *festina* Motsch. mit dieser Art identisch sein soll. Diese Auffassung hat wohl wenig Wahrscheinlichkeit für sich, obwohl sie nicht gänzlich ausgeschlossen erscheint. (Über *festina* Motsch. siehe p. 140 und 152.)

Abänderungen.

Der Verbreitungskreis der *sublacerata* ist noch sehr wenig bekannt, und lässt sich deshalb auch jetzt noch nicht über die Formen dieser Art mit Bestimmtheit ein Urteil fällen. Vorläufig muss ich mich auf folgendes beschränken:

I. *sublacerata* Solsky: Hlschd. schmal, lang, mässig gewölbt, sehr grob skulpiert, Mittelfurche nicht wahrnehmbar. Turkestan.

II. *levithoracica* mihi: Hlschd. breiter, kürzer, flach, fein skulpiert, Mittelfurche schwach angedeutet. Süd-Kaukasus.

Stammform: sublacerata Solsky.

Die Farbe kann mehr in ein reines Erzbraun oder Grün übergehen. Selten ist die vv-F oder gar c-v-F.

Mitunter ist die Randerweiterung der Mittelbinde ebenso weit nach oben wie nach unten gerichtet. Der obere Teil der Apmakel geht bisweilen nicht unter einem rechten, sondern unter einem stumpfen Winkel (zu der unteren Hälfte) ab (1. H. f. 16.a.). Die scfl-F für die Hmlunula ist nicht selten.

Race: levithoracica m. (2. H. 1. Roe.).

Im allgemeinen scheint diese Race mehr grünlich als braunerzfarben zu sein.

Anm. 1. Über das Ex. aus Sibirien kann ich vorläufig kein Urteil fällen.

Anm. 2. Bei Vergleichung eines grösseren Materiales der *levithoracica* (ich sah nur 5 Stücke!), könnte sich diese Varietät vielleicht als eigene Art, vielleicht auch nur als einfache Variation herausstellen. Es handelt sich hier um genau dieselben Unterschiede wie bei *Kiritori* und *descendens* oder *obliquefasciata*. Ich habe hier sowohl wie dort die Artberechtigung nicht für bewiesen erachtet.

II. Untergruppe.

Hlschd. nur an den beiden Seitenrändern beh.; Abd. höchstens zwischen den Hinterhüften spärlich punktiert. Augenrunzeln fein. 1. Fühlergld. unbeh.; O-L. gerade oder fast gerade abgeschnitten, höchstens einzähnig. Augen ziemlich stark hervorquellend. Seitenränder des Hlschd. mehr oder weniger gerade. Fldspitze beim ☂ und ♀ nicht oder sehr wenig eingezogen.

Die Zeichnung besteht aus 2 Hm- und Apflecken, die verbunden sein können, und 4 Mittelflecken (2 am Rande und 2 auf der Scheibe). Die beiden oberen hiervon können durch einen grösseren, quergestellten Fleck ersetzt werden, ebenso einige oder alle von den Mittelflecken verbunden sein. Eine Art (*concolor*) hat überhaupt keine Zeichnung.

Von Varietäten der Zeichnung kommt die hm-, ap-, mrg-, cfl-, scfl- und con-F vor, ausserdem ist bisweilen die Mittelbinde in ihre Bestandteile aufgelöst. Einzelne Flecke können fehlen. Von Farben-Varianten ist die un-, rr- und vv-F bekannt.

Die Grösse schwankt zwischen 9 und 14½ mm.

Über den Penis siehe t. 6. f. 19—21.

Die Arten leben im Süden der ganzen Fauna bis nach Turkestan (als Ost-Grenze).

Am Ufer von Flüssen und Meeren (zum Teil im Gebirge). Zu dieser Gruppe gehören: *caucasica* (*Sturmi*). *concolor*. *Fischeri*. *alboguttata*.

Bestimmungstabelle der Arten.

1) Vordere Augenbüschel gross. Stirn vorn auf der
   Scheibe unbeh. . . . . . *concolor*.
   „   „ klein oder fehlend. Stirn
   vorn auf der Scheibe beh. oder unbeh. . 2.
2) Stirn vorn auf der Scheibe beh. 3.
   „   „   „   „   „   unbeh. . . . . *alboguttata*.
3) Stirn vorn transversal aber " beh.; vordere
   Augenbüschel fehlen meist gänzlich. *Fischeri*.
   „   „ nicht " beh.; vordere Augenbüschel
   deutlich wahrnehmbar . . . . . *caucasica*.

Anm. Leider werden die hier angegebenen Behaarungsunterschiede nur bei wenig Ex. in dieser Weise deutlich wahrnehmbar sein. Meistens sind die Haare künstlich aus ihrer Lage gebracht oder gänzlich abgerieben, besonders die auf der Scheibe der Stirn vor den Augen. Für die praktische Bestimmung der Arten mag folgendes gelten: Die Fld. sind nur bei *concolor* ohne Zeichnung. Der obere Mittelfleck ist in 2 Makeln aufgelöst oder nimmt (der Quere nach) mehr als die Hälfte der Fldbreite ein bei *caucasica*. Bei *Fischeri* und *alboguttata* ist höchstens ein oberer, meist breiterer und kürzerer Randfleck vorhanden.

Cicindela caucasica Ad.

„*Viridi-fusca, elytris puncto lunulisque tribus marginalibus albis, media flexuoso-ramosa.*" 9—11 mm.

I. Adams. Mém. d. Mosc. V. 17. p. 280. Fischer. Ent. Ross. III.
   p. 32. t. 1. f. 4.
strigata Dej. Spec. I. p. 78.
araxicola Reitter. D. Z. 89. p. 273.
arabica Dej. Spec. V. p. 230.
caucasica autorum posteriorum.
anatolica Motsch. Et. Ent. 59. p. 120.
II. *Sturmi* Ménétriès. Cat. rais. 32. p. 95.
Staudingeri Krtz. D. Z. 83. p. 337.
Über *festiva* Motsch. Et. Ent. 59. p. 120. siehe Anm. 2.

Diese Art ist über Kleinasien, den Kaukasus, die Kirghisensteppen, Mesopotamien, Arabien und Turkestan verbreitet. Die 2. Form scheint sich vorzugsweise in Turkestan, die erste im Kaukasus und überhaupt mehr im Westen aufzuhalten. Juni bis Juli. Wahrscheinlich an Ufern von Flüssen und Meeren.

Augen stark hervorquellend. L.-T. hell. K.-T. dunkler bräunlich, selten schwach metallisch. Hlschd. mehr oder weniger breit, Fld. beim ♂ fast , beim ♀ schwach bauchig, gezähnt, ziemlich flach, mehr oder weniger zugespitzt. Spitze beim ♂ und ♀ so gut wie nicht eingezogen. Unterseite grün, Brust kupfrig. Schenkel und Fühler mehr grün oder mehr kupfrig, Schienen metallisch. Beine ziemlich lang. Über den Penis siehe t. 6. f. 19.

C. caucasica Ad. ist nach dunkel-erzgrünen Ex. beschrieben, bei denen die Hm- und Aplmula geschlossen ist. Die Medianbinde besteht aus einem horizontalen, in der Mitte verschmälerten Ast, der am Rande nach oben und unten erweitert ist; ausserdem ist ein (getrennter) Scheibenfleck vorhanden. (t. 6. f. 1.)

Anm. 1. Nach Dokhtouroff und Jakowleff soll *caucasica* Fisch. = *Fischeri* Ad. sein; diese Behauptung ist nicht richtig.

Abänderungen.

Es dürfte zweckmässig sein, zwei Formen zu unterscheiden und zwar:

I. *caucasica* Ad., die nur 9—11 mm misst. Im Gebirge (?).

II. *Sturmi* Mén., nur 12—14 mm. In der Ebene (?).

Natürlich lassen sich die beiden Formen nicht scharf von einander trennen, sie gehen auch in der Grösse völlig in einander über.

Erste Form: caucasica Ad.

Noch einmal hervorzuheben ist, dass Adams und Fischer angeben, die Mittelbinde sei in einen Randast und einen Scheibenfleck getrennt. Auf dunkelgrüne Stücke mit geschlossener Mittelbinde ist *strigata* Dej. und *araxicola* Reitt. (f. 1.a.) zu beziehen. Die Randerweiterung verdickt sich nach der Spitze, während dieses bei *arabica* Dej. nicht besonders angegeben ist. Auf *caucasica* autorum posteriorum ist die eigentliche Grundform zu beziehen, d. i. bräunlich-erzfarbene Ex. mit geschlossener Mittelbinde, bei welcher die (nach unten gerichtete) Randerweiterung in einen Knopf endet. *Anatolica* Motsch. steht ihr am nächsten, indem sie sich nur dadurch unterscheidet, dass der zuletzt erwähnte Knopf von der Randerweiterung völlig abgetrennt ist.

Was weitere Abänderungen betrifft, so wäre noch zu sagen, dass die hm-F ziemlich selten vorkommt und noch seltener die hm-F speziell von der *caucasica* Ad. Fisch., weil schon an und für sich die echte *caucasica* Ad. weit seltener ist als *caucasica* ant. post. (l. H.).

Zweite Form: Sturmi Mén. (f. 1.b.)

In der Färbung ist die Form konstanter als die erstere; die vv-F ist mir nicht bekannt, sondern nur rotbraune oder bräunlicherzfarbene Stücke.

In der Zeichnung variiert diese Form analog der ersten. Die hm-F ist ziemlich selten (Roe. H.), häufiger scheint die scfl-F für die Hmlunula*) zu sein; nach Dokht. ist auch die Medianbinde bisweilen getrennt. *Staudingeri* Krtz. ist auf turkestanische Ex. zu beziehen, während *Sturmi* Mén. vom Kaspischen Meere beschrieben wurde.

Anm. 2. Über *festina* Motsch., von der schon früher (p. 148.) gesagt ist, dass Dokht. in ihr eine *sublacerata* Solsky zu erkennen glaubte, ist es sehr schwer, (ohne die Typen, die mir nicht zur Verfügung standen) ein bestimmtes Urteil zu fällen. Es wäre denkbar und ist vielleicht noch am wahrscheinlichsten, dass sie eine *caucasica*-Form ist, wenngleich auch manches dagegen spräche. Möglich auch, dass Motsch. eine *trisignata* vor sich hatte; an *contorta* ist wohl weniger zu denken.

Anm. 3. Weder die Varietäten der ersten wie der zweiten Form sind lokal.

Cicindela concolor Dej.

„*Supra obscuro-aenea; elytris sutura cuprea.*" 11—14½ mm. Dej. Spec. V. p. 226. Icon. Latr. et Dej. 22—24. p. 42. t. 3. f. 3.

Rouxi Barthélemy. Ann. Fr. 35. p. 600. t. 17^A. f. 2.

♀ *aerea* Chevrolat. Rev. 41. p. 9. t. 58. Schaum. Berl. Zeit. 57. p. 119.

♀ *latipennis* Castelnau. Etud. ent. p. 139.

Diese Art ist in Griechenland, den benachbarten Inseln, Kreta und Syrien gemein. An der Meeresküste.

---

*) Die scfl-F für die Aplunula wird ebenfalls vorkommen ebenso wie die cfl-F; bekannt sind sie mir jedoch nicht.

Augen mässig hervorquellend. L-T. hell. K-T. fast stets metallisch. Hlschd. ziemlich breit. Fld. beim ♂ mässig, beim ♀ sehr stark bauchig, wenig gewölbt, gezähnt, hinten meist schwach zugespitzt, Spitze beim ♂ und ♀ schwach eingezogen. Unterseite dunkel violett, mehr oder weniger kupfrig, Fühler kupfrig grün. Schenkel kupfrig. Schienen metallisch, Beine ziemlich kurz. Über den Penis siehe t. 6. f. 20.

C. concolor Dej. ist nach dunkel erzfarbenen (kretenser) Stücken beschrieben. Jede Spur einer Zeichnung fehlt (t. 6. f. 2.).

Anm. *Rouxi* Barth. ist auf syrische Ex. zu beziehen. Bauchige ♀ sind von Chevrolat als *aerea*, von Castelnau als *latipennis* beschrieben und zwar mit der falschen Fundortsangabe „Oaxaca(?)" für die erstere, „Chili" für die letztere.

Abänderungen.

Diese Art gehört zu den am wenigsten variationsfähigen *Cicindelen*. Die Breite der Fld. schwankt etwas (f. 2.a.), die Epipleuren der Fld. werden selten hell und unmetallisch. Die v-F ist sehr selten (1. Krtz.), ebenso die nn-F (1. H.).

Cicindela Fischeri Ad.

„*Cuprea, elytris punctis tribus, medio transversali majore, lunulaque apicis albis*" („*supra cuprea*"). 9—12 mm.

Adams. Mém. d. Mosc. V. p. 279.
alasanica Motsch. Bull. Mosc. 39. p. 91. t. 6. f. a.
alasanica autorum posteriorum.
syriaca Trobert. Ann. Fr. 44. p. XXXVI.
octopunctata Loew. Stett. Zeit. 43. p. 339.
Fischeri autorum posteriorum.
palmata Motsch. Ins. Sib. p. 37.
serpentina Frivaldszky. i. l. Gemm. et Harold. I. p. 15.
5-punctata (Boeber) Dej. Spec. Benth. Ent. Nachr. 90. p. 207.
Türki Benth. Ent. Nachr. 86. p. 157.

Diese Art ist über Oesterreich („Schönbrunn"), Ungarn, die Türkei, Süd-Russland, den Caucasus, Klein-Asien, Syrien, Cypern, Turkestan verbreitet. März—September.

Augen stark hervorquellend. L-T. beim ♂ hell, beim ♀ bräunlich, bisweilen sogar metallisch. K-T. meist metallisch. O-L. beim ♂ gerade abgeschnitten, fast ohne Spur des Mittelzahnes, beim ♀ etwas mehr vorgewölbt und mit einem deutlichen Zahne. Die Breite des Hschd. schwankt. Fld. , lang gestreckt. fein gezähnt, mässig flach. ♂ und ♀ sehr schwach eingezogen. Unterseite und Extremitäten meist bläulich oder grünlich. Schienen metallisch. Beine ziemlich lang. Über den Penis siehe t. 6. f. 21.

C. Fischeri Adams ist nach kupfrigen Ex. beschrieben. Die Zeichnung besteht aus einem Hmfleck, einer Aplunula, einer mittleren, transversalen Randmakel und einem Scheibenfleck (t.6. f.3.).

Anm. 1. Bisher ist *Fischeri* Ad. stets falsch bezogen worden, kein Autor scheint jemals Adams' Beschreibung verglichen zu haben!

Anm. 2. Dass Dokhtouroff und Jakowleff *Fischeri* Ad. und *caucasica* Ad. verwechselt haben, ist schon dort gesagt.

Abänderungen.

Auf kupfrige Stücke, bei welchen ausser dem transversalen Rand- und dem Scheibenfleck nur noch ein unterer Hmfleck und eine getrennte Aplunula vorhanden sind, ist *alasanica* Motsch. zu beziehen. *Alasanica* aut. post. (f. 3.a.) hat ausser dieser Zeichnung einen oberen Hmfleck, die Aplunula ist geschlossen. Von weiteren Varianten der kupfrigen Form ist bekannt: *alasanica* aut. post. ohne untere Hmmakel oder mit einem kleinen Randfleck zwischen dem transversalen Fleck und der Aplunula (f. 3.b.). Weiterhin kann dieser letztere, neu hinzugekommene Fleck mit dem transversalen Fleck verbunden und letzterer auch am Rande nach oben hin erweitert*) sein (2. H. f. 3.c.). Selten fehlt von der Zeichnung der *alasanica* aut. post. der untere Apfleck (1. H.). Bisweilen scheint der transversale Randfleck schmal und lang, statt breit und kurz zu sein (1. H.).

Die vv-F mit 2 Hm-, 2 Rand-, einem Scheibenflecke und einer Aplunula ist *syriaca* Trobert. Der untere Randfleck fehlt bei *octopunctata* Loew**) (*Fischeri* aut. post. und *palmata* Motsch.). Türkische Stücke mit derselben Zeichnung hat Friv. in litteris *serpentina* genannt. Der untere Hmfleck kann fehlen: *5-punctata* (Boeber i. l.) Dejean. Von weiteren Varianten der vv-F kommt noch vor: *octopunctata* Loew ohne oberen Hmfleck (1. D. M.), die ap-F von *octop.*, die mrg-F (2. H. [nur nach unten verbreitert] f. 3.d.).

---

*) ähnlich der *caucasica* Ad.
**) von Rhodus.

die con-F (1. Krtz. 1. H. f. 3.e.). Die beiden mittleren Randflecke der *syriaca* Trob. sind bisweilen vereinigt (1. H.); schliesslich können die beiden Hm- und der obere der beiden Apflecke zu gleicher Zeit*) fehlen (Dokht.), sodass nunmehr nur noch imganzen 3 Flecke vorhanden sind.

Die c-F oder gar cc-F ist selten, ebenso die nn-F: *Türki* Beuth.

Anm. 1. Selten sind die Fld. grün, während Kopf und Hlschd. stark kupfrig ist.

Anm. 2. Keine der angeführten Varianten ist lokal.

Anm. 3. Als Stammform ist *syriaca* Trob. zu betrachten.

Cicindela aloguttata Dej.

„*Coerulea (nigra), elytris fascia abbreviata maculisque albis.*" 12 mm.

Dej. Spec. V. p. 249. Klug.

Diese Art ist bisher nur von der arabischen Küste des Roten Meeres und aus Abessynien (Bogos. 2000 m. Hildebrdt.) bekannt. Fairmaire erwähnt sie auch von Somâlis-Iza und den Ufern des Tanganyika.

Augen stark hervorquellend, L.-T. sind nach den Geschlechtern im allgemeinen ebenso verschieden wie bei der vorhergehenden, jedoch kommen schon Schwankungen sehr häufig vor. O-L. wie bei *Fischeri*. K.-T. schon häufiger unmetallisch. Unterseite und Extremitäten blau, letztere ziemlich lang.

C. alboguttata ist nach blauen Stücken beschrieben, die 2 Hm-, 2 Ap-, 2 Rand- und einen Scheibenfleck haben. Alle Makeln sind getrennt. Der obere Randfleck ist transversal wie bei *Fischeri*. (t. 6. f. 4.)

Abänderungen.

Von Varietäten der Färbung erwähnt schon Klug die nn-F, welche verhältnismässig nicht selten zu sein scheint.

Von Varietäten der Zeichnung ist die hm-**), ap- und mrg-F bekannt (f. 4.a), bei welcher letzteren die beiden mittleren Randflecke verbunden sind. Sehr selten dürfte wohl die von Fairmaire (Ann. France. 87. p. 70.) erwähnte con-F sein.

---

*) auch der untere Randfleck fehlt bei dieser Varietät.

**) Die hm-F der *Fischeri* Ad. ist noch nicht bekannt.

III. Untergruppe.

Hlschd. nur an den beiden Seitenrändern beh.; Abd. auf der Scheibe glatt. Augenrunzeln fein. Augen stark hervorquellend. Stirn mit Ausnahme des Kopfschildes unbeh.; U-K., L-T., K-T. und Epipleuren der Fld. hell und unmetallisch. O-L. vorgezogen, einzähnig. Fühler und Beine lang. Hlschdränder leicht gekrümmt. Fldspitze beim ♂ nicht, beim ♀ schwach eingezogen.

Die Zeichnung besteht in einer Hm- und Aplunula und 4 Mittelflecken. Die beiden mittleren Randflecke, sowie der obere Scheibenfleck sind breit verbunden.

Die scfl- und cfl-F scheint häufig zu sein.

Über den Penis siehe t. 6. f. 22.

Die einzige Art dieser Gruppe lebt in Afrika.

Zu dieser Gruppe gehört nur: *dongalensis*.

Cicindela dongalensis Klug.

„*Fusco-aenea, elytris lunula humerali apicalique, fascia transversa media punctisque duobus albis.*" 12—13 mm.

Klug. Symb. phys. III. t. 21. f. 6.

fimbriata Dej. Spec. V. p. 240.

Diese Art ist vom Senegal, aus Ägypten und Nubien bekannt. Fairmaire erwähnt sie auch von Kibanga. Selten.

Kopf fein skulpiert. 1. Fühlergld. beh., Hlschd. mässig breit, hinten sehr wenig eingezogen. Ränder leicht geschweift. Fld. breit, langgestreckt, flach, hinten zugespitzt, gezähnt. Unterseite kupfrig, ebenso Schenkel und Fühler. Schienen meist gelblich durchscheinend. Beine lang. Fühler sehr lang.

C. dongalensis ist nach bräunlich-erzfarbenen Stücken mit schwach grünlichem Schein beschrieben. Die Hmlunula ist nicht rekurv. (t. 6. f. 5.)

Anm. Klug hat in der Beschreibung vergessen anzugeben, dass die beiden mittleren Randflecke verbunden sind. Alle seine Typen zeigen diese Erscheinung.

Variationen.

In der Farbe scheint diese Art wenig zu variieren. Die Abdspitze ist häufig (immer ?) gelb. — Die Verbindung zwischen dem oberen Rand- und oberen Scheibenfleck kann schmaler oder breiter sein. Die Apmakel ist häufig mit dem unteren Randfleck (fein) verbunden (scfl-F für die Aplunula). Die scfl-F für den Hmmond hat Dej. als *fimbriata* vom Senegal beschrieben (l. II.): die Makeln sind meist breit zusammengeflossen. Die cfl-F ist ebenfalls verhältnismässig nicht selten.

IV. Untergruppe.

Hlschd. nur an den beiden Seitenrändern beh.; Augenrunzeln mässig grob. Augenbüschel fehlen. 1. Fühlergld. meist beh.; Augen mässig hervorquellend. U-K. und Epipleuren der Fld. meist metallisch. L-T. heller als K-T.; Stirn meist beh.; O-L. gerade abgeschnitten, einzähnig. Seitenränder des Hlschd. gerade. Fldspitze beim ♀ schwach zurückgezogen.

Die Zeichnung besteht in einer Hu- und Apmakel und vier Mittelflecken, von denen die beiden oberen verbunden sind.

Von Varianten der Zeichnung kommt die hu-, ap-, dle-, mrg-, con-F vor. Die Mittelflecke sind bisweilen alle untereinander verbunden mit Ausnahme der beiden unteren. Alle Makeln ausser den beiden mittleren Randflecken und dem oberen Apflecke können fehlen. Sämmtliche Farbenvarietäten kommen vor.

Die Grösse schwankt zwischen 10 und 16 mm.

Über den Penis siehe t. 6. f. 23 und 24.

Die Arten leben im Süden der ganzen Fauna mit Ausnahme des äussersten Osten.

Am Ufer von Flüssen und Meeren.

Zu dieser Gruppe gehören: *aulica (aphrodisia)* und *lunulata*.

Bestimmungstabelle der Arten.

Beine (bes. Tarsen) lang   *aulica.*
   „   ..   kurz   *lunulata.*

Cicindela aulica Dej.

„*Capite thoraceque obscure cupreo-aeneis; elytris nigro-subcupreis, lunula humerali apicalique, fascia transversa abbreviata punctisque duobus albis; subtus rubro-cuprea; pedibus concoloribus.*" 13—15 mm.

Dej. Spec. V. p. 250.

aulica v. *laete-cupreo-viridis* Chd. Catal. Coll. 65. p. 31.

aphrodisia (Truqui) Baudi. Berl. Ent. Zeit. 64. p. 195.

lugens (Dahl) Ragusa. Il Natur. Sicil. 83. II. p. 172.; I. p. 5.
Leuthneri siehe Anm. 3.

Diese Art ist bekannt vom Senegal, dem Kap der guten Hoffnung, aus Suakim, Nubien, Syrien, Cypern, Sicilien. Auf felsigem Boden in der Nähe der Küste.

Augen mässig hervorquellend. 1. Fühlergld. meist mit 1—3 Härchen (also im Durchschnitt viel weniger beh. als *lunulata* F.). Stirn vorn meist völlig unbeh., selten mit 2—3 Härchen (also ebenfalls im Durchschnitt viel weniger beh. als *lunulata* F.). Hlschd. quadratisch, Ränder gerade. Fld. ziemlich gewölbt, lang-gestreckt, schmal, hinten zugespitzt, gezähnt; Spitze beim ♀ schwach eingezogen. Unterseite und Schenkel kupfrig. Fühler etwas grünlich, Schienen metallisch. Extremitäten lang. Penis siehe t. 6. f. 23.

C. aulica*) ist nach senegalenser Stücken beschrieben; die Farbe ist dunkel, grünlich-broncefarben, mehr oder weniger kupfrig. Fld. glänzend. Der obere Randfleck ist mit dem oberen Scheiben-fleck verbunden, letzterer ist meist grösser als bei *lunulata* F. (t. 6. f. 6.).

Variationen.

Auf heller gefärbte, grünlich-kupfrige Ex. bezieht sich *v. laete-cupreo-viridis* Chd. (Nubien). Fast schwarze Stücke, bei denen der obere Rand- und Scheibenfleck getrennt sind, hat Baudi *aphro-disia* genannt. Er beschrieb sie aus Cypern. Bei *lugens* Dahl sind der obere Rand- und die beiden Scheibenflecke verbunden (Krtz.). Die letztere Form erwähnte schon Baron Rottenberg in seinem Katalog aus Sicilien.

Häufig ist die Färbung tief dunkelrot, fast rein schwarz. Seltener sind die Fld. hell kupfrig.

Die hm-F ist häufig, die ap-F seltener. Bisweilen sind zu gleicher Zeit die oberen Paare der Mittelflecke und der Hmflecke getrennt (f. 6.a.). Die beiden mittleren Randflecke können eben-falls vereinigt sein. Sehr selten verbinden sich allein die Scheiben-flecke, während der obere Randfleck und obere Scheibenfleck ge-trennt sind (f. 8.b.). Der letztere Fall allein kommt häufig vor. Bei einem Ex. (H.) ist zwischen den beiden Scheibenflecken noch

---

*) *aulica* Dej. hat vielleicht im Durchschnitt etwas kürzere und breitere Fld. als die syrischen und sicilianischen Stücke.

ein kleiner. kreisrunder Fleck **symmetrisch** eingeschaltet, während die ersteren im übrigen keine Neigung zur Verbindung zeigen (f. 6.c.).

Anm. 1. Natürlich werden noch manche andere Kombinationen in der Zeichnung vorkommen. Bekannt sind mir jedoch nur die oben genannten.

Anm. 2. Keine der angeführten Varietäten ist lokal.

Anm. 3. Eine *Cic. Leuthneri* Ganglb., die häufig in den Katalogen der Händler etc. figuriert, existiert in Wirklichkeit nicht. Nach freundlicher Mitteilung des Hr. Ganglbauer hat der genannte Autor auch nicht einmal *in litteris* einer *Cicindela* diesen Namen gegeben.

Cicindela lunulata Fabr.

„*Nigra, elytris lunulis duabus maculisque duabus albis, anteriore transversa.*" 10—16 mm.

Fabr. Spec. Ins. 1787. p. 284.

I. *nemoralis* Oliv. Hist. Nat. 1790. II. No. 33. p. 13. t. 3. f. 36.

litoralis Dej. et autorum posteriorum.*)

solstitialis (Gistl. Syst. ins. 5. 7. 191.). Mannerheim. Bull. Mosc. 38. p. 208.

lunulata Fischer. Ent. Ross. I. p. 3. t. 1. f. 1.b.

4-punctata Rossi. Fauna. Etr. II. App. p. 343.

discors (Meg.) Dej. Spec. 1. p. 105.

lugens (Dahl) Dej. V. p. 214.

nemoralis Beuthin. Ent. Nachr. 90. p. 93.

graeca Krtz. Ent. Nachr. 90. p. 139.

viridicoerulea Dokhtouroff. Hor. Ross. 88. p. 140.

Koltzei Beuthin. Ent. Nachr. 90. p. 93.

6-maculata Beuthin. l. c.

interrupta Schilsky. D. Z. 88. p. 179.

II. *lunulata* Beuthin. Ent. Nachr. 90. p. 93.

massaniensis Dokhtouroff. Ann. Belg. 87. p. 156.

litoralis Fabr. Mant. Ins. 1. p. 185.

barbara Castelnau. Nat. Ins. I. p. 18.

Othii (Gistl. Syst. Ins. 88. add.) Chd. Cat. coll. p. 31.

Barthelemyi (Dej.) Fairmaire. Faune. p. 4.

Rolphi Krtz. Ent. Nachr. 90. p. 139.

---

*) „*litoralis*" nicht „*littoralis*"! „*litoralis*" („*litus*") = zum Ufer des Meeres gehörig.

Ragusae Beuth. Ent. Nachr. 90. p. 93.
Ragusae Failla Tedaldi. Il Natur. Sic. 87. VI. p. 157.
III. *conjunctae-pustulata* Dokhtouroff. Hor. Ross. 87. p. 438.
rectangularis Beuthin. Ent. Nachr. 90. p. 93.
lugens Beuthin. l. c.
IV. *renatoria* Poda. Ins. Mus. Graec. p. 42.
Loew. Stett. Zeit. 43. p. 343.

Diese Art ist über Süd-Europa, den Westen Nord-Afrikas, Syrien, Kleinasien, Turkestan, die Kirghisen-Steppen, Sibirien bis zum Altai, die Mongolei und China verbreitet. Am Ufer von Flüssen und Meeren. Mai—September.

C. lunulata F. unterscheidet sich von der vorhergehenden nur durch die kürzeren Tarsen. Die Fld. sind meist flacher, die Stirn und das 1. Fühlergld. ist im Durchschnitt bedeutend stärker beh., jedoch kommen nicht selten auch hier unbeh. Ex. vor. Die Färbung der Unterseite und Extremitäten schwankt sehr. Über den Penis siehe t. 6. f. 24.

Die von Fabricius beschriebene Form ist schwarz, matt, die Hm- und Aplunula geschlossen, von den 4 Mittelflecken sind die beiden oberen verbunden, die beiden unteren getrennt. Die Unterseite ist cyanfarben. (t. 6. f. 7.)

Anm. Bisher sind die sehr zahlreichen Abänderungen dieser Art fast stets verwechselt worden, daraus erklärt sich auch die grosse Anzahl der übereinstimmenden Namen. Hr. Beuthin hat den Wirrwarr nur vergrössert, weil er die Originalbeschreibungen ebensowenig wie den grössten Teil der neueren Litteratur gekannt zu haben scheint.

Abänderungen.

Bei der grossen Anzahl der Varietäten dieser Art ist es zweckmässig, dieselben folgendermassen einzuteilen:
1) Alle Variationen, bei welchen die 4 Mittelflecke getrennt sind,
2) „   „   „   „   2   „ verbunden „
3) „   „   „   „   3 od. 4 „   „
4) „   „   „   „   ein Fleck oder mehrere fehlen.

Formen der ersten Reihe. (f. 7.a.)

Grünlich oder bronce-erzfarbene Stücke (aus Frankreich) sind auf *nemoralis* Oliv. zu beziehen. Identisch hiermit ist *litoralis*

Dej.*) et autorum post., *solstitialis* (Gistl) Mannerheim**), *lunulata* Fisch., *quadripunctata* Rossi.***) Lebhaft grün gefärbte Ex., wie sie in Dalmatien, bei Triest und in Ungarn vorkommen, sind von (Megerle) Dejean *discors* genannt worden. Nach schwarzen Stücken ist *Ingens* (Dahl) Dejean aufgestellt. Dieselbe Form hat Hr. Beuthin fälschlich auf *nemoralis*****) bezogen. *Graeca* Krtz.****) ist ebenfalls mit *Ingens* Dej. identisch. Bläulich gefärbte *nemoralis* hat Dokhtouroff als *viridicoerulea* (aus Central-Mongolei) erwähnt; vor ihm hatte schon Loew sie auf Rhodus gefangen. Heller kupfrig gefärbte Stücke sind nicht häufig.

Die hm-F ist *Koltzei* Beuth., die ap-F *sexmaculata* desselben Autors. Die letztere scheint weit seltener als die erstere zu sein (H.—1. H.). Sehr selten ist zu gleicher Zeit die Ap- und Hm-lunula unterbrochen (1. H.), diese schon von Schaum erwähnte Form hat Hr. Schilsky *interrupta* genannt.

Formen der zweiten Reihe. (f. 7.)

a) Die beiden oberen Mittelflecke sind vereinigt.

Zunächst gehört hierher *lunulata* Fabr.; auf heller gefärbte Ex. hat Hr. Beuthin fälschlich seine *lunulata* bezogen (die echte *lunulata* Fabr. ist schwarz!). *Massaniensis* Dokht. ist nach rotgoldigen Stücken beschrieben. Die ap-F ist *litoralis* Fabr. (die Beschreibung von Fabricius: „*elytra lunula baseos, puncto secundo transverso in medio, et quattuor ad apicem*" lässt keine andere Deutung zu!). Auf grosse, breite Nord-Afrikaner ist *barbara* Cast. (f. 7.b.) zu beziehen; *Othii* Gistl ist nach Chaudoir mit letzterer identisch. Fairmaire erwähnt dieselbe Form von den Ufern des Mittelmeeres unter dem Namen *Barthelemyi* Dej., Failla Tedaldi aus Sicilien als *Ragusae* (siehe Anm. 3.). *Rolphi* Krtz. ist nach erzgrünen Ex. aus Nord-Afrika beschrieben, die im übrigen mit *barbara* Cast. übereinstimmen. Die hm-F ist sehr selten.

Anm. 1. Die Verbindungslinie der beiden oberen Mittelflecke kann breiter oder dünner sein.

Anm. 2. Zu gleicher Zeit können Flecke fehlen (siehe sub IV.).

*) Aus Süd-Europa, Sibirien, Klein-Asien und Afrika.
**) Aus Süd-Deutschland.
***) Aus Italien.
****) Aus Griechenland.

Anm. 3. Wenigstens glaube ich, dass die Worte: *la macchia mediana trasversa aissai sviluppata e rettangolare* so aufzufassen sind. Der Nahtstreif soll unmetallisch sein.

b) Die beiden mittleren Randflecke sind verbunden. *Ragusae* Beuthin. Zu gleicher Zeit können Flecke fehlen (siehe sub IV.).

Formen der dritten Reihe. (f. 7.c.)

Die beiden Rand- und der obere Scheibenfleck sind verbunden bei *conjunctae-pustulata* Dokhtonroff, aus Turkestan beschrieben. Hr. Beuthin benannte diese Form noch einmal (*rectangularis*) aus dem südwestlichen Europa. Die erstere soll bronce-grün, die letztere schwarz oder bräunlich sein. Auch erz-kupfrige Stücke sind nicht selten.

Weit seltener als diese Form ist eine andere, bei welcher die beiden oberen Mittelflecke und der untere Scheibenfleck verbunden sind; hierauf bezieht sich *lugens* Beuthin.*)

Noch seltener treffen beide Formen zusammen, so dass nun die 4 Mittelflecke alle miteinander verbunden sind mit Ausnahme der beiden unteren Flecke. Derartige Stücke kenne ich nur aus Turkestan (f. 7.d.).

Formen der vierten Reihe.

Alle in diese Gruppe fallenden Ex. können auf *renatoria* Poda bezogen werden, da die Podasche Beschreibung nicht genau angiebt, welche Flecke nicht vorhanden sein sollen. Wahrscheinlich hat der Autor die Form vor sich gehabt, bei welcher der untere Hm- und der untere Scheibenfleck fehlt (l. H. B. M. f. 7.e.). Es kann jedoch der letztere auch allein verschwunden sein, oder ausser den beiden ebengenannten noch der obere Scheibenfleck. Auch die obere Schulter- und untere Apmakel können fehlen (l. H.). Selten ist die hm-F (f. 7.f.), noch seltener sind die beiden oberen Mittelflecke verbunden (f. 7.g.), etwas häufiger die beiden mittleren Randflecke (f. 7.h.).

Anm. 1. Schon Loew erwähnt eine italienische *nemoralis* mit fehlendem unteren Hm- und Scheibenfleck.

Anm. 2. Selten fehlt ein Fleck nur auf einer Seite, während der entsprechende auf der anderen Fld. vorhanden ist (l. H.).

---

*) Die echte *lugens* Ragusa ist eine Varietät der vorhergehenden Art.

Anm. 3. Keine Varietät scheint lokal zu sein, weder die 4 Reihen (als solche) an und für sich noch die einzelnen Varietäten.

V. Untergruppe.

Hlschd. auf der Scheibe beh.; Abdscheibe glatt. Augenrunzeln fein. 1. Fühlergld. unbeh.; Augen stark hervorquellend. O-L. fast gerade abgeschnitten. U-K., K-T., L-T. und Epipleuren der Fld. hell und unmetallisch. Kopf mit Ausnahme des Kopfschildes unbeh.; Seitenränder des Hlschd. gerade. Fldspitze beim ♂ nicht, beim ♀ zurückgezogen.

Die Zeichnung besteht aus einem breiten Rande, aus dem das untere Ende der Hm-, das obere der Aphnula und eine breite, geknickte Mittelbinde hervorgehen. Ausserdem sind 3 Rückenflecke vorhanden (wie bei der VIII. Gruppe), von denen der oberste mit dem Rande verbunden ist.

Die Grösse schwankt zwischen 13 und 16½ mm.
Die Art lebt im Süd-Osten der Fauna.
Am Ufer von Flüssen und Meeren.
Zu dieser Gruppe gehört nur: *laetescripta*.

Cicindela laetescripta Motsch.

„*Elongato-suborata, vix convexa, punctata, nigro-aenea, femoribus elytrisque subviridibus, his margine omnino, lunula media hamata apice dilatata maculisque duabus oblongis, antice ad suturam albis; ore, palpis, labro, mandibulis basi tibiisque testaceis, antennis tarsisque fusco-annulatis; labro unidentato; antennis longissimis articulo 3-ultimo duplo longiore; unguiculis elongatis.*" 13—16½ mm.

Motsch. Schrenk. Reis. 60. p. 88. t. 6. f. 1.
Semenovi Dokhtouroff. Hor. Ross. 88. p. 142-3.

Die Art ist über Ost-Sibirien, die Mongolei, Peking, Korea, Sachalin und Japan verbreitet. Auf sandigen Ufern. Juni. Juli.

Augen ziemlich stark hervorquellend. Hlschd. lang, schmal, beim ♂ oder hinten schwach verschmälert, beim ♀ hinten verbreitert, Seitenränder fast gerade. Fld. oval, langgestreckt, schmal, grösste Breite in der Mitte, flach, hinten zugespitzt, gezähnt. Unterseite violett-kupfrig, Brust kupfrig. Fübler kupfrig-grün, Schenkel grün, Schienen fast rein metallisch. Extremitäten auffallend lang.

C. laetescripta ist nach dunkel-erzfarbenen Stücken beschrieben. Die Hnlunula ist nicht rekurv. (t. 6. f. 8.)

Anm. 1. Motsch. beschrieb seine Art vom Amur, Dokht. benannte sie noch einmal aus der Mongolei (Ordos). Siehe Anm. 2.

Abänderungen.

Selten ist der zweite Rückenfleck mit dem ersten verbunden, noch seltener allein mit dem dritten (II.). Das untere Ende der Apmakel steigt bisweilen an der Naht sehr weit hinauf, bisweilen endigt es sogar in gleicher Höhe mit dem Endknopf der Mittelbinde (f. 8.a.). Eine eigentümliche Variation, die ich in drei Ex. besitze, besteht darin, dass der Basalfleck einen langen, fadenförmigen Fortsatz nach unten schickt (f. 8.a.), der meistens um das untere, freie Ende der Hnlunula herumbiegt, sich jedoch auch mit ihm vereinigen kann oder auch, ohne sich mit letzterem zu verbinden, von dem Basalfleck abgeschnürt ist (f. 8.b.). Die Mittelbinde steigt gerade vom Rande an oder ist schräg nach hinten gerichtet.

Die Färbung variiert nicht erheblich; selten scheinen braune Stücke zu sein (1. B. M.), ebenso die v-F (1. H.).

Anm. 2. Dokht. hat aus der Mongolei eine *Cic.* unter dem Namen *Semenovi* beschrieben, die nach der Beschreibung — das einzige Typ war mir leider nicht zugänglich — unbedingt mit *laetescripta* zu vereinigen ist. Sie könnte sich höchstens dadurch von letzterer unterscheiden, dass der Basalfleck vom Rande losgelöst ist, obwohl das nicht einmal deutlich aus der Dokht.'schen Angabe hervorgeht. Vielleicht hat der Autor auf diesen, ja auch unbedeutenden Umstand überhaupt kein Gewicht gelegt. Bei alledem ist es mir nur unerklärlich, wie ein Specialist eine so auffallende Art wie *laetescripta* (noch dazu aus ungefähr*) derselben Gegend) noch einmal als neu beschreiben konnte!

VI. Untergruppe.

Hlschd. auch an den Rändern der Mittelfurche beh.; Augenrunzeln fein. 1. Fühlerglied beh.; Stirn mit Ausnahme der unteren Augenbüschel vor den Augen unbeh.; Augen stark hervorspringend. O-L. gerade abgeschnitten, fast ohne Zahn. U-K., L-T., K.-T. und Epipleuren der Fld. hell und unmetallisch. Hlschdränder gerade. Fldspitze beim ♂ und ♀ zurückgezogen.

---

*) Einen *Cicindelen*-Kenner darf die Thatsache, dass ein Tier aus Ost-Sibirien und Korea sich auch in der Mongolei findet, durchaus nicht überraschen.

Die Zeichnung besteht aus einer schräg nach unten gerichteten Hm-, einer doppelt geknickten Apmakel und einer rechtwinklig umgebogenen Mittelbinde, die alle drei am Rande verbunden sind. Ausserdem ist ein oberer Rückenfleck vorhanden, der mit dem Rande vereinigt ist, und ein schmaler Nahtstreif, der an der Spitze und bisweilen auch an der Schulter mit dem Rande zusammenhängt.

Der unterste Teil der Mittelbinde kann mit dem Nahtstreif, der oberste Teil der Apmakel mit dem Rande vereinigt sein.

Die Grösse schwankt zwischen 7½ und 12 mm.

Über den Penis siehe t. 6. f. 25.

Die Arten leben in Afrika.

Zu dieser Gruppe gehören: *nilotica* und *nitidula*.

Anm. Gegen die Einreihung dieser Arten in die VII. Gruppe wird mancher Bedenken erheben, indem er sie in die nächstfolgende gestellt wissen will. In der That, wenn man die zahlreichen tropischen Verwandten der *flexuosa* und *nitidula* vergleicht, so findet man alle Übergänge; in diesem Falle wäre eine Teilung in zwei getrennte Gruppen, wie sie hier vorgenommen ist, kaum durchführbar. Wir haben es aber in unserer Arbeit nur mit den Extremen dieser Formenreihe zu thun, Extreme, die durch Kennzeichen verschieden sind, welche — ich wiederhole es: **für unsere Fauna** — an Wichtigkeit keinem anderen nachstehen.

Bestimmungstabelle der Arten.

Hschd. hinten beim ♂ nicht, beim ♀ mässig verbreitert *nilotica*.

„   „   „   ♀ sehrstark, „ ♂   „   „   *nitidula*.

Cicindela nilotica Dej.

„*Supra viridi-cuprea; elytris margine laterali, lunula humerali alteraque apicis dentata, striga media recurva, macula baseos lineaque suturali albis.*" 7½—10 mm.

Dej. Spec. I. p. 119.

[*hieroglyphica* Klug. Dej. Cat. 3. ed. p. 5. (siehe Anm. 1.)]

nilotica var. Klug. Jahrbuch. p. 20.

Diese Art ist über ganz Nord-Afrika verbreitet. (Auch aus Sansibar, Isle de prince etc. ist sie bekannt.)

Kopfskulptur fein, Augen stark hervorquellend, hintere Augenkränze sind vorhanden. Hschd. kurz, beim ♂ ungefähr |, beim ♀ hinten verbreitert. Seitenränder ziemlich gerade. Fld. , ziemlich schmal und lang, hinten schwach zugespitzt, gezähnt. Unterseite grün. Brust und Schenkel mehr kupfrig. Schienen metallisch. Extremitäten ziemlich lang. Penis siehe t. 6. f. 25.

C. nilotica ist nach grünlich-erzkupfrigen Stücken beschrieben. Die Zeichnung besteht aus einem weissen Rande, von dem eine geschlängelte Hmlunula, die nicht nach oben, sondern nach unten umgebogen ist, eine scharf geknickte Mittelbinde und der obere Teil der Apmakel ausgeht, der unter stumpfem Winkel (zum unteren Teil der letzteren) nach oben gerichtet ist, dann wieder nach aussen scharf umbiegt, um sich fast mit dem Rande zu vereinigen, und so beinahe ein Viereck bildet, von dem ein kleiner, metallischer Fleck eingeschlossen ist. Ausserdem ist ein dreieckiger Fleck an der Basis der Fld. vorhanden und ein nicht ganz bis zum Schildchen reichender Nahtsaum (von der Spitze ausgehend). t. 6. f. 9.

Anm. 1. *Hieroglyphica* Klug ist nach den Typen keine *nilotica* Dej., sondern die amerikanische *hebraea* Klug i. l. = *trifasciata* Dej.

Abänderungen.

Die Farbe kann erzkupfrig werden.

Der Endknopf der Mittelbinde ist mitunter mit dem Nahtstreif vereinigt. Auch das obere Ende der Apmakel verbindet sich bisweilen völlig mit dem Rande und schliesst so das obenerwähnte Viereck. Der Basalfleck scheint nicht selten mit dem Nahtstreif einerseits und dem Rande andererseits durch eine feine Linie zusammenzuhängen.

Anm. 2. Eine sehr auffallende Varietät ist von dieser Art seit langer Zeit bekannt; schon Klug erwähnt sie in seinem Jahrbuch aus Isle de prince, sie kommt jedoch auch weiter in Sansibar, am Senegal etc. vor, jedoch nicht im Bereiche der paläarktischen Region. Sie besteht darin, dass alle Zeichnungen stark verbreitert sind, was den Ex. ein von der Stammform sehr abweichendes Aussehen giebt. Ob die Form benannt ist, weiss ich nicht, glaube es jedoch kaum.

Cicindela nitidula Dej.

„*Cupreo-nitida; elytris albis, linea triramosa suturaque cupreis.*"
10—12 mm.

Dej. Spec. I. p. 120.
capensis var. Olivier. II. 33. p. 19. t. 2. f. 19.
natalensis Chd. i. l. Cat. Coll. 65. p. 32.

Diese Art kommt nach Lucas in Algier vor. Sonst ist sie

vom Senegal, Guinea, Monrovia (Liberia) und dem Kap der guten Hoffnung bekannt. Am Ufer. Mai.

Vordere Augenbüschel sind sehr viel grösser als bei der vorhergehenden Art. Kopfskulptur glatt. Fld. langgestreckt, zugespitzt, hinten gezähnt, flach, Spitze beim ♀ schnabelförmig ausgezogen und eingezogen. Unterseite kupfrig, Schenkel und Fühler schwach grünlich. Schienen metallisch. Extremitäten ziemlich lang.

Anm. Ob die hinteren Augenkränze fehlen, konnte ich nicht mit Sicherheit ermitteln.

C. nitidula Dej. ist nach kupfrigen Ex. beschrieben, die in der Zeichnung ungefähr mit der vorhergehenden übereinstimmen. Die Binden sind nur im allgemeinen viel breiter und der Basalfleck mit dem Rande stets vereinigt (t. 6. f. 10.).

Anm. Während Dej. seine Ex. aus Guinea erhielt, würden solche vom Senegal auf *capensis* var. Oliv., solche von Natal auf *natalensis* zu beziehen sein. Die letztere ist nur durch ihre Grösse, Gestrecktheit und hell kupfrige Farbe ausgezeichnet.

Abänderungen.

Die Farbe kann etwas dunkler werden und auch einen Stich ins Grüne zeigen. In der Zeichnung variiert *nitidula* ungefähr ebenso wie *nilotica* Dej.

Anm. Ein sehr abweichendes Stück, das ich jedoch auf diese Art beziehen muss, besitze ich aus Sansibar (Hildebrdt.). Die Fundortsangabe ist wohl richtig. Es ist nur 10 mm lang, die Fld. sind (besonders vorn) stark grün. Die Medianbinde setzt viel tiefer am Rande an, steigt viel weniger tief herab und ist überhaupt viel kleiner. Dagegen reicht die Hmlunula bedeutend weiter auf die Scheibe der Fld. hinauf als bei der Stammform. (f. 10.a.)

VIII. Gruppe.

Fld. in den Schultergruben unbeh.; Kopfschild unbeh.; vordere Augenbüschel fehlen. Wange unbeh.; Hlschd. auch an den Seitenrändern der Mittelfurche beh.; Seitenstücke des Prothorax beh.; Augen mässig vorspringend. U-K., K-T. und Epipleuren der Fld. meist metallisch oder schwarz. O-L. mindestens schwach vorgezogen und dreizähnig. Stirn bis auf den hinteren Augenkranz unbeh.; 1. Fühlergld. beh. (♂ zum Teil stärker als ♀). Seitenstücke des Mesothorax auch am vorderen Rande beh.; Metathorax und Abdrand dicht weiss beh.; Abd. auf der Scheibe glatt. Fld. breit und flach.

Charakteristisch für die Zeichnung ist besonders das Vorhandensein zweier oder dreier Rückenflecke, von denen die beiden ersten neben dem Schildchen, der dritte in der Mitte der Fld. dicht an der Naht steht. Der obere Hntfleck fehlt bei einigen Arten. Die Apzeichnung besteht aus 2 Flecken. Die Mittelbinde kann bisweilen am Rande verbreitert sein.

Von Variationsformen kommt die hm-, ap-, mrg-, scfl- und cfl-F vor, von Farben die vv-F. Die 3 Rückenflecke können alle, die übrigen Makeln zum Teil verschwinden. Die Mittelbinde ist bisweilen bis auf ein kleines Mittelstück reduciert. Selten fliessen die Rückenflecke zusammen.

Die Grösse schwankt zwischen 10 ¼ und 17 mm.

Über den Penis siehe t. 6. f. 26—28.

Vertreter dieser Gruppe finden sich nur im Süden, besonders in Afrika; im Osten fehlen sie gänzlich.

Die Arten leben entweder in der Wüste oder am Ufer von Flüssen und Meeren.

Zu dieser Gruppe gehören: *neglecta, flexuosa, Peletieri, Truquii, Ritchi, leucosticta*.

Bestimmungstabelle der Untergruppen.

1. Fühlergld. beim ☂ mit dichten, grossen Haarbüscheln,
   „ ♀ mit 1—2 Haaren . II.
   - - ☂ und ♀ mässig beh. . . I.

1. Untergruppe.

U-K., K.-T., L-T. und Epipleuren der Fld. können metallisch oder hell, unmetallisch sein. Fldspitze beim ☂ kaum, beim ♀ deutlich eingezogen.

Es sind stets alle 3 Rückenflecke vorhanden; die beiden obersten können vereinigt sein. Bisweilen ist der ganze Rand weiss. Die Mittelbinde ist stark geknickt, die Hmlunula meist, die Apmakel nur bisweilen geschlossen.

Die hm- und ap-F ist nicht allzu selten, ebenso die scfl-F, selten die cfl- und vv-F. Alle Makeln mit Ausnahme des Mittelstückes der Medianbinde können verschwinden.

Die Grösse schwankt zwischen 10½ und 12½ mm.
Über den Penis siehe t. 6. f. 26.
Die Arten leben im Bereiche des Mittelmeer-Gebietes.
Am Ufer von Flüssen und Meeren.
Zu dieser Gruppe gehören: *neglecta* und *flexuosa*.

Bestimmungstabelle der Arten.

U-K. hell und unmetallisch . . *neglecta*.
 „ dunkel und metallisch . *flexuosa*.

Cicindela neglecta Dej.

„*Supra obscuro-viridi-aenea; elytris margine laterali, lunula humerali subhamata apicalique, fascia tenui media recurva suturaque sinuata abbreviata subinterrupta albis.*" 11½ mm.
Dej. Spec. I. p. 114—115.

Diese Art ist mir nur aus Algier und vom Senegal bekannt. Augen ziemlich stark hervorquellend. Kopfskulptur ziemlich glatt; deshalb treten auch die Augenrunzeln, die an und für sich wohl kaum gröber sind als bei *flexuosa*, viel deutlicher hervor. U-K. und K-T. hell, unmetallisch; Hlschd. lang und schmal, nach hinten wenig verengt. Seitenränder gerade. Fld. lang, schmal, hinten zugespitzt, gezähnt. Epipleuren hell und unmetallisch. Unterseite bläulich oder grünlich, Brust und Schenkel kupfrig, Fühler kupfriggrün. Schienen metallisch. Beine lang.

C. neglecta Dej. ist nach dunkel grünlich-erzfarbigen Stücken beschrieben, bei denen die Mittelbinde sowohl mit der Hm- wie Apmakel vereinigt ist. Alle 3 Rückenflecke sind unter sich und mit dem Rande verbunden. In der Zeichnung (t. 6. f. 11.) sind die Flecke aus Versehen unverbunden.

Abänderungen.

Der grünliche Schein auf den Fld. kann mehr oder minder völlig verschwinden.

Der dritte Rückenfleck ist bisweilen von den beiden oberen losgetrennt.

Cicindela flexuosa Fabr.

„*Obscura, elytris punctis quattuor lunulisque tribus albis: intermedia flexuosa.*" 10¼—12½ mm.

I. Fabricius. Mant. Ins. I. p. 186.
   inclusa Chevrol. i. l. Chaud. Cat. p. 31.
   lunata Beuthin. Ent. Nachr. 90. p. 138.
   circumflexa Dej. Spec. V. p. 253.
   circumscripta Dahl. Sturm. Cat. 43. p. 3.
   caspia (Tauscher i. l.) Fischer. Ent. Ross. I. p. 102.; III. p. 51.
   albocincta Beuthin. Ent. Nachr. 90. p. 138.
   lurida Dej. Spec. I. p. 113.
   angulosa Beuthin. Ent. Nachr. 90. p. 138.
   sardea Brullé. Hist. nat. IV. p. 72.
   lyrophora Beuthin. Ent. Nachr. 90. p. 138.
   smaragdina Beuthin. l. c. p. 139.
II. *sardea* Dej. Spec. I. p. 120.
   sardoa Géné. Mem. Ac. Torin. 36. p. 168.

Diese Art ist über ganz Nord-Afrika, Süd-Europa und Syrien verbreitet. An Meeresufern. März bis Juni.

Augen wenig hervorspringend, Kopfskulptur rauh, Hlschd. breit, zum teil sogar sehr breit, Seitenränder gerade oder leicht bogenförmig. Fld. breit, mässig lang, flach, hinten gerundet oder zugespitzt, gezähnt. U-K. und Epipleuren der Fld. metallisch. K-T. bräunlich, meist metallisch, L-T. hell. Unterseite bläulich oder grünlich, Brust und Schenkel kupfrig. Fühler mehr grünlich. Schienen metallisch. Beine mässig lang. Über den Penis siehe t. 6. f. 26.

C. flexuosa F. ist nach dunkel bronce-erzfarbenen Stücken beschrieben. Die Mittelbinde ist nur sehr wenig am Rand erweitert und weder mit der Hm- noch Apmakel verbunden. Die letztere ist in zwei Makeln aufgelöst. Der 1. Rückenfleck steht an der Basis der Fld., der 2. dicht neben und unterhalb des Schildchens, der dritte an der Naht dicht vor der Mitte der Fld. (t. 6. f. 12.).

Anm. *inclusa* Chevr. i. l. ist auf spanische oder Algier-Stücke zu beziehen, die in nichts von der Stammform abweichen. Fabricius beschrieb seine Art von dem ersteren Fundorte.

Abänderungen.

Es ist zweckmässig, zwei Racen zu unterscheiden: *flexuosa* Fabr. und *sardea* Dej.; zwischen beiden fehlt es nicht an Übergängen. Sie lassen sich folgendermassen abgrenzen:

I. *flexuosa* F.: Hschd. und Fld. mässig breit. Hmlunula meist nicht unterbrochen. Sie findet sich auch überall da, wo *sardea* Dej. vorkommt.

II. *sardea* Dej.: Hschd. und Fld. sehr breit. Hmlunula meist offen. Sie kommt nur im Westen (Sardinien und Algier) vor.

Erste Race: flexuosa F.

Von solchen Varietäten, die mehr Weiss auf den Fld. haben als die Stammform, sind zu erwähnen: ap-F *lunata* Beuthin (II. f. 12.b.), scfl-F für die Apmakel[*]: *circumflexa* Dej. (*circumscripta* Dahl, *sardoa* ♀ *rar*. Géné? f. 12.c.), auf ersteren Namen sind sicilische, auf die beiden letzteren sardinische Stücke zu beziehen. Sehr selten ist die scfl-F für die Hmmakel und ebenso die cfl-F (f. 12.d.), bei der also der ganze Rand weiss ist. Russische Ex. dieser Form sind als *caspia* (Tauscher i. l.) Fischer[**]) zu bezeichnen, corsikanische und sicilische als *albocincta* Beuth.; bisweilen sind

---

[*]) Diese ist dabei fast immer geschlossen (1. Roe.: offen).
[**]) Die Fischersche Beschreibung zusammen mit der von ihm (l. c.) gegebenen Erklärung, dass *caspia* eine *flexuosa* wäre, lässt keinen Zweifel übrig.

die drei lunulae auf der einen Seite verbunden, auf der andern alle oder teilweise getrennt. Die Hmlunula kann rekurv sein, mit oder ohne Endknopf enden. Selten ist die Verbindung der beiden Apflecke eine so innige, dass eine breite Binde aus ihnen entsteht (f. 12.e.). Die beiden unteren Rückenflecke sind äusserst selten vereinigt.

Auf Varietäten, die weniger Weiss zeigen als die Stammform, ist im allgemeinen *lurida* Dej. zu beziehen. Selten ist die hm-F (2. H.), bisweilen fehlen die beiden Flecke an der Basis der Fld. (*angulosa* Beuth.), leichter scheinen die beiden dicht unterhalb des Schildchens zu verschwinden (H.), weit weniger häufig das dritte Rückenfleckenpaar. Die Mittelbinde ist bisweilen nach dem Rande zu verschmälert und dementsprechend alle Binden schmal; auf derartige Stücke ist *sardea* Brll. (f. 12.f.) zu beziehen (H.). Die Zeichnung kann dann immer mehr zusammenschrumpfen: die Hmlunula ist breit getrennt, der 1. und 3. Rückenfleck und der obere Apfleck fehlen, die Mittelbinde ist ebenfalls etwas verkürzt: *lyrophora* Beuth.; mir liegen 4 Ex. dieser Form vor (3. B. M., 1. H.), sie zeigen, dass das Verschwinden der Makeln noch weiter gehen kann. Bei meinem Stück ist nur noch der Basalfleck (1. Rückenfleck), der Endpunkt der Hmlunula, das Kniestück der Medianbinde und der untere Apfleck vorhanden. Statt des unteren Hm- und Basalfleckes kann der obere Hm- und einer der beiden anderen Rückenflecke eintreten. Von der Mittelbinde bleibt schliesslich nur das Kniestück übrig [ausser dem letztgenannten und der unteren Apmakel können also alle Flecke verschwinden]. (f. 12.g.)

Was die Varianten der Farbe anbetrifft, so hat Beuth. smaragdgrüne Ex. *smaragdina* genannt (2. H., 2. Krtz.), selten werden die Fld. einfarbig braun (1. H.), bei *lyrophora* scheint dies häufiger der Fall zu sein.

Anm. Keine der angeführten Varietäten ist lokal, mit einziger Ausnahme vielleicht der *lyrophora*, die bisher nur aus Spanien (Malaga?, Lusitanien) bekannt ist.

Zweite Race: sardea Dej. (t. 7. f. 12.a.)

Diese Form scheint etwas weniger variationsfähig zu sein als die Stammform. Von Zeichnungsvarietäten sind mir nur die hm-, ap- und scfl-F (für die Apmakel) bekannt geworden (H.).

Schwach grünliche Stücke besitze ich aus Sardinien.

II. Untergruppe.*)
Laphyra Lacord.

Der hintere Augenkranz ist im Verhältnis zu der Grösse der Arten viel kleiner als bei der vorigen Gruppe. U-K., K-T. und Epipleuren der Fld. dunkel braun oder schwarz. Kopfskulptur mässig grob. O-L. mit 3 zum Teil sehr langen Zähnen. Die Mandibeln sind bisweilen sehr lang. Fld. breit und flach, nur mit Gruben bedeckt, nach hinten und den Seiten zu etwas glatter. Fldspitze beim ☂ meist so gut wie gar nicht, beim ♀ schwach eingezogen. Seitenstücke des Prothorax nur hinten beh., vorn glatt. Episternen des Metathorax hinten unbeh.

Die Hm- und Apmakel ist offen, die Mittelbinde schräg gestellt und nur sehr schwach gebogen, oben und unten verdickt. Meist fehlen einige Flecke. Der Rand ist höchst selten und dann auch nur in den hinteren 2 Drittteilen weiss.

Die 3 Rückenflecke können bisweilen verschwinden. Auch die ap-F ist selten.

Die Grösse schwankt zwischen 12 und 17 mm.
Über den Penis siehe t. 6. f. 27—28.
Die Arten leben nur in Nord-Afrika.

Auf sandigem, entweder ganz unbewachsenem oder mit niedrigen Pflanzen bestandenem Terrain.

Zu dieser Gruppe gehören: *Peletieri*, *Truquii*, *Ritchi*, *leucosticta*.

Bestimmungstabelle der Arten.**)

1) Fühlerendgld. beilförmig erweitert . . *Ritchi*.
   „ nicht „ „ . . . 2.
2) L-T. hell . . . . . . *Truquii*.
   „ dunkel . . . . *Peletieri*.

---

*) Bemerkt sei, dass die Ränder der Mittelfurche des Hlschd. sehr spärlich beh. sind; auf den Stücken, die in den Handel kommen, fehlen diese Härchen häufig gänzlich.
**) *leucosticta* konnte hier (siehe aber Anhang p. 176.) nicht mit aufgenommen werden, da sie mir in natura nicht bekannt ist. Die charakterische Zeichnung lässt aber in der Bestimmung dieser Art keinen Zweifel zu.

Cicindela Peletieri Luc.

"*Nigra; thorace latiore quam longiore, elytris brevibus, latis, fasciis duabus lunatis, clavatis, punctisque ut in Ritchi sed maioribus albis.*" 12—13 mm.

Lucas. Ex. Alg. (II. 49. p. 4. t. 1. f. 4.) Nachtrag. p. 560.
Peletieri Cast. i. l., Delaporte i. l. Ann. Fr. 54. LVI.
Ritchi Erichson. Wagn. Reis. III. 41. p. 145.
Ritchi Ghiliani. Ann. Fr. 54. LVI.
Ritchi Lucas olim. Ex. Alg. II. 49. p. 4. t. 1. f. 4.

Diese Art ist nur aus Algier bekannt. Lebensweise siehe oben.

O-L. mit mässig langen Zähnen. Mandibeln nicht sehr lang. Hlschd. breiter als lang, Seitenränder schwach bogenförmig. Fld. kurz und breit, nach der Spitze zu glatter skulpiert, an der Spitze selbst fast glatt, ganze hintere Hälfte der Fld. glänzend, hinten gerundet, gezähnt. Seitenränder weniger ||. Unterseite und Extremitäten einfarbig schwarz.

C. Peletieri ist nach schwarzen Ex. beschrieben. Die Zeichnung besteht aus einem unteren Hmfleck, einer schräg gestellten, geraden, in der Mitte verdünnten Binde, einer unterbrochenen Apmakel und zwei Rückenflecken; der obere unterhalb des Schildchens, der andere vor der Mitte der Fld. neben der Naht. (t. 6. f. 13.)

Anm. *Peletieri* Cast. i. l., Delaporte i. l., *Ritchi* Er., Ghil., Luc. sind identisch mit *Peletieri* Luc.; inbetreff der Synonyma siehe auch bei *Ritchi* Vig. Anm. 2. (p. 176.)

Abänderungen.

In der Farbe variiert diese Art ebenso wenig wie die anderen dieser Untergruppe.

Von Variationen der Zeichnung ist mir die ap-F bekannt.

Cicindela Truquii Guér.

"*Antennis simplicibus; palporum labiorum articulis tribus baseis testaceis; pronoto subquadrato, latitudo vix breviore; elytris basi fortiter crebreque punctatis, apicem versus laevioribus.*" 15—16 mm.

Guérin. Ann. Fr. 55. p. IL—L.

Diese Art ist aus der westlichen Hälfte Nord-Afrikas bekannt.

Mandibeln lang*). Hlschd. annähernd**) quadratisch. Seitenränder sehr leicht bogenförmig. Fld. lang gestreckt, mässig***) breit, nach hinten zwar auch glatter skulpiert, aber nicht in dem Masse wie bei der vorhergehenden, andererseits aber glatter als bei der folgenden, hinten gerundet, gezähnt. Spitze ♂ und ♀ wenig eingezogen, Seitenränder fast . Unterseite und Extremitäten schwarz. Tarsen kurz. Über den Penis siehe t. 6. f. 27.

C. Truquii Guér. ist nach schwarzen Ex. beschrieben, die in der Zeichnung nicht von der vorhergehenden und nachfolgenden Art verschieden sind. (t. 6. f. 14.)

Von Abänderungen ist die ap-F selten.

Cicindela Ritchi Vig.

„*Atra, elytris fascia media recurva clavata, abbreviata, apicali angusta, quattuorque punctis, ultimo interfasciali, albis.*" 15½ bis 16 mm.

Vigors. Zool. Journal. I. 25. p. 414. t. 15. f. 2.
Audouini Barthél. Ann. Fr. 35. p. 597. t. 17^A. f. 1.

Diese Art hat dasselbe Vaterland wie die vorhergehende.

Mandibeln lang. Fühlerendgld. besonders beim ♂ stark beilförmig. Hlschd. länger als breit. Seitenränder Fld. langgestreckt, mässig breit, im Durchschnitt etwas schmäler als bei der vorhergehenden Art, hinten gezähnt, gerundet, nach der Spitze zu nur wenig glatter skulpiert. Unterseite und Extremitäten schwarz. Tarsen lang. Über den Penis siehe t. 6. f 28.

C. *Ritchi* Vig. ist nach schwarzen Ex. beschrieben, die dieselbe Zeichnung wie die vorhergehenden haben (t. 6. f. 15.).

Anm. 1. *Audouini* Barth. ist identisch mit *Ritchi* Vig.

Abänderungen.

Von Abänderungen ist die ap-F selten. Die beiden Rückenflecke können einzeln verschwinden (H.). Die Gestalt der Mittelbinde unterliegt geringfügigen Schwankungen.

---

*) beim ♀ sind die Mandibeln auffallend kürzer als beim ♂.
**) also länger als bei der vorhergehenden und kürzer als bei der folgenden.
***) im Durchschnitt etwas breiter und auch kürzer als die der folgenden.

Anm. 2. Die auffallende Fühlerbildung dieser Art hat den Entomologen viel zu schaffen gemacht. Die einen glaubten in ihr ein specifisches Merkmal für die Artberechtigung zu sehen, die anderen beriefen sich darauf, dass ähnliche Bildungen auch bei anderen *Cicindelen*, z. B. *campestris* L. vorkämen. Zu den letzteren gehörte Erichson; Lacordaire folgte ihm in seinen „*Genera*". Als schliesslich der Streit, der hauptsächlich von Reiche gegen Ghiliani ausgefochten wurde, nicht beigelegt werden konnte, griff man zu einem sonst wohl nur selten gewählten Mittel: man ernannte eine Commission von drei hervorragenden Entomologen, deren Urteil man sich fügen wollte: es wurden Buquet, Fairmaire und Lucas gewählt. Es ist nun interessant, dass diese „*tresviri*" einen falschen Richterspruch fällten, indem sie auf die Fühlerbildung kein Gewicht legten. Wenn gar keine sonstigen Verschiedenheiten zwischen *Truquii* und *Ritchi* Vig. vorhanden wären, so wäre es allerdings schwer, zu einem endgültigen Resultate zu gelangen und hätte man sich wahrscheinlich auch mit jenem Richterspruch begnügt; so aber — wurde er in demselben Jahre noch von Guérin-Méneville umgestossen, indem er auf die Länge der Beine hinwies, die von jenen überhaupt nicht beachtet worden war. Hiermit war dieser Streit ein für allemal entschieden. Hervorheben möchte ich nur noch, dass man trotzdem sich in einem Punkte getäuscht hat, nämlich in der Behaarung des ersten Fühlergld. beim ♀, welche stets übersehen worden ist (vergleiche auch p. 169.).

Anhang
zur II. Untergruppe der VIII. Gruppe.

Cicindela leucosticta Fairm.

„*Nigra, opaca, mandibulis labroque pallide testaceis, hoc medio dentato, utrinque vix angulato, prothorace subquadrato, transversim ruguloso, elytris utrinque maculis 7 et vitta marginali antice abbreviata albidis, dense at confuse asperatis subtus nitidior, coxis ¼ anticis niveo pilosis.*" 17 mm.

Fairmaire. Ann. Fr. 58. II. p. 745.

Diese Art ist nur aus Tunis bekannt.

O-L. einzähnig, die beiden Nebenzähne sind nur angedeutet. 1. Fühlergld. dicht beh. (♀ auch ?). Endglieder einfach. Hlschd. fast quadratisch. Fld. etwas weniger . rauh skulpiert. Tarsen der Hinterbeine ebenso lang wie die Schienen (also lang). Unterseite und Extremitäten schwarz.

C. leucosticta Fairm. ist nach schwarzen Ex. beschrieben, die ausser der Zeichnung der vorhergehenden noch einen oberen Hm-, einen Basalfleck und einen schmalen, weissen Rand (von der Spitze der Fld. an bis über die Mitte derselben nach vorn reichend) haben.

Die Fairmairsche Art scheint (nach der Beschreibung) im Kataloge zwischen *Truquii* und *Ritchi* Vig. gestellt werden zu müssen. Der Zeichnung nach wäre sie ein interessanter Übergang von den *Laphyra*-Arten zu der *flexuosa*-Gruppe.

Anm. t. 6. f. 16. ist nach der Beschreibung konstruiert.

Finis.

Nachtrag.

I. Von folgenden Namen, die wahrscheinlich nur *in litteris* existieren, ist unentschieden, auf welche Arten resp. Varietäten sie zu beziehen sind:

1) *C. cohaerensis* Sturm (Catalog. Coll. 43. p. 2.). Russ. mer.
2) *C. picta* Karelin (Sturm. l. c. p. 3.). Orenburg.
3) *C. elongata* St. (l. c.). Hisp.
4) *C. agnata* St. (l. c.). Barbaria. Ist eine *litoralis* - Form: vielleicht *barbara*?
5) *C. ruficondylata* Mus. Francof. (Sturm. l. c.). Nubia. Wahrscheinlich = *dongalensis* Klug.
6) *C. lusitanica* Stev. (Mus. Hist. Nat. Univ. Caes. Mosq. p. 5.). Lusitania. Wahrscheinlich eine *campestris* - Form: vielleicht eine Varietät der *maroccana* - Race?
7) *C. graeca* Stev. (l. c.). Archip. Ist eine *litoralis* - Form: vielleicht eine (schwarze) Farbenvarietät?
8) *C. angusticollis* Megerle (Dahl. Catalog. Coleopt. p. 1.). patria?
9) *C. hieroglyphica* Meg. (Dahl. l. c.). patria?
10) *C. integra* Meg. (Dahl. l. c.). Ungarn. Wahrscheinlich eine *soluta*.
11) *C. mystica* Meg. (Dahl. l. c.). patria?

II. Hinsichtlich einiger Arten ist noch folgendes nachzutragen:

II. Gruppe: I. Untergruppe:

C. silvatica L.: 1 Ex. (Roe.) zeigt die einfache dle-F.

C. japonica Guér.: Fälschlicher Weise ist angegeben, dass 1 Ex. (H.) eine schwarze O-L. hätte. In Äther gelegt, wurde letztere vollkommen hell.

Anm. Dem gleichen Schicksal würden wohl auch noch viele andere derartige Ex. verfallen, falls man sich nur die Mühe nehmen würde, sie auf diese Weise zu reinigen.

II. Untergruppe:

C. hybrida Linné: Hr. Ganglbauer hatte die Freundlichkeit, mich auf die Scheitelbehaarung der *maritima* und *Sahlbergi*, welche stets bei *hybrida* sowie bei *riparia* fehlen sollte, aufmerksam machen zu lassen. Diese eigentümliche Erscheinung ist jedoch vielleicht bloss lokal; denn sie kommt, wenngleich sehr vereinzelt, auch bei *hybrida* [1. H. Johannisthal bei Berlin; 1. Roe. Nord-Deutschland (sehr spärlich!)] im westlichen Teil der Fauna vor; im östlichen scheint sie jedoch häufig zu sein (vielleicht sogar vorherrschend), so in Südrussland, im Kaukasus und Sibirien. Bei *restricta* kann die vorhandene Behaarung nicht massgebend sein, weil diese Varietät als Übergang zur *maritima* ja auch völlig zur letzteren gerechnet werden kann trotz sonstiger *hybrida*-Eigenschaften; das einzige Ex. der Stammform aus Südrussland, das ich untersuchen konnte, zeigt zahlreiche Härchen, ebenso 4 *riparia*, welche doch sonst meist unbeh. sind: *fracta* Motsch. (B. M. nur spärlich!), *riparia* vom Ararat (B. M.) und von *Baksahn* (Ca., H.) und eine *monticola* (B. M., Ca.). Wenn nun schon *riparia* beh. ist, kann man wohl mit Recht auch auf die Behaarung der Stammform schliessen. Für die meisten westlichen Ex. ist sie allerdings ein gutes Racenkennzeichen (die Haare sind nach vorn gerichtet und ziehen sich quer über die hintere Stirn hinweg kurz vor dem Scheitel, etwa dort, wo der Augenrand hinten abwärts geht). *Sahlbergi* ist viel stärker beh. und auch noch in der Mitte der Stirn zwischen den Augen bis zu den Scheitelhaaren hinauf, während *maritima* etwas spärlicher beh. ist, ausserdem nur vorn an der Grenze der Stirn vor den Augen einige Härchen aufweist.

C. hybrida v. magyarica Roe.: 1. Ex. (Roe.) zeigt die mehrfach erwähnte Monstrosität der Zeichnung, bei der sich die Humakel mit der Mittelbinde auf der Scheibe der Fld. verbindet.

C. songorica Mannerh.: 1 Ex. (Roe.) zeigt auf einer Fld. die einfache dle-F.

III. Untergruppe:

C. desertorum Mén. i. l. ist auf die p. 63. erwähnte vv-F der *talychensis* zu beziehen.

C. ismenia fliegt nach freundlicher Mitteilung des Hr. Dr. Krüper im März, seltener Ende Februar, auf betretenen Wegen (wie *C. campestris*). In Griechenland ist diese Art seit Decennien nicht mehr gefunden worden.

Synonym mit *ismenia* ist *quadrimaculata* Loew.

III. Gruppe:

C. r. laeta (Motsch.) Fairmaire (Ann. Fr. 66. p. 250.) ist = *sobrina* Gory. Der Autor erwähnt sie von Kisilgye-Aole (As. m.).

Als synonym von *italica* Dupont i. l. Klug ist *italica* Sturm anzuführen. (Fairmaire l. c.)

C. r. Dokhtouroffi und *var. fluctuosa* sind in Mehrzahl neuerdings von Hr. Conradt im chinesischen Turkestan bei Chotan etc. gesammelt worden.

VI. Gruppe: V. Untergruppe:

C. r. turcica fliegt nach freundlicher Mitteilung des Hr. Dr. Krüper Ende April oder im Mai in der Nähe des Meeres auf Schlammboden. Auch in Thessalien (Volo) ist sie gefunden worden, ebenso nach Fairmaire (Ann. Fr. 66. p. 249.) von Lederer bei Kisilgye-Aole (As. m.).

VIII. Untergruppe:

C. r. subsuturalis Souv.: Mein auf Seite 139 ausgesprochener Wunsch, dass es gelingen möchte, neue Fundstellen für diese seltene Varietät aufzufinden, hat sich erfüllt: Sie soll jetzt nach freundlicher Mitteilung des Hr. Grafen von Narcillac am südlichen Ufer der „Ile des Oiseaux" bei Arcachon (Gironde) und an der Küste des Atlantischen Oceans in der Nähe des grossen Leuchtturmes von Arcachon gefangen werden.

VII. Gruppe: I. Untergruppe:

C. sublacerata ist neuerdings in grosser Anzahl von Hr. Conradt im chinesischen Turkestan bei Chotan etc. gefunden worden.

II. Untergruppe:

C. alboguttata Dej.: Der Penis dieser Art ist nicht wesentlich von dem der *Fischeri* Ad. verschieden.

Systematischer Catalog
der
paläarktischen Cicindelen.

Wir haben auch alle uns zugänglichen *Nomina in litteris* in dem Cataloge*) aufgenommen, obwohl dieselben jetzt eigentlich keine Bedeutung mehr besitzen, da sie fast sämtlich durch andere, giltige Namen ersetzt sind. Wir citieren sie nur der Vollständigkeit halber.

I.

soluta Dej.
    atratula Motsch. i. l.
    insignis Mann. i. l.
    interrupta Dahl. i. l.
    sacranica Besser. i. l.
    Kraatzi Beuth. vv-F.
    excellens B. M. i. l.
    assimilis Chd. ap- mrg-F.
    xanthopus Fisch. ap-F.
    Sengstacki Beuth.
    fracta Fisch.
    Jareti Chd. ap-F.
2. *Nordmanni* Chd.

II.

silvatica Linné.
    similis Westh.
  1. *silvatica* aut. post. hm-F.
    fennica Beuth. mrg-F.
    hungarica Beuth.
  2. *fasciatopunctata* Germ.
    japonica Guérin.
    aeneo-opaca Motsch.
    japonica Morawitz.
    japana Motsch. v-F.
    japonica v. Heyden.
  gemmata Fald.
    sachalinensis aut. post.
    vitiosa v. Heyden. ap-F.
    Potanini Dokht. hm-F.

*) Zum Verständnis des Cataloges sei hervorgehoben, dass alle aussereuropäischen Species, Varietäten und Synonyma gesperrt cursiv gedruckt sind. Die arabischen Ziffern bezeichnen die Racen; die am weitesten eingerückten Namen beziehen sich auf Synonyma, alle anderen auf Variationen (die sonst mit „*v.*" bezeichnet zu werden pflegen).

Raddei Morawitz.
    niohozana Bates.
    sachalinensis Moraw.
silricola Dej.
    tuberculata Heer.
    montana aut. post.
    hybrida Duftschm. Dej.
    leviscutellata Beuth.
    tristis D. Torre.
gallica Brullé.
    chloris Dej.
    integra Ahrens i. l. Klug.
    alpestris Heer.
    alpestris Benthin. nn-F.
    Saussurei Beuth. ap-F.
    bilunata Heer. hn-ap-F.
    copulata Beuth. monstr.

hybrida Linné. Schaum.
    maculata De Geer.
    aprica Steph.
    commixta Schöub. i. l.
    striatoscutellata Beuth.
    monasteriensis Westh.
    riparia Steph.
    bipunctata Letzner. ♀.
    melanostoma Schenkl. hn-F.
    palpalis Dokht.*)
    virescens Letzner. v-F.
    silvicola Curtis vv-F.
    integra Sturm.
    Korbi Benthin.
    magyarica Roeschke. dlt-F.
    restricta Fisch.
    chersonensis Motsch.
    tokatensis Kind. Motsch.
    sibirica Dokht.

*) ist europäisch.

2. *riparia* Dej.
    danubialis Dahl. i. l.
    rectilinea Meg. i. l.
    orthogona Bremi.
    transversalis Dej.
    montana Charpentier.
    fracta Motsch.
    monticola Heer.
    monticola Mén.
    tokatensis Kind. Chd.
3. *Saldbergi* Fisch.
    caspia Mén.
    Karelini Fisch. scfl-F*).
    Gebleri Fisch.
    persica Fald. v-scfl-F.
    sibirica Fisch. cfl-F*).
    lateralis Fisch.
    Pallasi Fisch. dlt-cfl-F.
    „ *var.* Fisch. dlt-cfl-F.
4. *maritima* Dej.
    hybrida L. Westw.
    sibirica Motsch.
    obscura Schilsky. nn-F.
    baltica Motsch. hn-F.
    spinigera Eschtz.
    vulcanicola Eschtz.
    altaica Gebl.
songorica Mann.
    albopilosa Dokht. c-v-F.
    altaica Motsch.
transbaicalica Motsch.
2. *hamifasciata* Kolbe.
3. *japanensis* Chd.
tricolor Adams.
    obliquefasciata Fisch.
    tenuifascia Fisch. vv-F.
    optata Fisch. cc-hn-F.
2. *coerulea* Pallas.
    violacea Gebler.

? *Przewalskii* Dokht.

lacteola Pallas.**)
2. *Schrenki* Fisch.*)
    undata Motsch.**)
    divisa Beuth.**)
3. *lacteola* Fisch. et aut. post.**)
    melanoleuca Dokht. nn-F.
    nigra v. Heyden.
Burmeisteri Fisch.
    megaspilota Dohrn.
    unipunctata Dokht.
    granulata Gebler.
    punctata Dokht.
    Burmeisteri Dohrn.
    quattuorpunctata Krtz.
    bipunctata Krtz.
    fractivittis Krtz.
    Balassogloi Dokht. hm-F.
    decemmaculata Dokht.
    Chaudoiri Ballion.
    Stoliczkana Bates.
    Wilkinsi Dokht.
    Chaudoiri Dokht.
    extensomarginata Dokht.
decempustulata Mén.
    ? *clypeata* Fisch.
    octussis Dohrn.
    auromarginata Krtz.
    juncta Krtz. con-F.
        cespitis Thieme i. l. Krtz.
    nigraelabris Dokht.
    nigra Dokht. nn-F.
turcestanica Ballion. Solsky.
    hispanica Motsch.
    maracandensis Solsky.
    disrupta v. Heyden. dlc-F.
    hissariensis Dokht.

*) ist europäisch.

    talychensis Chd.*)
    desertorum Mén. i. l. vv-F.
campestris L.
1. *desertorum* Dej.
    trapezicollis Chd.
    dumetorum Mén.
    Jaegeri Fisch.
    caucasica Motsch.
2. *herbacea* Klug.*)
    armeniaca Mann. i. l.
    persana Dokht.
3. *Saffriani* Loew.
4. *corsicana* Roeschke. nov. var.
    saphyrina Géné. cc-F.
    nigrita Dej. nn-F.
5. Linné.
    austriaca Schrank.
    armeniaca Kinderm. i. l.
    taurica Stev. Mén. i. l.
    caucasica Fald. Dej. i. l.
    melastoma D. Torre.
    liturata Krtz. i. l.
    suturalis D. Torre.
    impunctata Westh. ♀.
    (*affinis* Dej.)
    deuteros D. Torre.
    protos D. Torre.
    5-maculata Beuth.
    simplex D. Torre.
    affinis Heer.
    destituta Srnka.
    4-maculata Beuth.
    Luetgensi Beuth.
    sibirica Fisch.*)
        affinis Fisch. olim.
    humerosa Srnka.

**) ist aussereuropäisch.

affinis Fisch.
    manca D. Torre.
    conjuncta D. Torre. ap-F.
    confluens Dietr. Beuth. con-F.
    connata Heer. con-F.
    desertorum Fald. Chd. i. l.
    pontica Stev. Chd. i. l.
    coerulescens Schilsky. c-F.
    palustris Beuth.
    rubens Friv. rr-F.
    Saxeseni Endr.
    farellensis Graëlls.
    rufipennis Beuth.
    nigrescens Heer. n-F.
    funebris Sturm. nn-F.
6. *pontica* Motsch.
    affinis Motsch.
    palustris Motsch.
    Olivieria Brullé.
    Heldreichi Krtz. i. l. vv-F.
    pontica Stev. i. l. Fisch. r-F.*)
    tatarica Mann. rr-F.*)
    obscurata Chd. nn-F.*)
    nigrita Krynicky. Motsch.
    funebris Motsch.
7. *maroccana* Fabr.
    ocellata Hoffm. i. l.
    farellensis Beuth. olim. rr-F.
    guadarramensis Grlls. nn-F.
    pseudomaroccana Roeschke.
asiatica Brullé.*)
Coquereli Fairm.
ismenia (Gory.**)
    4-maculata Loew.

*) ist europäisch.
**) Das Vorkommen dieser Art in Europa ist noch nicht sicher festgestellt.

III.

Cylindera Westw.

Cylindrodera ant. post.
Eumecus Motsch.

germanica Linné.
    laeta Motsch.
    Kindermanni Chd.
    anthracina Klug. c-F.
    subtruncata Chd.
    coerulea Herbst. cc-F.
    obscura Fabr. nn-F.
    nigra Krynicky.
    angustata Motsch. Fald.
    fusca D. Torre.
    cuprea Westh.
    deuteros D. Torre.
    protos D. Torre.
    inornata Schilsky.
    hemichloros D. Torre.
    seminuda D. Torre.
    Stereni Dej.
2. *Jordani* Beuth. (ap-) sefl-F.
    catalonica Beuth.
3. *bipunctata* Krtz.
    Martorelli Krtz.
4. *sobrina* Gory.
    italica Dup. St. i. l. Klg.
    laeta Motsch. Fairm.
gracilis Pallas.
    tenuis Stev. i. l. Fisch.
    gracilis Jaqu. Math.
    angustata Fisch. Gebler.
    daurica Motsch. Mann.
obliquefasciata Adams.
    ferghanensis Dokht.
1. *Kirilori* Fisch.
    Juliae Ballion.

2. *descendens* Fisch.
    recta Motsch.
3. *obliquefasciata* aut. post.
    descendens Motsch.
    atrocoerulea Wilk. n-cc-F.
    obscure-coerulescens
4. *Dokhtouroffi* Dokht.[Mén.i.l.
    fluctuosa Dokht.
    incisa Dokht.

IV.

maura Linné.
    punctigera Krtz.
    maura Dej. Benth.
    sicula Redtenb. con-F.
    recta Krtz.
    maura Krtz.
    arenaria Benth.
    Mülleri Benth. con-F.
    humeralis Benth. hm-F.
    apicalis Krtz. ap-F.
    arenaria Krtz.*)
    arenaria Fabr. hm-ap-con-
        [F.**)

V.

intricata Dej.

resplendens Dokht.

VI.

paludosa Dufour.
    scalaris Dej. (hm-)scfl-F.
    Dufouri Benth.
    sabulicola Waltl. (ap-)scfl-F.
    Hopfgarteni Benth. cfl-F.

*) ist europäisch.

atrata Pallas.
    Zwicki Fisch.
    nigra Motsch.
    bipunctata Krtz.
    marginata Krtz.
    subrittata Krtz.
    distans Fisch.
    albomarginata Benth.
    infuscata Pallas i. l.
    conjuncta Krtz.
    confluens Krtz.

Lyoni Vig.
    Latreillei Dej. dlc-F.

Galatea Thieme.

? *illecebrosa* Dokht.

fluctuosa Dej.

hispanica Gory.
    viatica Klug.
    2. *turcica* Schaum.

Besseri Dej.
    tibialis Besser. Dej.
    Dejeani Fisch.*)
    Heydeni Krtz. dlt-F.
    recurvata Krtz.
deserticola Fald.*)
    ? *ordinata* Dokht.
pseudodeserticola Horn. nov. sp.
litorea Forsk.
    cruciata Dahl. i. l.
    Goudoti Dej.
    Lyoni Erichson.
    tibialis Chd. Bedel.

**) ist aussereuropäisch.

Catalog.

circumdata Dej.
    imperialis Klug.
2. *dilacerata* Dej.
    angulosa Oliv. i. l.
    circumdata Motsch.
    stigmatophora Besser.
elegans Fisch. [Motsch.
    circumdata Krynicky.
    decipiens Fisch.
    propinqua Chd.*)
    circumscripta Fisch.*) dle-F.
2. *Seidlitzi* Krtz.
    stigmatophora Fisch. dle-F.
chdoleuca Fisch.
    despotensis Friv. i. l.
    parallela Mén. i. l.
    marcens Zubk.
    Mniszechi Mann. i. l. dle-F.
    circumscripta Chd. dle-F.
mongolica Fald.
inscripta Zubk.*)
    Mannerheimi Fald.

Lutaria Guérin.
dorsata Brullé.
    dorsalis Dej.
    Pertyi Gistl. Mann.

Catoptria Guérin.
Myriochile Motsch.
rectangularis Klug.
melancholica Fabr.
    punctum Drapiez. i. l.
    Hopei Gistl. Mann.
    aegyptiaca Dej.
    hesperica Motsch. ♂.
    dentilabris Chd. ♂.
aegyptiaca Klug. hm-F.
udia Dej.

2. *orientalis* Dej.
    dignoscenda Chd.
    connexa Chd.
contorta Fisch.
    tortuosa Fald. i. l.
    plicata Motsch.
    figurata Chd. vv-F.
litterifera Chd.*)
Elisae Motsch.
    amurensis Moraw. v-F.
trisignata Dej.
    infracta Meg. Ziegl. Klg.
    parefacta Schönh. i. l.
    trifasciata var. Fabr.
    incompleta Fairm.
2. *subsuturalis* dlt-F.
    v. signatura dilatata Chd.
3. *siciliensis* Horn. nov. var.

litterata Sulzer.
    arenaria Fuessly. i. l.
    sinuata Panzer. v-F.
    viennensis Schrank.
    leucophthalma Fisch.
    padana Crist. Schaum.
    excepta D. Torre.
    mesochloros Torre. dle-F.
    apicalis D. Torre.
2. *scripta* Mén. i. l.
    lugdunensis aut. ross.
lugdunensis Dej.
    sinuata Clairv. Schaum.
    litterata Schaum.

pygmaea Dej.

---

*) ist europäisch.

VII.

sublacerata Solsky.
2. *levithoracica* Horn. var. nov.*)

caucasica Adams. dlc-F.
  1. *caucasica* aut. post. con-F.
    strigata Dej. v-con-F.
    araxicola Reitter.
    arabica Dej.*) con-F.
    anatolica Motsch.*) con-mrg-
    ? *festina* Motsch.   [F.
  2. *Sturmi* Men.
    Staudingeri Krtz.
concolor Dej.
    Rouxi Barthél.
    aerea Chevrol. ♀.
    latipennis Cast. ♀.
Fischeri Adams. rr-F.
    alasanica aut. post. rr-F.
    alasanica Motsch. rr-F.
    syriaca Trobert. vv-F.*)
    octopunctata Loew. vv-F.
    Fischeri aut. post.
    palmata Motsch.
    serpentina Friv. i. l.
    5-punctata Böber. Dej. vv-F.
    Türki Beuth. nn-F.
alboguttata Klg.

dongalensis Klg.
    fimbriata Dej. (hm-)scfl-F.

aulica Dej.*)   [i. l.
    laete-cupreo-viridis Chd.
    aphrodisia Baudi. dlc-F.
    lugens Ragusa. con-F.

   *) ist europäisch.

lunulata Fabr.
  1. *nemoralis* Oliv. dlc-F.
    litoralis Dej.
    solstitialis Gistl. Mannerh.
    lunulata Fisch.
    quadripunctata Rossi.
    discors Dej. dlc-vv-F.
    viridicoerulea Dokht. c-vv-F.
    lugens Dej. dlc-nn-F.
    nemoralis Beuth.
    graeca Krtz.
    Koltzei Beuth. dlc-hm-F.
    sexmaculata Beuth. dlc-ap-F.
    interrupta Schilsky. dlc-hm-
  2. Fabr.   [ap-F.
    lunulata Beuth.
    massaniensis Dokht. rr-F.
    litoralis Fabr. ap-F.
    barbara Cast. nn-F.
    Othii Gistl. Chd.
    Barthelemyi Fairm.
    Ragusae Failla Tedaldi.
    Rolphi Krtz.**) v-F.
  3. *Ragusae* Beuth. dlc-mrg-F.
  4. *conjunctae-pustulata* Dokht.***)
    rectangularis Beuth. nn-F.
  5. *lugens* Beuth. nn-con-F.
  6. *venatoria* Poda.

laetescripta Motsch.
    Semenovi Dokht.

nilotica Dej.
nitidula Dej.
    capensis var. Oliv.

  **) ist aussereuropäisch.
  ***) ist wie die nächstfolgende eine mrg-F.

VIII.

neglecta Dej.
flexuosa Fabr.
    inclusa Chevr. i. l.
    lunata Beuth. ap-F.
  circumflexa Dej. (ap-)sefl-F.
    circumscripta Dahl. i. l.
  caspia Tausch. i. l. Fisch.
    albocincta Beuth. [cfl-F.
  lurida Dej.
    angulosa Beuth.
    sardea Brullé.
    lyrophora Beuth.
  smaragdina Beuth. vv-F.

2. *sardea* Dej.
    sardoa Géné.

Laphyra Lacord.
Peletieri Luc.
  Peletieri Cast. Delap. i. l.
  Ritchi Erichson.
  Ritchi Ghiliani.
  Ritchi Lucas olim.
  leucosticta Fairm.
  Teuguii Guérin.
  Ritchi Vig.
  Audouini Barthél.

Register.

A.

acuminata Kollar. 131. 133.
aegyptiaca Dej. 130. 131.
aegyptiaca Klug. 130. 131.
aeneo-opaca Motsch. 24. 25.
aerea Chevrolat. 152. 153.
affinis Böber. 69.
affinis Dej. 63. 69.
affinis Fisch. 63. 69.
affinis Fisch. olim. 64. 69.
affinis Heer. 63. 69.
affinis Motsch. 64. 71.
agnata Sturm. 178.
alasanica aut. post. 153. 154.
alasanica Motsch. 153. 154.
albocincta Benth. 170. 171.
alboguttata Dej. 146. 150. 155.
albomarginata Benth. 101. 103.
albopilosa Dokht. 46.
alpestris Benth. 31. 32.
alpestris Heer. 31. 32.
altaica Gebler. 35. 45.
altaica Motsch. 45. 46.
amurensis Morawitz. 136. 137.
anatolica Motsch. 137. 140. 150. 151.
angulosa Benth. 170. 172.
angulosa Oliv. 114-116.
angustata Fald. Motsch. 81. 83. 86.
angustata Fisch. Gebler. 85. 86.
angusticollis Meg. 178.
anthracina Klug. 81. 82.
aphrodisia Baudi. 146. 157. 158.
apicalis D. Torre. 141. 142.
apicalis Krtz. 92. 93.
aprica Steph. 34. 37. 39.
aprica var. β. Steph. 39.
arabica Dej. 150. 151.
araxicola Reitter. 150. 151.
arenaria Benth. 92. 93.
arenaria Fabr. 92. 93.
arenaria Krtz. 92. 93.
arenaria Fuessly. i. l. 141. 142.
armeniaca Kinderm. 64. 70.
armeniaca Mann. 64.
asiatica Brullé. 9. 19. 51. 76.
assimilis Chd. 14. 15.
atrata Pall. 11. 54. 97. 101. 102. 103.
atratula Motsch. 14. 17.
atrocoerulea Wilkins. 87. 89.
Audouini Barthél. 175.
aulica Dej. 146. 157. 158.
auromarginata Krtz. 58. 59.
austriaca Schrank. 64. 70.

B.

Balassogloï Dokht. 56. 58.
baltica Motsch. 35. 45.

barbara Cast. 159. 161.
Barthelemyi Dupont. Fairm. 159. 161.
Besseri Dej. 17. 55. 96. 97. 106. 107. 110. 111. 113. 114.
Besseri Seidlitz. 121.
bilunata Heer. 31. 32.
bipunctata Krtz. *(germ.)* 6. 81. 82. 84.
bipunctata Krtz. *(atrata)* 101. 102.
bipunctata Letzner. 34. 39.
Burmeisteri Dohrn. 55. 57.
Burmeisteri Fisch. 19. 51. 52. 55. 56-58. 125.

C.

campestris L. VIII. 4. 5. 11. 16. 17. 19. 30. 51. 52. 58. 63. 65. 66. 68-70. 72. 73. 76. 80. 176.
capensis var. Oliv. 166. 167.
caspia Mén. 35. 43.
caspia Tauscher. Fisch. 170. 171.
catalonica Beuth. VIII. 81. 83. 84. 90.
Catoptria Guér. V. 11. 80. 97. 129.
caucasica Adams. 2. 9. 18. 140. 146. 150-152. 154.
caucasica aut. post. 150. 151. 152.
caucasica Fald. Dej. i. l. 64. 70.
caucasica Motsch. 65. 76.
cespitis Thieme. Krtz. 58. 60.
Chaudoiri Ballion. 56. 58.
Chaudoiri Dokht. 56. 58.
chersonensis Motsch. 35. 40.
chiloleuca Fisch. VII. 90. 97. 106. 107. 111. 113. 119. 120. 121-123. 128.
chloris Dej. 31. 32.

circumdata Dej. 97. 106. 107. 114-116.
circumdata Dej. olim. 114. 116.
circumdata Krynicky. 117. 119.
circumdata Dej. Motsch. 114. 116.
circumflexa Dej. 170. 171.
circumscripta Chd. 119. 121. 122.
circumscripta Dahl. Dej. 170. 171.
circumscripta Fisch. Gebler. 117. 118. 119. 122.
clypeata Fisch. 58. 59. 126.
coerulea Herbst. 81. 83.
coerulea Pallas. 8. 48. 50.
coerulea var. Gebler. 48. 49. 50.
coerulescens Schilsky. 64. 70.
cohaerensis Sturm. 178.
commixta Schönh. 34. 39.
concolor Dej. 2. 9. 146. 149. 150. 152. 153.
confluens Dietrich. Beuth. 64. 69.
confluens Krtz. 101. 103.
conjuncta D. Torre. 4. 63. 69.
conjuncta Krtz. 101. 103.
conjunctae-pustulata Dokht. 160. 162.
connata Heer. 64. 69.
connexa Chd. 131. 133.
contorta Fisch. 11. 97. 124. 133. 134-136. 152.
copulata Beuth. 31. 32. 79.
Coquereli Fairm. 19. 51. 52. 77.
corsicana Roeschke. 5. 64. 67. 70. 74.
cruciata Dahl. Dej. 113. 114.
cuprea Westh. 81. 83.
Cylindera Westw. VI. VII. 79. 99.
Cylindrodera aut. post. VI. VII. 79.

D.

dahurica siehe *daurica*.
danubialis Dahl. 35. 41.
daurica Mann. Motsch. 85. 86.
decemmaculata Dokht. 56. 58.
decempustulata Mén. 19. 51. 58. 59.
decipiens Fisch. 96. 117. 118. 121.
Dejeani Fisch. 110. 111.
dentilabris Chd. 131. 132.
descendens Fisch. VII. 3. 80. 86-88. 89. 149.
descendens Motsch. 87. 89.
deserticola Fald. 97. 106. 107. 111-113. 118.
desertorum Dej. (Boeb.) 5. 60. 62. 63. 65. 66. 68. 71. 75. 76.
desertorum Fald. Chd. 64. 71.
desertorum Mén. 17. 62. 179.
despotensis Friv. 121. 122.
destituta Srnka. 63. 69.
deuteros D. Torre. *(camp.)* 63. 69.
deuteros D. Torre. *(germ.)* 81. 83.
dignoscenda Chd. 131. 133.
dilacerata Dej. VII. 97. 106. 114. 115. 116. 120.
discors Meg. Dej. 159. 161.
disrupta v. Heyden. 60. 62.
distans Fisch. 54. 80. 101. 102. 103.
divisa Beuth. 52. 54.
Dokhtouroffi Jakow. Dokht. VII. 80. 86-88. 89. 90. 180.
dongalensis Klug. 11. 146. 156.
dorsalis Dej. 127.
dorsalis Say. 127.
dorsata Brullé. 11. 97. 127. 128.

Dufouri Beuth. 99. 100.
dumetorum Mén. 65. 76.
dumetorum Motsch. 65.

E.

elegans Fisch. VII. 11. 96. 97. 106. 107. 112. 113. 116. 117-119. 121. 122.
elongata Sturm. 178.
Elisae Motsch. 97. 133. 134. 136. 137.
Eumecus Motsch. VI. 79.
excellens B. M. 14. 17.
excepta D. Torre. 141. 142.
extensomarginata Dokht. 56. 58.

F.

farellensis Beuth. olim. 64. 73.
farellensis Graëlls. 64. 70.
fasciatopunctata Germ. 22. 23. 24.
fennica Beuth. 22. 23.
ferghanensis Dokht. 87. 89. 90.
festina Motsch. 140. 148. 150. 152.
figurata Chd. 134. 135.
fimbriata Dej. 156. 157.
Fischeri Adams. 9. 11. 146. 150. 151. 153-155. 180.
Fischeri aut. post. 153. 154.
flexuosa Fabr. 9. 11. 168. 169. 170. 171. 177.
fluctuosa Dokht. 87. 89. 90. 180.
fracta Fisch. 14. 15. 17. 179.
fracta Motsch. 35. 42.
fractivittis Krtz. 56. 57.
funebris Sturm. 64. 70. 72.
fusca D. Torre. 81. 83.

G.

Galatea Thieme. 11. 58. 97. **105**. 106.
gallica Brullé. 16. 19. 22. **31-33**. 79.
Gebleri Fisch. 35. **43**.
gemmata Fald. 19. **22**. **24**. **26-28**.
generosa 50.
germanica L. V-VIII. 1. 6. 8. 11. 49. 80. **81-83**. 85. 86. 89. 90. 99. 100.
gissariensis siehe *hissariensis*. 60.
Goudoti Dej. 113. **114**.
gracilis Pallas. VI. 80. 84. **85**. 86.
gracilis Jaqu. Math. 84. **85**.
graeca Krtz. 159. **161**.
graeca Steven. **178**.
granulata Gebl. 55. **57**.
guadarramensis Graëlls. 64. 66. **74**.

H.

hamifasciata Kolbe. 42. **47**.
hebraea Klug. i. l. 166.
Heldreichi Krtz. i. l. 64. **72**.
hemichloros D. Torre. 81. **83**.
herbacea Klug. 64. 66. 67. **75**.
hesperica Motsch. 130. **132**.
Heydeni Krtz. 17. 55. 96. 110. **111**.
hieroglyphica Klug. 165. **166**.
hieroglyphica Meg. i. l. **178**.
hispanica Gory. 11. 97. 106. 107. 108. 109.
hispanica Motsch. 60. **61**.
hissariensis Dokht. 60. **62**.
Hopei Gistl. Mannh. 131. **132**.
Hopfgarteni Beuth. 99. **100**.
humeralis Beuth. 92. **93**.
humerosa Sruka. 63. **69**.

hungarica Beuth. 22. **24**.
hybrida Duftschmidt. Dej. 29. **31**.
hybrida Duftschmidt. Schaum. **31**.
hybrida Linné. Schaum. VIII. 11. 16. 19. 30. 31. 33. **34**. **36-39**. 40. 41. **44-46**. 48. 50. 55. 61. 79. 96. 179.
hybrida Linné. Westw. 35. **37**. **44**.

I.

illecebrosa Dokht. 59. 91. **125**.
imperialis Klug. 114. 116. [**126**.
impunctata Westh. 63. **68**.
incisa Dokht. 87. **90**.
inclusa Chevrol. 170. **171**.
incompleta Fairm. 137. **138**.
infracta Meg. 137. **138**.
infuscata Pall. 101. **103**.
inornata Schilsky. 81. **83**.
inscripta Zubk. 11. 97. 106. **107**. 123. **124**.
insignis Mann. Dej. 14. **17**.
integra Ahrens. Klug. 31. **32**.
integra Meg. i. l. **178**.
integra Sturm. 35. **39**.
interrupta Dahl. 14. **17**.
interrupta Schilsky. 159. **161**.
intricata Dej. VI. 11. 94. **95**. 96. [**180**.
ismenia Gory. 19. 51. **52**. **78**. 80.
italica Dup. i. l. Klug. 81. 84. 180.
italica Sturm. **178**. 180.

J.

Jaegeri Fisch. 65. **76**.
japana Motsch. 24. **25**. 26.
japanensis Chd. 47. **48**.
japonica Guérin. VII. 19. **22**. **24**. 25. 27. 28. 79. 178.

japonica De Haan. Moraw. 24. **25.**
japonica De Haan. v. Heyden. 24.
Jareti Chd. 14. 15. 16. [**25.**
Jordani Beuth. VIII. 81. **82. 83.**
Juliae Ballion. VII. 87. **88.**
juncta Krtz. 58. **60.**

K.

Karelini Fisch. 35. **43.**
Kindermanni Chd. 81. **82.**
Kirilovi Fisch. VII. 3. 11. 80. 86-88. 89. 149.
Koltzei Beuth. 159. **161.**
Korbi Beuth. 35. 38. **40.**
Kraatzi Beuth. 14. **17.**

L.

lacteola Fisch. 52. **54.** 55.
lacteola Pall. 19. 44. **51. 52.** 53-55. 94. 106.
laeta Motsch. 81. **82.**
laeta Motsch. Fairm. **180.**
v. *laete-cupreo-viridis* Chd. 157. **158.**
laetescripta Motsch. 11. 146. **163. 164.**
Laphyra Lac. I. IV. V. 11. 54. 173. 177.
lateralis Fisch. 35. **44.** 55.
latipennis Cast. 152. **153.**
Latreillei Dej. **104.**
leucophthalma Fisch. 141. **142.**
leucosticta Fairm. V. 168. 173. 176. 177.
Leuthneri 158. **159.**
leviscutellata Beuth. VIII. 29. **30.**
levithoracica Horn. 3. 148. **149.** 150.

litoralis Dej. et aut. post. 159. **160. 161**
litoralis Fabr. 159. **161.**
litorea Forsk. 50. 97. 106. **107.** 111. **113.** 114.
litterata Sulzer. 97. **141-144.**
litterata Sulz. Schaum. 143. **144.**
litterifera Chd. 97. **133. 134. 135. 136.**
liturata Krtz. 63. **69.**
luctuosa Dej. 11. 97. 106. **107. 108.** 125. 126.
ludia Dej. 130. **132.**
Luetgensi Beuth. 63. **69.**
lugdunensis aut. ross. 141. **143.** 144.
lugdunensis Dej. 11. 97. 136. **141. 143.** 144.
lugens Beuth. 160. **162.**
lugens Dahl. Dej. 159. **161.**
lugens Ragusa. 158. **159.** 162.
lunata Beuth. 170. **171.**
lunulata Beuth. 159. **161.**
lunulata Fabr. 8. 11. 18. 132. 146. **157-161.**
lunulata Fisch. 159. **161.**
lucida Dej. 170. **172.**
lusitanica Stev. **178.**
Lutaria Guérin. V. 126. **129.**
lutariae Guérin. **V.**
Lyoni Erichson. 113. **114.**
Lyoni Vig. 11. 97. 103. **104.**
lyrophora Beuth. 170. **172.**

M.

maculata De Geer. 34. 37. **39.**
maggarica Roeschke. 35. 38. **40.**
manca D. Torre. 63. **69.** [**179.**
Mannerheimi Fald. **124.**

maracandensis Solsky. 60. 61.
marcens Zubk. 121. 122.
marginata Krtz. 101. 102.
maritima Dej. 3. 35. 37-41. 44-46. 48. 79. 139. 179.
maroccana Fabr. VIII. 5. 64. 66. 67. 70. 71. 73. 76.
Martorelli Krtz. 81. 84.
massaniensis Dokht. 159. 161.
maura Dej. Benth. 92. 93.
maura Krtz. 92. 93.
maura Linné. 11. 18. 91. 92.
megaspilota Dohrn. 56. 57.
melancholica Dej. 131. 133.
melancholica Fabr. V. 97. 128. 130. 131-133.
melanoleuca Dokht. 52. 54.
melanostoma Schenklg. 34. 39.
melastoma D. Torre. 64. 70.
mesochloros D. Torre. 141. 142.
Mniszechi Mann. 119. 121. 122.
moerens Dej. St. *marcens* Zubk.
monasteriensis Westh. 34. 39.
mongolica Fald. 97. 106. 107. 123. 124.
montana ant. post. 29. 31.
montana Charp. 31. 35. 42.
monticola Heer. 35. 42.
monticola Mén. 35. 42. 179.
Mülleri Benth. 92. 93.
Myriochile Motsch. V. 129.
mystica Meg. i. l. 178.

N.

natalensis Chd. i. l. 166. 167.
neglecta Dej. 168. 169. 170.
nemoralis Benth. 159. 161.
nemoralis Oliv. 159. 160-162.
nigra v. Heyden. 52. 54.

nigra Krynicky. 81. 83.
nigra Motsch. 54. 101. 102.
nigra Solsky. i. l. Dokht. 58. 59.
nigraelabris Dokht. 58. 59.
nigrescens Heer. 64. 70.
nigrita Dej. 64. 72. 74.
nigrita Krynicky. Motsch. 64. 72.
nilotica Dej. 11. 146. 165. 166. 167.
nilotica var. Klug. 165. 166.
niohozana Bates. 24. 28. 29.
nitidula Dej. 9. 146. 165. 166. 167.
Nordmanni Chd. 13-16. 17. 41. 45.

O.

obliquefasciata Ad. VII. 49. 80. 82. 86. 87. 89. 90. 100. 126. 149.
obliquefasciata aut. post. 87. 88. 89.
obliquefasciata Fisch. 48. 49.
obscura Fabr. 81. 83. 86.
obscura Schilsky. 35. 44.
obscurata Chd. 64. 72.
obscure-coerulescens Mén. 87. 89.
ocellata Hoffmsgg. i. l. 64. 73.
octoguttata Fabr. 128-130.
octopunctata Loew. 153. 154.
octussis Dohrn. 58. 60.
Olivieria Brullé. 64. 72.
optata Fisch. 48. 49.
ordinata Jakow. Dokht. 111. 112. 113. 118.
orientalis Dej. 131. 132. 133.
orthogona Bremi. 35. 41. 42.
Othii Gistl. Chd. 159. 161.

P.

padana Cristf. Schaum. 141. 142.
Pallasi Fisch. 35. 44. 55.
Pallasi var. Fisch. 35. 44. 96.
Pallasi v. Oertzen. 42.
palmata Motsch. 153. 154.
palpalis Dokht. 34. 39.
paludosa Dufour. VI. VIII. 11. 80. 97. 99. 125. 126.
palustris Motsch. 64. 72.
palustris Beuthin. 72.
parallela Mén. i. l. 121. 122.
Patanini siehe *Potanini*.
parejacta Schönh. 137. 138.
Peletieri Luc. V. 168. 173. 174.
Peletieri Cast. Delaporte i. l. 174.
persana Dokht. 65. 75.
persica Fald. 35. 43.
Pertyi Gistl. 127.
picta Karelin. i. l. 178.
plicata Motsch. 134. 135.
pontica Motsch. 64. 66. 67. 71. 72.
pontica Stev. i. l. Fisch. 64. 72.
pontica Stev. Chd. 64. 71.
Potanini Dokht. 26. 27. 28.
propinqua Chd. 111. 112. 117. 118.
protos D. Torre. *(camp.)* 63. 69.
protos D. Torre. *(germ.)* 81. 83.
? Przewalskii Dokht. 19. 33. 34. 50.
pseudodeserticola Horn. 97. 106. 112.
pseudomaroccana Roeschke. 70.
pumila Dej. 133.
punctata Dokht. 55. 57.
punctigera Krtz. 92. 93.
punctum Drapiez. i. l. 131. 132.
pygmaea Dej. 11. 97. 145. 146.

Q.

quadrimaculata Beuth. 63. 69.
quadrimaculata Loew. 78. 180.
quadripunctata Rossi. 159. 161.
quattuorpunctata Krtz. 55. 57.
quinquemaculata Beuth. 63. 69.
quinquepunctata Boeb. Dej. 153. 154.

R.

Raddei Moraw. 19. 22. 24. 27. 28. 29.
Ragusae Beuth. 160. 162.
Ragusae Failla Ted. 160. 161.
recta Krtz. 92. 93.
recta Motsch. 87. 89.
rectangularis Beuth. 160. 162.
rectangularis Klug. 97. 128. 130.
rectilinea Meg. 35. 41.
recurrata Krtz. 110. 111. [94. 95. 96.
resplendens Dokht. 11. 44. 55.
restricta Fisch. Motsch. 35. 38. 40. 179.
riparia Dej. 31. 35. 36. 38. 39. 41. 42. 179.
riparia Steph. 34. 39.
Ritchi Erichson. 174.
Ritchi Ghiliani. 174.
Ritchi Luc. olim. 174.
Ritchi Vigors. V. 168. 173. 174. 175. 176. 177.
Rolphi Krtz. 159. 161.
Rouxi Barthél. 152. 153.
rubens Friv. 64. 70.
ruficondylata Sturm. 178.
rufipennis Beuth. VIII. 64. 70.

S.

sabulicola Waltl. 99. 100.
sachalinensis ant. post. 26. 27.
sachalinensis Moraw. 27-29.
Sahlbergi Fisch. 35. 36. 38. 40. 42. 43. 45-47. 179.
saphyrina Géné. VIII. 64. 74.
sardea Brullé. 170. 172.
sardea Dej. 170. 171. 172.
sardou Géné. 170. 171.
Saussurei Beuth. 31. 32.
sarranica Besser. Dej. 14. 17.
Saxeseni Endr. 64. 70.
scalaris Dej. 99. 100.
Schrenki Fisch. 52. 53. 55.
Schrenki Gebl. 44. 53-55. 96.
scripta Mén. 141. 143.
scripta Sulzer. Clairv. 144.
Seidlitzi Krtz. 97. 106. 112. 116-118. 119-121.
Semenovi Dokht. 163. 164.
seminuda D. Torre. 81. 83.
Sengstacki Beuth. 14. 15.
serpentina Friv. 153. 154.
sexmaculata Beuth. 159. 161.
sibirica Dokht. 35. 40.
sibirica Fisch. (*hybr.*) 35. 44.
sibirica Fisch. (*camp.*) 64. 69.
sibirica Motsch. 35. 45.
siciliensis Horn. 6. 137- 139.
sicula Redtenb. 92. 93.
var. signatura dilatata Chd. 137.
silvatica aut. post. 22. 23. 24.
silvatica L. VI. 11. 19. 22. 23. 27-29. 36. 178.
silvicola Curtis. 31. 34. 39.
silvicola Dej. VIII. 16. 19. 22. 29-31. 35. 39. 62.
similis Westh. 22. 23.

simplex D. Torre. 63. 69.
sinuata Clairv. 143. 144.
sinuata Panzer. 141. 142.
smaragdina Beuth. 170. 172.
sobrina Gory. 6. 81. 82-84. 180.
soluta Dej. 9. 11. 13. 14-17. 41. 45. 79.
solstitialis Gistl. Mann. 159. 161.
songorica Mann. 19. 33. 34. 43. 45. 46. 179.
spinigera Eschtz. 35. 45.
Staudingeri Krtz. 150. 152.
Steveni Dej. 81. 83.
stigmatophora Besser. Motsch. 114. 116. 120.
stigmatophora Fisch. 117. 120.
Stoliczkana Bates. 56. 58.
striatoscutellata Beuth. VIII. 34. 39.
strigata Dej. 150. 151.
Sturmi Mén. 146. 150. 151. 152.
sublacerata Solsky. 3. 11. 146. 147-149. 152. 180.
subsuturalis Souv. 5. 137-139. 180.
subtruncata Chd. 81. 82.
subvittata Krtz. 101. 102. 103.
Suffriani Loew. VIII. 64. 67. 74.
suturalis Fabr. 139.
suturalis D. Torre. 63. 69.
sylvatica siehe *silvatica*.
sylvicola siehe *silvicola*.
syriaca Trobert. 153. 154. 155.

T.

talychensis Chd. 19. 51. 52. 62. 179.
tatarica Mann. 64. 72.
taurica Stev. Mén. i. l. 64. 70.
tenuifascia Fisch. 48. 49.
tenuis Fisch. 85.

tenuis Stev. 84. 85.
tibialis Chd. Bedel. 110. 111. 113. 114.
tibialis Dej. 110. 111. 113. 114.
tokatensis Kinderm. Chd. 35. 42.
tokatensis Kinderm. Motsch. 35. 40.
tortuosa Dej. Fald. 134. 135.
transbaicalica Motsch. 19. 33. 34. 42. 46. 47.
transversalis Dej. 35. 41.
trapezicollis Chd. 65. 76.
tricolor Ad. 19. 33. 34. 48. 49. 50.
trifasciata Dej. 166.
trifasciata var. Fabr. 137. 138.
trisignata Dej. 5. 6. 11. 97. 133. 134. 136-138. 140. 152.
tristis D. Torre. 29. 30.
Truqnii Guérin. V. 168. 173. 174-177.
tuberculata Heer. 29.
Türki Benth. 153. 155.
turkestanica Ball. 19. 48. 51. 52. 60. 61.
turcica Schaum. 97. 106. 108. 109. 180.

U.

undata Motsch. 52. 54.
unipunctata Dokht. 55. 57.

V.

venatoria Poda. 160. 162.
viatica Klug. 108. 109.
vicina Dej. 133.
viennensis Schrank. 141. 142.
violacea Gebl. 48. 50.
virescens Letzner. 34. 39.
viridi-coerulea Dokht. 159. 161.
vitiosa v. Heyden. 26. 27.
volgensis Dej. 117. 118.
volgensis Seidlitz. 121.
vulcanicola Eschtz. 35. 45.

W.

Wilkinsi Dokht. 56. 58.

X.

xanthopus Fisch. 14. 15.

Z.

Zwicki Fisch. 101. 102. 103.

Corrigenda.

Seite 1 Zeile 2 von oben: das Komma muss fortfallen. — — — Seite **VIII** Note "): *sylvicola* = *silvicola*. — — — Seite **6** Note [14]): *c. sicula* Horn = *c. siciliensis* Horn. — — — Seite **14** Zeile 5 von unten: besonders = (besonders. — — — Seite **17** Zeile 11 von oben: „Motsch., *fracta*" = „Motsch. = *fracta*." — — — Seite **25** Zeile 12 von unten: (f. 3, 3.e.) = (f. 3, 3.e.). — — — Seite **26** Zeile 9 von unten: *sachalinensis* Morawitz. Bull. Ac. Petersb. V. 63. p. 237. muss geändert werden in *sachalinensis* aut. post. — — — Seite **26** Zeile 7 von unten: *Patanini* = *Potanini*. — — — Seite **27** Zeile 5 von unten des Grossgedruckten: *Patanini* = *Potanini*. — — — Seite **28** Zeile 3 und 21 von oben: *Patanini* = *Potanini*. — — — Seite **31** Zeile 11 von unten: 90. p. 3. = l. c. 90. p. 36. — — — Seite **33** Überschrift: W. Roeschke. = H. Roeschke. — — — Seite **33** Zeile 1 von oben: in „seiner Exploration = in seiner „Exploration. — — — Seite **40** Zeile 6 von oben: Färbnng = Färbung. — — — Seite **45** Zeile 13 von unten: gleiches = ähnliches. — — — Seite **51** Zeile 8 und Seite **52**: *Ismenia* = *ismenia*. — — — Seite **56** Zeile 10 von unten ist einzuschalten: Penis siehe t. 5. f. 13. — — — Seite **56** Zeile 5 von unten ist einzuschalten: (t. 2. f. 2.). — — — Seite **59** Zeile 14 von unten ist einzuschalten: ; Penis siehe t. 5. f. 14. — — — Seite **64** Zeile 18 von oben ist einzuschalten: i. l. — — — Seite **66** Zeile 1 von unten: (t. 2. f. 6.a.) = (t. 2. f. 6.) — — — Seite **67** Zeile 7 von oben: *marroccana* = *maroccana*. — — — Seite **69** Zeile 8 von unten: (t. 6.c.) = (t. 6.c.). — — — Seite **70** Zeile 18 von oben: *marrocana* = *maroccana*. — — — Seite **73** Zeile 1 von unten: 2 Ap- und 2 Hmflecke = 2. Ap- und 2. Hmfleck. — — — Seite **75** Zeile 10 von unten: v-F. Tokat (H.). = r-F. Tokat (H.). — — — Seite **77** Zeile 9 von unten: Scheite = Scheibe. — — — Seite **79** Zeile 10 von oben: vor häufig ist einzuschalten: Hlschd. — — — Seite **79** Zeile 2 von unten: *Japonica* = *japonica*. — — — Seite **80** Zeile 6 von oben: Fld. = Flg. — — — Seite **80** Zeile 8 von oben: *Doktouroffi* = *Dokhtouroffi*. — — — Seite **87**: Jakovleff ist an drei Stellen in Jakowleff umzuändern. — — — Seite **89** Zeile 14 von unten: (Jakov.) = (Jakow.) — — — Seite **91** Zeile 5 von unten: Preis = Penis. — — — Seite **95** Zeile 6 von unten: *Patanin* = *Potanin*. — — — Seite **101** Zeile 17 von unten: Preis = Penis. — — — Seite **112** Zeile 5 von unten: *recurvata* = *recurvato*. — — — Seite **120** Zeile 2 von oben: dlt-F = dlc-F. — — — Seite **124** Zeile 13 von oben: Angenrunzeln = Augenrunzeln — — — Seite **126** Zeile 3 von oben: eines = eins. — — — Seite **129** Zeile 16 von oben: U-L. = O-L. — — — Seite **142** Zeile 9 von oben: hinter „ist" muss eingeschaltet werden: und mit Hm- und Apmakel verbunden. — — —

Erklärung der Tafeln.

Taf. I. 1) *soluta* Dej.; 2) *silvatica* L.; 3) *japonica* Guér.; 4) *gemmata* Fald.; 5) *Raddei* Mor.; 6) *silvicola* Dej.; 7) *gallica* Brll.; 8) *hybrida* L.: 9) *riparia* Dej.; 10) *Sahlbergi* Fisch.; 11) *maritima* Dej.; 12) *songorica* Mannh.; 13) *transbaicalica* Motsch.; 14) *tricolor* Ad.

Taf. II. 1) *lacteola* Pall.; 2) *Burmeisteri* Fisch.; 3) *10-pustulata* Mén.; 4) *turkestanica* Ballion; 5) *talychensis* Chd.; 6) *campestris* L.; 7) *pontica* Motsch.: 8) *maroccana* Dej.; 9) *corsicana* Roe.; 10) *Saffriani* Loew.; 11) *herbacea* Klg.; 12) *desertorum* Dej.; 13) *asiatica* Brll.: 14) *Coquereli* Fairm.; 15) *ismenia* Gory.

Taf. III. 1) *germanica* L.; 2) *gracilis* Pall.; 3) *obliquefasciata* Ad.; 4) *maura* L.; 5) *intricata* Dej.; 6) *resplendens* Dokht.; 7) *paludosa* Dufour; 8) *atrata* Pall.; 9) *Lyoni* Vig.; 10) *Galatea* Thieme; 11) *luctuosa* Dej.; 12) *hispanica* Gory.; 13) *Besseri* Dej.; 14) *deserticola* Fald.; 15) *pseudodeserticola* H.; 16) *litorea* Forsk.; 17) *circumdata* Dej.

Taf. IV. 1) *elegans* Fisch.; 2) *chiloleuca* Fisch.; 3) *mongolica* Fald.; 4) *inscripta* Zubk.; 5) *dorsata* Brll.; 6) *octoguttata* Fabr.; 7) *rectangularis* Klg.; 8) *melancholica* Fabr.; 9) *contorta* Fisch.; 10) *litterifera* Chd.; 11) *Elisae* Motsch.; 12) *trisignata* Dej.; 13) *litterata* Sulz.; 14) *lugdunensis* Dej.; 15) *pygmaea* Dej.; 16) *sublacerata* Solsky.

Taf. V. A-E siehe p. 8—9. 1) *soluta* Dej.; 2) *silvatica* L.; 3) *japonica* Guér.; 4) *gemmata* Fald.; 5) *Raddei* Mor.; 6) *silvicola* Dej.; 7) *gallica* Brll.; 8) *hybrida* L.; 9) *songorica* Mannh.; 10) *transbaicalica* Motsch.; 11) *tricolor* Ad.; 12) *lacteola* Pall.; 13) *Burmeisteri* Fisch.; 14) *10-pustulata* Mén.; 15) *turkestanica* Ball.; 16) *talychensis* Chd.; 17) *campestris* L.; 18) *asiatica* Brll.; 19) *ismenia* Gory; 20) *germanica* L.; 21) *gracilis* Pall.; 22) *obliquefasciata* Ad.; 23) *maura* L.; 24) *intricata* Dej.; 25) *resplendens* Dokht. 26) *paludosa* Dufour; 27) *atrata* Pall.; 28) *Lyoni* Vig.; 29) *Galatea* Thieme; 30) *luctuosa* Dej.; 31) *hispanica* Gory; 32) *Besseri* Dej.; 33) *deserticola* Fald.; 34) *pseudodeserticola* H.; 35) *litorea* Forsk.; 36) *circumdata* Dej.; 37) *elegans* Fisch.; 38) *chiloleuca* Fisch.; 39) *dorsata* Brll.; 40) *melancholica* Fabr.; 41) *contorta* Fisch.; 42) *litterifera* Chd.; 43) *Elisae* Motsch.; 44) *trisignata* Dej.; 45) *litterata* Sulz.; 46) *lugdunensis* Dej.

Taf. VI. 1) *caucasica* Ad.; 2) *concolor* Dej.; 3) *Fischeri* Ad.; 4) *alboguttata* Klg.. 5) *dongalensis* Klg.; 6) *aulica* Dej.; 7) *lunulata* Fabr.; 8) *laetescripta* Motsch.; 9) *nilotica* Dej.; 10) *nitidula* Dej.; 11) *neglecta* Dej.; 12) *flexuosa* Fabr.; 13) *Peletieri* Luc.; 14) *Truquii* Guér.; 15) *Ritchi* Vig.; 16) *leucosticta* Fairm.; 17) *pygmaea* Dej.; 18) *sublacerata* Solsky; 19) *caucasica* Ad.; 20) *concolor* Ad.; 21) *Fischeri* Ad.; 22) *dongalensis* Klg.; 23) *aulica* Dej.; 24) *lunulata* Fabr.; 25) *nilotica* Dej.; 26) *flexuosa* Fabr.; 27) *Truquii* Guér.; 28) *Ritchi* Vig.

H. Roeschke del. Taf. I.

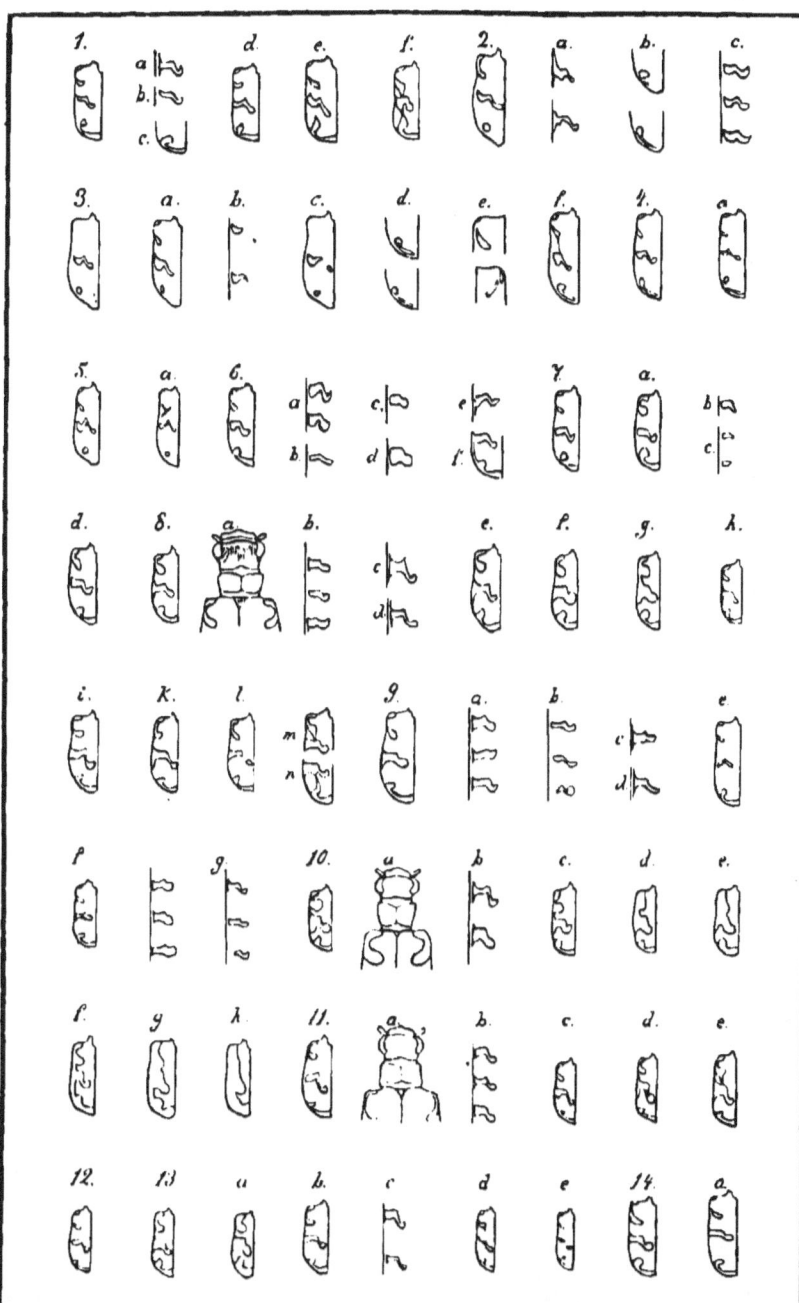

Phototypie von Edm. Gaillard. Druck von Otto Elsner.

H. Roeschke del.   Taf. II.

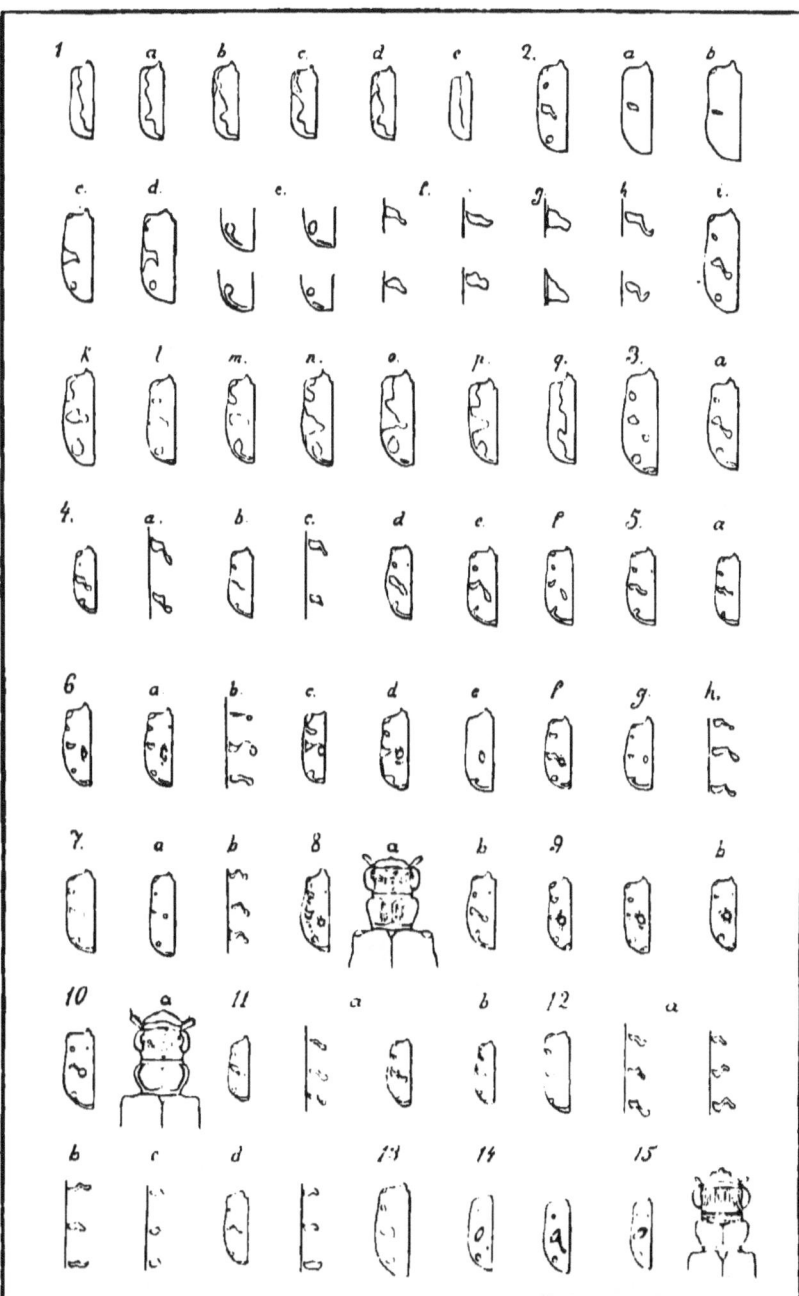

Phototypie von Edm. Gaillard.   Druck von Otto Elsner.

H. Roeschke del.

Taf. III.

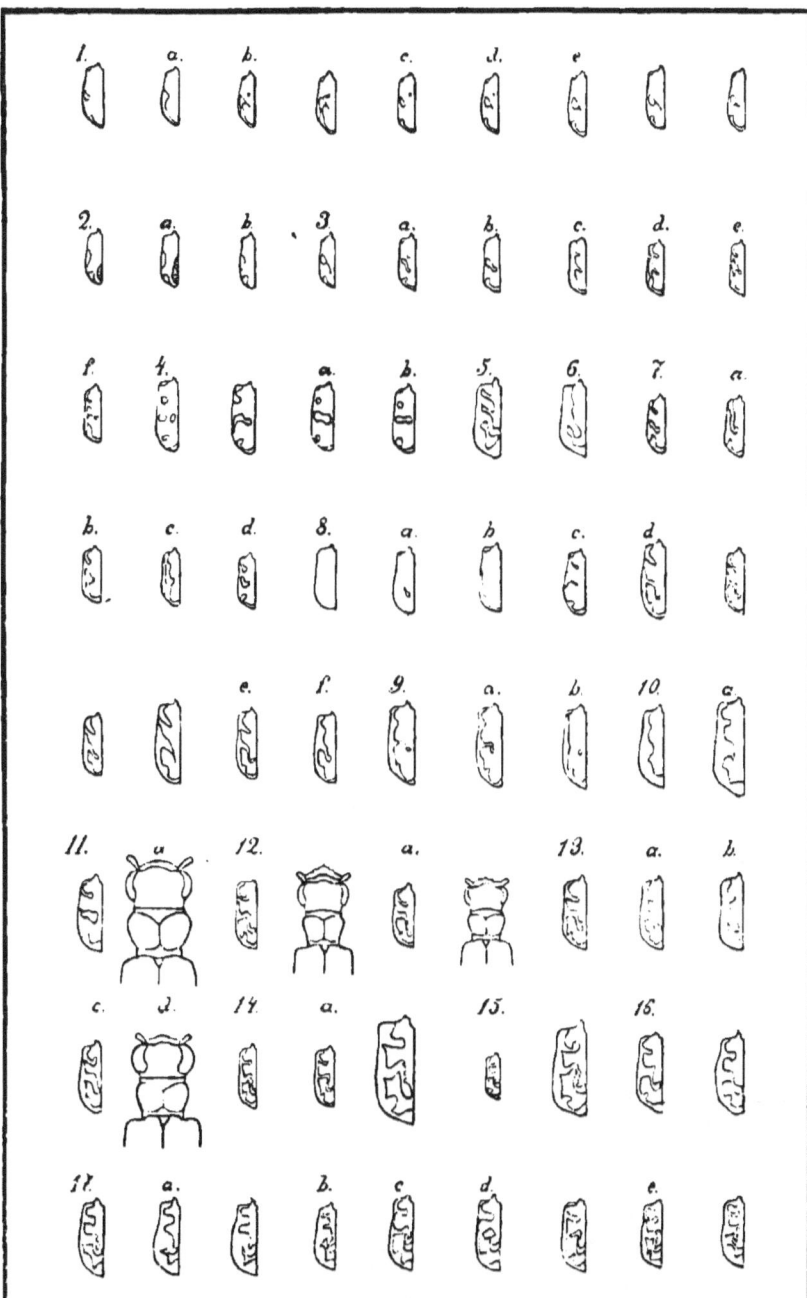

Phototypie von Edm. Gaillard.

Druck von Otto Elsner.

H. Roeschke del.   Taf. IV.

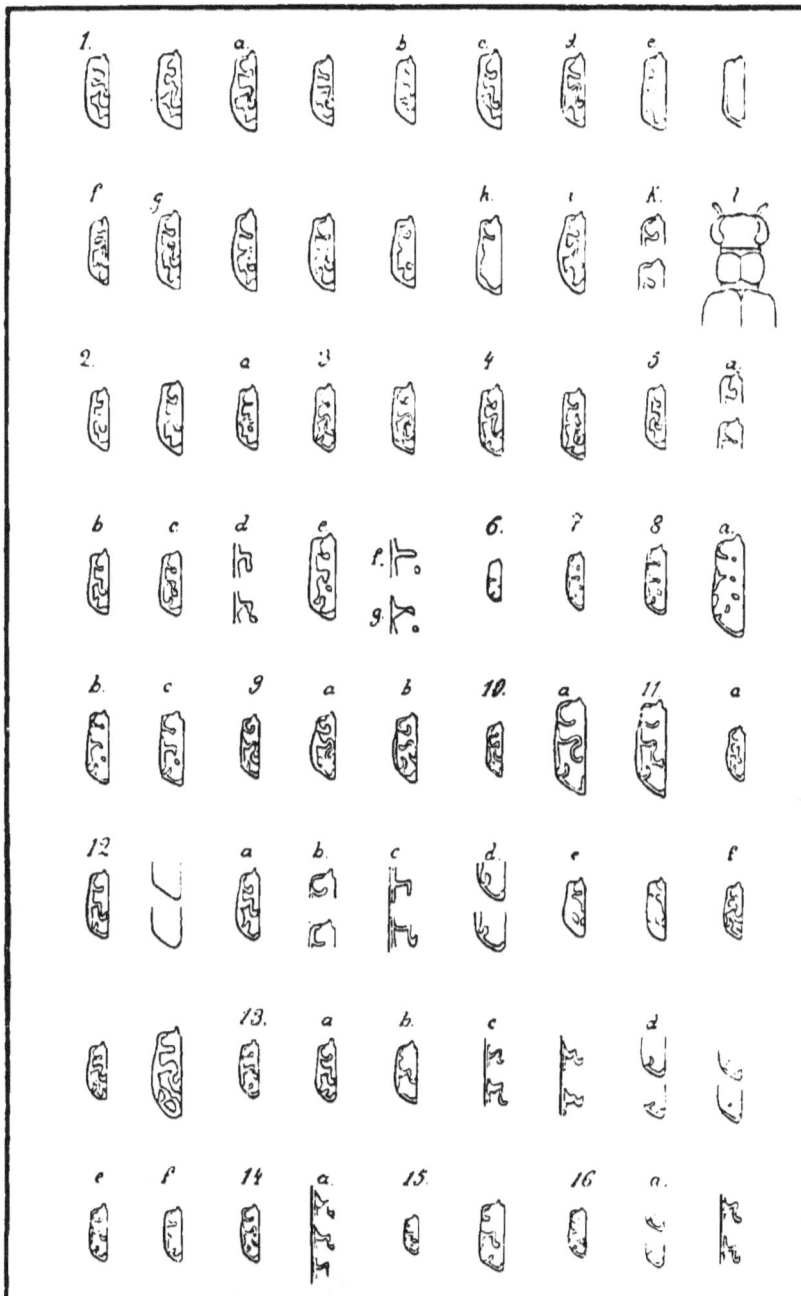

H. Roeschke del. Taf. V.

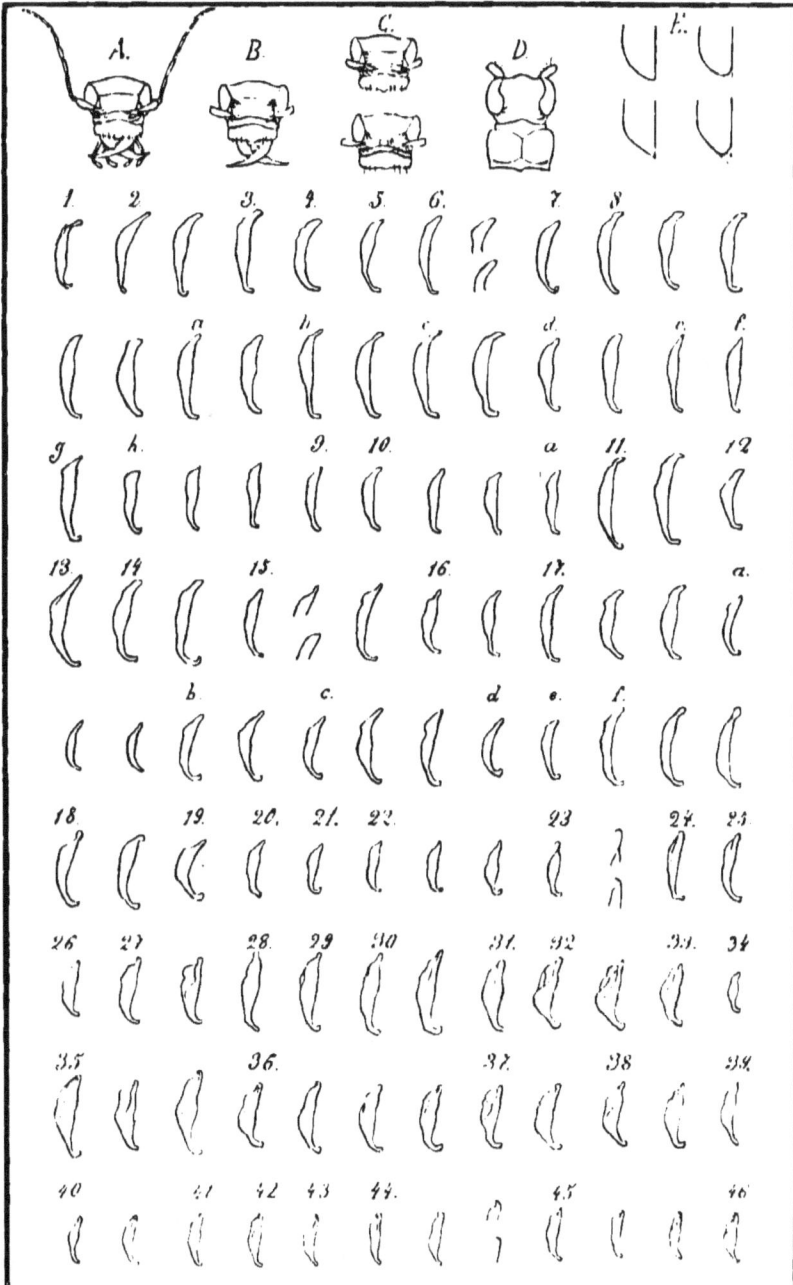

Phototypie von Edm. Gaillard. Druck von Otto Elsner.

H. Roeschke del.

Taf. VI.

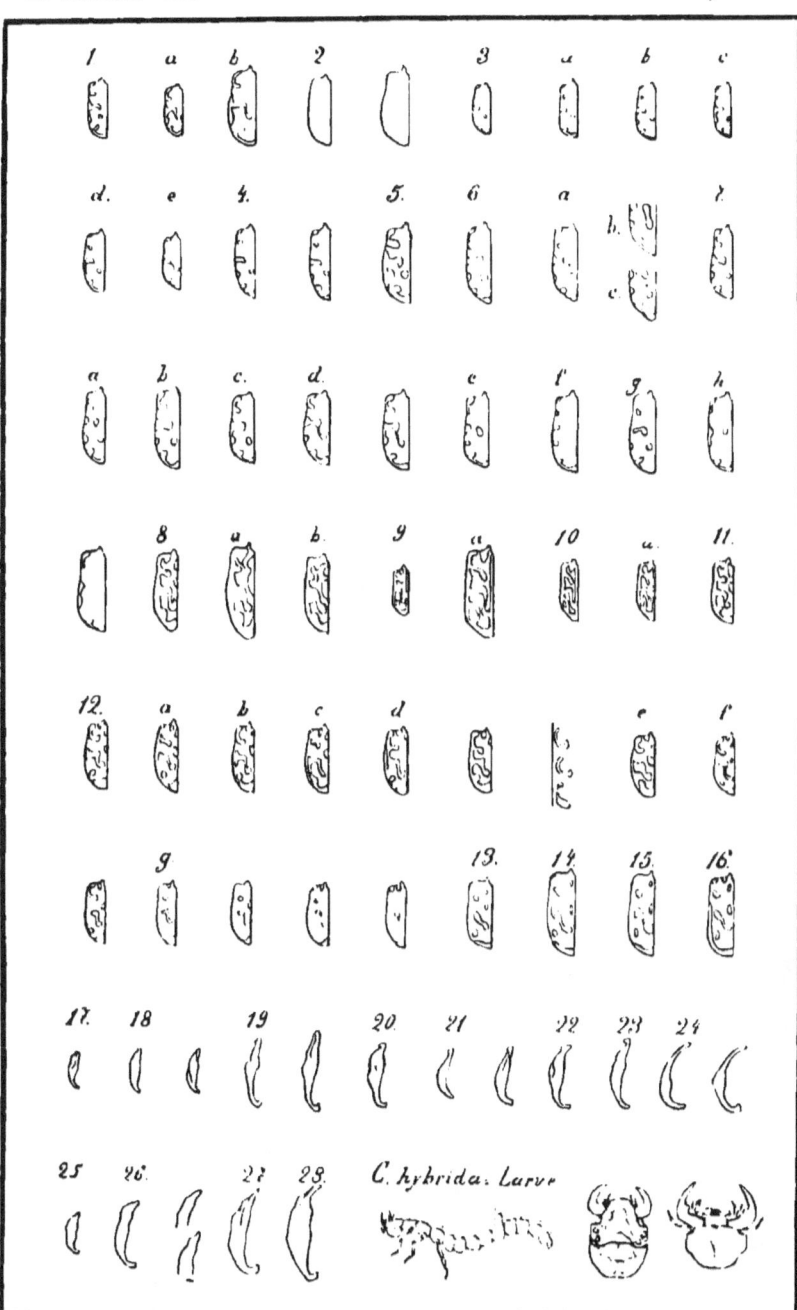

www.ingramcontent.com/pod-product-compliance
Lightning Source LLC
Chambersburg PA
CBHW031815230426
43669CB00009B/1147